GOLDMANN

Buch

Steven Weinberg, Professor für Physik und Astronomie sowie Nobel-
preisträger, entführt in die Welt der Naturwissenschaften und begibt sich
mit dem Leser auf die Suche nach den letzten universaler Naturgesetzen.
Sein Ziel ist es, eine einheitliche Theorie aufzustellen. Bedeutende
Schritte wie die Relativitätstheorie von Einstein oder die Entwicklung der
Quantenmechanik sind schon getan. Weinberg erklärt nun, was unter
einer einheitlichen Theorie zu verstehen ist und wie sich eine solche auf
unser Weltbild auswirken könnte. Dieses Buch macht verständlich, was
hinter den abstrakten Theoriegebäuden der Physik steckt.

Autor

Steven Weinberg, geboren 1933, ist Professor für Physik und Astronomie
an der Universität von Texas. Berühmt wurde er durch seine Forschungen
auf dem Gebiet der Elementarteilchenphysik. Zusammen mit zwei
Kollegen erhielt er 1979 den Nobelpreis für Physik.

Steven Weinberg

Der Traum von der Einheit des Universums

Aus dem Amerikanischen
von Friedrich Griese

Goldmann Verlag

Umwelthinweis:
Alle gedruckten Materialien dieses Taschenbuchs
sind chlorfrei und umweltschonend.

Der Goldmann Verlag
ist ein Unternehmen der Verlagsgruppe Bertelsmann

Vollständige, durchgesehene Taschenbuchausgabe Oktober 1995
Wilhelm Goldmann Verlag, München
© 1993 der deutschsprachigen Ausgabe
C. Bertelsmann Verlag GmbH, München
© 1992 der Originalausgabe Steven Weinberg
Originalverlag: Pantheon Books, New York
Originaltitel: Dreams of a Final Theory
Umschlaggestaltung: Design Team München
Umschlagfoto: Jullian Baum/Science Photo Library/Focus
Satz: Uhl + Massopust, Aalen
Druck: Presse-Druck, Augsburg
Verlagsnummer: 12641
ss · Herstellung: Ludwig Weidenbeck
Made in Germany
ISBN 3-442-12641-X

10 9 8 7 6 5 4 3 2 1

Inhalt

Vorwort

Dieses Buch handelt von einem großen geistigen Abenteuer, der Suche nach den endgültigen Naturgesetzen. Der Traum von einer endgültigen Theorie inspiriert einen Großteil der zur Zeit stattfindenden Arbeiten auf dem Gebiet der Hochenergiephysik, und wenn wir auch noch nicht wissen, wie die endgültigen Gesetze aussehen und wie viele Jahre noch bis zu ihrer Entdeckung vergehen werden, so glauben wir doch, daß sich schon in den heutigen Theorien die Umrisse einer endgültigen Theorie abzeichnen.

Allein schon die Idee einer endgültigen Theorie ist umstritten und Gegenstand einer intensiven aktuellen Diskussion. Die Kontroverse ist sogar bis in die Sitzungszimmer des Kongresses der Vereinigten Staaten vorgedrungen; die Hochenergiephysik ist sehr kostspielig geworden, und ihr Anspruch auf öffentliche Finanzierung stützt sich unter anderem auf ihre historische Aufgabe, die endgültigen Gesetze zu entdecken.

Es war von Anfang an meine Absicht, die Probleme, welche die Idee einer endgültigen Theorie aufwirft, für Leser ohne Vorkenntnisse der Physik oder der höheren Mathematik als einen Bestandteil der Geistesgeschichte der Gegenwart darzustellen. Das Buch geht denn auch auf die wesentlichen Ideen ein, die dem, was heute in den Grenzbereichen der Physik geschieht, zugrunde liegen. Es ist aber kein Lehrbuch der Physik, und der Leser wird keine säuberlich getrennten Kapitel über Teilchen, Kräfte, Symmetrien und Strings finden. Ich habe vielmehr die Vorstellungen der modernen Physik verwoben mit einer Erörterung dessen, was wir unter einer endgültigen Theorie verstehen und wie wir sie zu entdecken hoffen. Ich ließ mich dabei von meiner eigenen Erfahrung leiten, die ich als Leser auf solchen Gebieten gemacht habe, in denen *ich* ein Laie bin, etwa der Geschichtsschreibung. Viele Historiker erliegen, wenn sie eine Epoche umfassend darstellen wollen, der Versuchung, zunächst eine erzählende Darstellung zu geben, an die sich dann gesonderte Hintergrundkapitel über Bevölkerung, Wirtschaft, Technik usw. anschließen. Jene Historiker dagegen, die man zu seinem Vergnügen liest, von Tacitus über Gibbon und Maitland bis Morison, vermitteln schon innerhalb der Erzählung die Hintergrundinformationen und begründen die Schlußfolgerungen, auf die sie hinauswollen, in einer Weise, daß der Leser sie nachvollziehen kann. Es war mein Bestreben, diesem Vorbild zu entsprechen und der Verlockung der Ordentlichkeit zu widerstehen. Ich habe mich auch nicht gescheut, historisches oder wissenschaftliches Material aufzunehmen, das dem Leser, sofern er Historiker oder Wissenschaftler ist, schon bekannt sein mag, oder es nochmals auszubreiten, wo mir dies sinnvoll erschien. Man sollte, wie Enrico Fermi einmal gesagt hat, das Vergnügen, das es uns bereitet, etwas zu hören, das wir schon kennen, nicht gering veranschlagen.

Der Traum von der Einheit des Universums läßt sich grob in drei Teile und ein Schlußwort aufgliedern. Im ersten Teil, den Kapiteln I bis III, wird die Idee einer endgültigen Theorie vorgestellt; in den Kapiteln IV bis VIII wird erläutert, wie wir es geschafft haben, einer endgültigen Theorie näherzukommen; und in den Kapiteln IX bis XI wird darüber spekuliert, welche Gestalt die endgültige Theorie haben und wie sich ihre Entdeckung auf die Menschheit auswirken könnte. In Kapitel XII befasse ich mich schließlich mit dem Für und Wider des »Superconducting Super Collider«, eines kostspieligen neuen Forschungsinstruments, das die Hochenergiephysiker dringend benötigen, dessen künftige Finanzierung jedoch ungesichert ist.

Manches von dem, was ich im Haupttext schreibe, wird in den Anmerkungen, die der Leser am Ende des Buches findet, ausführlicher diskutiert. Dort werden auch einige wissenschaftliche Begriffe, die ich im Haupttext allzusehr vereinfachen mußte, genauer erläutert. Schließlich enthalten die Anmerkungen auch bibliographische Angaben zu den im Text verwendeten Materialien.

* * *

Großen Dank schulde ich Louise Weinberg, weil sie mich gedrängt hat, eine ältere Fassung dieses Buches zu überarbeiten, und sich Gedanken darüber gemacht hat, wie das zu geschehen habe.

Mein herzlicher Dank gilt Dan Frank von Pantheon Books für die Ermutigung und Umsicht, mit der er mich beraten und den Text redigiert hat; ferner Neil Belton von Hutchinson Radius und meinem Agenten Morton Janklow für wichtige Anregungen.

Für Kommentare und Ratschläge habe ich außerdem zu danken: den Philosophen George Gale, Sandra Harding, Robert Nozick, Hilary Putnam und Michael Redhead; den Historikern Stephen Brush, Robert Hankinson und Peter Green; den Rechtswissenschaftlern Philip Bobbitt und Louise Weinberg; den Physikern und Historikern Gerald Holton, Abraham Pais und S. Samuel Schweber; dem Physiker und Theologen John Polkinghorne; der Psychiaterin Elizabeth Weinberg; den Biologen Sydney Brenner, Francis Crick, Lawrence Gilbert, Stephen J. Gould und Ernst Mayr; den Physikern Yakir Aharonov, Sidney Coleman, Bryce De Witt, Manfred Fink, Michael Fisher, David Gross, Bengt Nagel, Stephen Orzsag, Brian Pippard, Joseph Polchinski und Roy Schwitters; den Astrophysikern William Press, Paul Shapiro und Ethan Vishniac und dem Schriftsteller James Gleick. Etliche schwerwiegende Irrtümer konnten mit ihrer Hilfe vermieden werden.

Steven Weinberg, *Mai 1992*

I. Prolog

Das nun zu Ende gehende Jahrhundert hat in der Physik eine glanzvolle Ausweitung der wissenschaftlichen Erkenntnis erlebt. Einstein hat unsere Auffassungen von Raum, Zeit und Gravitation mit seiner speziellen Relativitätstheorie nachhaltig verändert. Die Quantenmechanik hat noch radikaler mit der Vergangenheit gebrochen und sogar die Sprache verwandelt, mit der wir die Natur beschreiben: Wir sprechen heute nicht mehr von Teilchen, die einen bestimmten Ort und eine bestimmte Geschwindigkeit haben, sondern von Wellenfunktionen und Wahrscheinlichkeiten. Aus der Verschmelzung von Relativitätstheorie und Quantenmechanik entstand ein neues Weltbild, in dem die Materie ihre zentrale Rolle eingebüßt hat. Ihren Platz nehmen jetzt Symmetrieprinzipien ein, von denen einige im gegenwärtigen Zustand des Universums unseren Blicken entzogen sind. Auf dieser Grundlage haben wir eine erfolgreiche Theorie des Elektromagnetismus sowie der schwachen und starken nuklearen Wechselwirkung der Elementarteilchen entwickelt. Oft haben wir uns gefühlt wie Siegfried, der, nachdem er vom Blut des Drachen gekostet hatte, überrascht war, daß er die Sprache der Vögel verstehen konnte.

Doch nun kommen wir nicht mehr voran. Seit Mitte der siebziger Jahre erleben wir den Abschnitt in der Geschichte der modernen Physik, der uns am meisten blockierte. Wir bezahlen jetzt den

Preis für unseren eigenen Erfolg: Die Theorie ist so weit vorange-schritten, daß wir nur noch weiterkommen, wenn wir Prozesse untersuchen, deren Energien in den bestehenden Forschungsein-richtungen nicht bewältigt werden können.

Um aus dieser Sackgasse herauszukommen, arbeiten Physiker seit 1982 an Plänen für ein wissenschaftliches Projekt, dessen Um-fang und Kosten ohne Beispiel sind, den »Superconducting Super Collider«. Südlich von Dallas im Bundesstaat Texas soll ein unter-irdischer ovaler Tunnel von fünfundachtzig Kilometern Länge ent-stehen. In diesem Tunnel sollen Tausende von supraleitenden Magneten dafür sorgen, daß zwei Strahlen elektrisch geladener Teilchen, sogenannter Protonen, millionenmal in entgegengesetz-ter Richtung den Ring durchlaufen, wobei die Protonen auf eine Energie von zwanzig Billionen Elektronenvolt beschleunigt wer-den, was dem Zwanzigfachen der höchsten Energie entspricht, die in bestehenden Teilchenbeschleunigern erreicht wird. An mehre-ren Stellen des Rings sollen die Protonen der beiden Strahlen Hun-derte Millionen Male pro Sekunde aufeinanderprallen, und riesige Detektoren, von denen einige Zehntausende von Tonnen wiegen, sollen dann festhalten, was bei diesen Zusammenstößen passiert. Die Kosten des Projekts werden auf über acht Milliarden Dollar geschätzt.

Der »Super Collider« ist auf heftigen Widerstand gestoßen, nicht nur bei sparsamen Kongreßabgeordneten, sondern auch bei einigen Wissenschaftlern, die es lieber sähen, wenn das Geld ihrem Fachgebiet zugute käme. Das verbreitete Unbehagen, das sich ge-gen die sogenannte Großwissenschaft richtet, hat im »Super Colli-der« eine Zielscheibe gefunden. Kurz bevor dieses Buch in Druck ging, ist das Projekt im Repräsentantenhaus abgelehnt worden. Es ist nicht ausgeschlossen, daß die jahrhundertelange Suche nach den Grundlagen der Physik in den letzten Jahren des zwanzigsten Jahrhunderts zum Stillstand kommt und daß es viele Jahre dauern wird, bis sie wieder aufgenommen wird.

Es geht in diesem Buch nicht um den »Super Collider«. Die Auseinandersetzung um das Projekt hat mich jedoch genötigt, in öffentlichen Vorträgen und in Anhörungen vor dem Kongreß den Versuch zu machen, zu erklären, was wir mit der Erforschung der Elementarteilchen erreichen wollen. Man könnte meinen, das würde mir nicht schwerfallen, nachdem ich seit dreißig Jahren als Physiker tätig bin, doch wie sich zeigt, ist es nicht so einfach.

Für mich selbst war die Freude an dieser Tätigkeit stets Rechtfertigung genug. Wenn ich an meinem Schreibtisch oder in einem Café sitze, spiele ich mit mathematischen Formeln und fühle mich wie Faust, der mit seinen Pentagrammen hantiert, bevor Mephisto auftritt. Ich bringe mathematische Abstraktionen, experimentelle Daten und physikalische Intuition zusammen, und gelegentlich entsteht so eine bestimmte Theorie über Teilchen, Kräfte und Symmetrien. Bisweilen stellt sich sogar heraus, daß die Theorie richtig ist; Experimente zeigen, daß die Natur sich tatsächlich so verhält, wie sie es der Theorie zufolge sollte.

Das ist aber nicht alles. Physiker, die sich mit Elementarteilchen beschäftigen, haben noch ein Motiv, das schwieriger zu erklären ist, sogar für unsereinen.

Unsere gegenwärtigen Theorien haben nur eine begrenzte Gültigkeit, sind noch immer vorläufig und unvollständig. Hinter ihnen glauben wir jedoch hin und wieder die Umrisse einer endgültigen Theorie zu erkennen, einer Theorie, die von unbegrenzter Gültigkeit und in ihrer Vollständigkeit und Widerspruchsfreiheit vollkommen befriedigend wäre. Wir sind auf der Suche nach universalen Wahrheiten über die Natur, und wenn wir sie finden, versuchen wir sie zu erklären, indem wir zeigen, daß sie aus tieferen Wahrheiten abgeleitet werden können. Stellen Sie sich vor, daß der Raum der wissenschaftlichen Prinzipien ausgefüllt ist mit Pfeilen, die jeweils auf ein Prinzip hinzielen und die von anderen Prinzipien ausgehen, durch welche dieses eine erklärt wird. Inzwischen weisen diese Erklärungspfeile ein erkennbares Muster auf: Sie bilden weder getrennte, unzusammenhängende Haufen, die für die einzelnen Wissenschaften stehen, noch irren sie ziellos umher, sondern sie hängen alle miteinander zusammen, und wenn man sie zurückverfolgt, scheinen sie alle einem gemeinsamen Ausgangspunkt zu entspringen. Dieser Ausgangspunkt, zu dem alle Erklärungen zurückverfolgt werden können, ist das, was ich unter einer endgültigen Theorie verstehe.

Selbstverständlich haben wir noch keine endgültige Theorie, und wir werden sie wohl auch nicht so bald entdecken. Dann und wann gibt es jedoch einen Fingerzeig, daß es nicht mehr ganz so weit auf dem Weg dorthin ist. Wenn sich im Gespräch unter Physikern gelegentlich herausstellt, daß Ideen von mathematischer Eleganz tatsächlich etwas mit der realen Welt zu tun haben, dann haben wir den Eindruck, daß da etwas hinter der Tafel sei, eine tiefere Wahrheit, Vorzeichen einer endgültigen Theorie, der es zuzuschreiben ist, daß sich unsere Ideen als richtig erweisen.

Wenn von einer endgültigen Theorie die Rede ist, kommen einem tausend Fragen und Einschränkungen in den Sinn. Was bedeutet es, daß ein wissenschaftliches Prinzip durch ein anderes »erklärt« wird? Woher wissen wir, daß es für alle derartigen Erklärungen einen gemeinsamen Ausgangspunkt gibt? Werden wir diesen Punkt jemals entdecken? Wie nah sind wir ihm heute? Wie wird die endgültige Theorie aussehen? Was wird von unserer gegenwärtigen Physik in einer endgültigen Theorie Bestand haben? Was wird sie über Leben und Bewußtsein aussagen? Und was wird, wenn wir unsere endgültige Theorie haben, mit der Wissenschaft und dem menschlichen Geist geschehen? Diese Fragen werden im vorliegenden Kapitel nur gestreift – eine vollständige Antwort bleibt dem Rest dieses Buches überlassen.

Der Traum von einer endgültigen Theorie begann nicht im zwanzigsten Jahrhundert. Er läßt sich im Abendland zurückverfolgen bis zu einer Schule, die ein Jahrhundert vor der Geburt des Sokrates in der altgriechischen Stadt Milet, an der Mündung des Mäander in die Ägäis, ihre Blütezeit erlebte. Über die Lehren der Vorsokratiker wissen wir im Grunde nicht viel, doch läßt sich aus späteren Darstellungen und den wenigen erhaltenen Fragmenten entnehmen, daß es den Miletern bereits darum ging, alle Naturphänomene mit Hilfe eines grundlegenden Elements der Materie, eines Urstoffes, zu erklären. Thales, der erste dieser Naturphilosophen aus Milet, betrachtete das Wasser, Anaximenes, der letzte aus dieser Schule, die Luft als die allem zugrunde liegende Substanz.

Thales und Anaximenes kommen uns heute verschroben vor. Größere Bewunderung weckt eine Schule, die ein Jahrhundert später in Abdera an der Küste Thrakiens entstand. Dort lehrten Demokrit und Leukipp, daß alle Materie sich aus winzigen, unvergänglichen Teilchen zusammensetze, die sie Atome nannten. (Noch ältere Wurzeln hat der Atomismus in der indischen Metaphysik.) Diese ersten Atomisten mögen seltsam verfrüht erscheinen, doch ist es nach meiner Meinung ziemlich belanglos, daß die Mileter sich »geirrt« haben, während Demokrit und Leukipp mit ihrer Atomlehre in einem gewissen Sinne »recht« hatten. Weder in Milet noch in Abdera haben die Vorsokratiker auch nur entfernt an das gedacht, was wir heute von einer wissenschaftlichen Erklärung erwarten: daß sie die Phänomene *quantitativ* verständlich macht. Kommen wir einem Verständnis der Natur etwas näher, wenn wir von Thales beziehungsweise Demokrit erfahren, daß ein Stein aus Wasser beziehungsweise aus Atomen besteht, wir aber nicht imstande sind, seine Dichte, seine Härte oder seine elektrische Leitfähigkeit zu berechnen? Ohne die Fähigkeit zur quantitativen Vorhersage könnten wir natürlich nicht entscheiden, ob Thales oder Demokrit recht hat.

Als ich an der Universität von Texas und in Harvard Physikvorlesungen für Studenten der Geisteswissenschaften hielt, habe ich es als meine wichtigste (und sicherlich schwierigste) Aufgabe empfunden, den Studenten ein Gefühl dafür zu vermitteln, was es heißt, wenn man exakt berechnen kann, wie sich verschiedene physikalische Systeme unter verschiedenen Bedingungen verhalten werden. Sie lernten, die Ablenkung eines Kathodenstrahls oder den Fall eines Öltröpfchens zu berechnen, nicht etwa, weil das die Dinge sind, die jeder berechnen muß, sondern weil sie bei diesen Berechnungen selbst erfahren konnten, was die Prinzipien der Physik wirklich bedeuten. Die Prinzipien, von denen diese und andere Bewegungen abhängen, gehören zum Kernbestand der Physik, und die Kenntnis darüber ist ein bewunderungswürdiger, kostbarer Bestandteil unserer Zivilisation.

Aus dieser Sicht war die »Physik« des Aristoteles nicht besser, als die älteren, weniger ausgefeilten Spekulationen von Thales und Demokrites es waren. In seinen Büchern *Physik* und *Über den Himmel* bezeichnet Aristoteles die Bewegung eines Projektils als teilweise natürlich und teilweise unnatürlich; seine natürliche Bewegung ist, wie die aller schweren Körper, abwärts, zum Mittelpunkt der Dinge gerichtet, während ihm seine unnatürliche Bewegung von der Luft mitgeteilt wird, deren Bewegung zurückgeführt werden kann auf das, was das Projektil in Bewegung gesetzt hat.[1] Doch wie schnell bewegt sich das Projektil auf seiner Bahn, und wie weit fliegt es, bevor es zu Boden fällt? Aristoteles sagt nicht, die Berechnung oder die Messungen seien zu schwierig oder man wisse noch nicht genug über die Bewegungsgesetze, um die Bewegung des Projektils genau beschreiben zu können. Er gibt gar keine Antwort, weder eine richtige noch eine falsche, weil diese Fragen für ihn einfach nicht interessant sind.

Und warum sind sie interessant? Vielleicht möchte der Leser, genau wie Aristoteles, gar nicht wissen, wie schnell das Projektil fällt – mir selbst geht es so. Das entscheidende ist, daß wir heute die *Prinzipien* – Newtons Gesetze der Bewegung und der Gravitation sowie die Gleichungen der Aerodynamik – kennen, die genau vorschreiben, wo sich das Projektil in jedem Augenblick seines Fluges befindet. Das heißt nicht, daß wir tatsächlich exakt berechnen können, wie sich das Projektil bewegt. Der Luftstrom, der an einem unregelmäßig geformten Stein oder an den Federn eines Pfeils entlangfließt, ist kompliziert, und daher können unsere Berechnungen nur gute Näherungen sein, besonders wenn die Strömungen turbulent werden. Ferner besteht die Schwierigkeit, die genauen Ausgangsbedingungen anzugeben. Gleichwohl können wir mit Hilfe der uns bekannten physikalischen Prinzipien einfachere Probleme wie etwa die Bewegung von Planeten im luftleeren Raum oder das stetige Fließen der Luft um Kugeln oder Scheiben hinreichend gut lösen, um uns die Gewißheit zu verschaffen, daß wir tatsächlich die Prinzipien kennen, welche den Flug des Projektils bestimmen. Im gleichen Sinne können wir zwar den Verlauf der biologischen Evolution nicht berechnen, doch die Prinzipien, von denen er bestimmt wird, kennen wir inzwischen ziemlich gut.

Das ist eine wichtige Unterscheidung, die beim Streit über den Sinn oder die Existenz von endgültigen Naturgesetzen oft übersehen wird. Wenn wir sagen, daß eine Wahrheit durch eine andere erklärt wird, daß etwa die physikalischen Prinzipien (die Regeln der Quantenmechanik), die das Verhalten von Elektronen in elektrischen Feldern bestimmen, die Gesetze der Chemie erklären, so heißt das nicht unbedingt, daß wir die Wahrheiten, von denen wir behaupten, sie erklärt zu haben, tatsächlich ableiten können. Manchmal gelingt eine vollständige Ableitung, etwa bei der Chemie des sehr einfachen Wasserstoffmoleküls, doch in anderen Fällen ist das Problem einfach zu kompliziert für uns. Wenn in diesem Sinne von wissenschaftlichen Erklärungen die Rede ist, so meinen wir nicht die Ableitungen, die den Wissenschaftlern tatsächlich gelingen, sondern eine Notwendigkeit, die der Natur selbst innewohnt. Noch ehe die Physiker und Astronomen beispielsweise in der Lage waren, die gegenseitige Anziehung der Planeten bei der genauen Berechnung ihrer Bahnen zu berücksichtigen, konnten sie ziemlich sicher sein, daß die Planeten sich in der beobachteten Weise bewegen, weil sie von Newtons Gesetzen der Bewegung und der Gravitation beziehungsweise den exakteren Gesetzen, an die Newtons Gesetze eine Näherung darstellen, bestimmt werden. Wir können zwar nicht alles, was Chemiker eventuell beobachten werden, vorhersagen, trotzdem glauben wir, daß sich die Atome bei chemischen Reaktionen in der beobachteten Weise verhalten, weil die physikalischen Prinzipien, welche die Elektronen und die elektrischen Kräfte innerhalb von Atomen bestimmen, den Atomen keine Freiheit lassen, sich anders zu verhalten. Dies ist insofern eine heikle Sache, weil man nicht gut davon sprechen kann, daß eine Tatsache durch eine andere erklärt werde, wenn die entsprechenden Ableitungen nicht tatsächlich hergestellt werden. Dennoch müssen wir uns zwangsläufig so ausdrücken, denn *genau darum* geht es in unserer Wissenschaft: um die Entdeckung von Erklärungen, die der logischen Struktur der Natur innewohnen. Natürlich werden wir in unserer Überzeugung, die richtige Erklärung zu besitzen, bestärkt, wenn es uns gelingt, *einige* Berechnungen durchzuführen und die Ergebnisse mit der Beobachtung zu vergleichen – falls nicht bezüglich der Chemie der Proteine, so doch wenigstens bezüglich der Chemie des Wasserstoffs.

Die alten Griechen waren zwar nicht wie wir um ein umfassendes, quantitatives Naturverständnis bemüht, doch waren exakte quantitative Überlegungen ihnen durchaus nicht fremd. Die Regeln der Arithmetik und der einfachen Geometrie sowie die großen Periodizitäten der Sonne, des Mondes und der Sterne sind den Menschen seit Jahrtausenden bekannt, darunter selbst solche Feinheiten wie die Präzession der Äquinoktialpunkte. Im Anschluß an Aristoteles, während der hellenistischen Epoche, die von den Eroberungen Alexanders, der ein Schüler von Aristoteles war, bis zur Unterwerfung der griechischen Welt durch Rom reicht, kam es dann zu einer großen Blütezeit der mathematischen Wissenschaft. Während meiner Studienzeit war mir nicht ganz wohl, wenn hellenistische Philosophen wie Thales oder Demokrit in Philosophiekursen als Physiker bezeichnet wurden, doch als wir dann zu den Großen der hellenistischen Epoche kamen, zu Archimedes aus Syrakus, der die Gesetze des Auftriebs entdeckte, oder zu Eratosthenes aus Alexandria, der den Umfang der Erde bestimmte, hatte ich das vertraute Gefühl, unter Wissenschaftskollegen zu sein. Nirgendwo in der Welt hat es etwas der hellenistischen Wissenschaft Vergleichbares gegeben, bis im Europa des siebzehnten Jahrhunderts der Aufstieg der modernen Wissenschaft begann.

Bei all ihren glänzenden Leistungen haben die griechischen und hellenistischen Naturphilosophen aber nicht im entferntesten an ein System von Gesetzen gedacht, das die *gesamte* Natur reguliert. Im Altertum wurde das Wort »Gesetz« selten benutzt (und auch niemals von Aristoteles), es sei denn im ursprünglichen Sinne von menschlichen oder göttlichen Gesetzen für das Verhalten der Menschen.[2] (Das Wort »Astronomie« geht zwar auf die griechischen Wörter *astron* für den Stern und *nomos* für das Gesetz zurück, doch war es im Altertum als Bezeichnung für die Wissenschaft von den Himmelskörpern nicht so gebräuchlich wie das Wort »Astrologie«.) Der modernen Vorstellung von Naturgesetzen begegnen wir erst bei Galilei, Kepler und Descartes im siebzehnten Jahrhundert.

Der Altertumswissenschaftler Peter Green führt die Beschränkungen der griechischen Wissenschaft weitgehend auf die Denkgewohnheiten der Griechen zurück, die dem Statischen gegenüber dem Dynamischen und der Kontemplation gegenüber der Technik, von Militärtechnik abgesehen, den Vorzug gaben.[3] Die ersten drei Könige des hellenistischen Alexandria ließen den Flug von Projektilen wegen seiner militärischen Anwendungsmöglichkeiten erforschen, doch wäre es den Griechen unangemessen vorgekommen, exakte Überlegungen auf etwas so Banales wie eine Kugel zu übertragen, die eine schiefe Ebene hinabrollt, jenen Vorgang, durch den Galilei die Bewegungsgesetze klarwurden. Auch die moderne Wissenschaft hat ihre Vorlieben – Biologen befassen sich lieber mit Genen als mit geschwollenen Fußgelenken, und Physiker möchten Proton-Proton-Zusammenstöße lieber bei zwanzig Billionen als bei zwanzig Volt untersuchen. Diese Vorlieben sind jedoch taktisch bedingt, weil man bestimmte Phänomene (zu Recht oder zu Unrecht) für aufschlußreicher hält, und nicht Ausdruck einer Überzeugung, daß bestimmte Phänomene wichtiger seien als andere.

Der moderne Traum von einer endgültigen Theorie beginnt erst mit Isaac Newton. Zu seiner Zeit hatte das quantitative Denken, das nie ganz aus der Wissenschaft verschwunden war, schon wieder einen merklichen Aufschwung erfahren, vor allem durch Galilei. Newton konnte jedoch mit seinen Bewegungsgesetzen und dem Gesetz der universalen Gravitation so vieles erklären, von den Bahnen der Planeten und Monde bis zu den Gezeiten und dem Fall von Äpfeln, daß er vielleicht als erster die Möglichkeit einer Theorie, die wirklich alles erklären kann, erahnt haben mag. Seinen Hoffnungen gibt er im Vorwort zur ersten Ausgabe seines Hauptwerks, der *Prinzipien*, Ausdruck: »Möchte es gestattet sein, die übrigen Erscheinungen der Natur [das heißt, die in den *Prinzipien* nicht behandelten Phänomene] auf dieselbe Weise aus mathematischen Prinzipien abzuleiten! Viele Beweggründe bringen mich zu der Vermuthung, dass diese Erscheinungen alle von gewissen Kräften abhängen können.«[4] Zwanzig Jahre später beschrieb Newton in seiner *Optik*,[5] wie sein Programm sich seiner Meinung nach durchführen ließe:

»Nun können die kleinsten Theilchen der Materie durch kräftigste Anziehung zusammenhängen und grössere Partikeln von schwächerer Kraft bilden; von diesen können wieder viele zusammenhängen und grössere Theilchen bilden, deren Krafdt noch schwächer ist, und so weiter in verschiedenen Aufeinanderfolgen, bis die Progression mit den grössten Partikeln endet, von denen die chemischen Operationen und die Farben der natürlichen Körper abhängen und die durch ihre Cohäsion Körper von wahrnehmbarer Grösse bilden. Es giebt also Kräfte in der Natur, welche den Körpertheilchen durch kräftige Anziehung Zusammenhang verleihen, und es ist die Aufgabe der experimentellen Naturforschung, diese aufzufinden.«

An dem großartigen Vorbild Newtons orientiert, entstand besonders in England ein charakteristischer Stil der wissenschaftlichen Erklärung: Man stellt sich vor, daß die Materie aus winzigen, unwandelbaren Teilchen besteht; die Teilchen wirken aufeinander durch »bestimmte Kräfte« ein, von denen die Gravitation nur eine ist; kennt man die Orte und Geschwindigkeiten dieser Teilchen in einem beliebigen Augenblick, und weiß man die Kräfte zwischen ihnen zu berechnen, so kann man mit Hilfe der Bewegungsgesetze vorhersagen, wo sie sich zu einem beliebigen späteren Zeitpunkt befinden werden. Es ist noch immer gang und gäbe, den Erstsemestern die Physik auf diese Weise darzustellen. Doch leider war die Physik dieser Newtonschen Art ungeachtet ihrer späteren Erfolge eine Sackgasse.

Es geht in der Welt schließlich doch recht verwickelt zu. In dem Maße, wie sich im achtzehnten und neunzehnten Jahrhundert die Entdeckungen über Chemie, Licht, Elektrizität und Wärme häuften, verflüchtigte sich die Möglichkeit einer Erklärung im Newtonschen Sinne. Besonders die Erklärung chemischer Reaktionen und Affinitäten mit Hilfe der Vorstellung, daß die Atome sich unter dem Einfluß ihrer gegenseitigen Anziehung und Abstoßung wie Newtonsche Teilchen verhalten, hätte die Physiker zu so vielen willkürlichen Annahmen über Atome und Kräfte genötigt, daß sie im Grunde nichts erreicht hätten.

Gleichwohl herrschte um 1890 herum bei vielen Wissenschaftlern die Vorstellung, die Wissenschaft sei quasi abgeschlossen. Es gibt eine Geschichte von ungeklärter Urheberschaft, wonach ein Physiker um die Jahrhundertwende verkündet haben soll, die Physik stehe unmittelbar vor ihrem Abschluß, und es bleibe nichts mehr zu tun, als die Messungen um einige weitere Dezimalstellen zu verfeinern. Ausgangspunkt dieser Überlieferung könnte ein Vortrag sein, den der amerikanische Experimentalphysiker Albert Michelson 1894 an der Universität Chicago hielt und in dem er vorhersagte:

»Zwar kann man nicht mit Sicherheit behaupten, die Zukunft der physikalischen Wissenschaft halte keine Wunder mehr bereit, die noch erstaunlicher sind als jene der Vergangenheit, doch ist es wahrscheinlich, daß die meisten der großen grundlegenden Prinzipien eindeutig bewiesen wurden und daß weitere Fortschritte vornehmlich in der strengen Anwendung dieser Prinzipien auf alle uns bekanntwerdenden Phänomene zu suchen sind ... Ein bedeutender Physiker hat bemerkt, die künftigen Wahrheiten der physikalischen Wissenschaft seien an der sechsten Stelle von Dezimalzahlen zu erwarten.«

Robert Andrews Millikan, ein anderer amerikanischer Experimentalphysiker, lauschte dem Vortrag Michelsons und vermutete hinter dem »bedeutenden Physiker«, von dem dieser sprach, den einflußreichen Schotten William Thomson, Lord Kelvin.[6] Ein Freund[7] berichtete mir, in Cambridge, wo er Ende der vierziger Jahre studierte, sei Kelvin des öfteren in dem Sinne zitiert worden, in der Physik gebe es nichts Neues mehr zu entdecken, und es bleibe nichts mehr übrig als immer genauere Messungen.

Eine solche Äußerung habe ich in Kelvins gesammelten Reden nicht finden können, doch deutet vieles darauf hin, daß im ausgehenden neunzehnten Jahrhundert eine weitverbreitete, wenn auch nicht allgemeine Selbstzufriedenheit unter den Wissenschaftlern herrschte.[8] Als Max Planck sich 1875 an der Universität München einschrieb, wurde er von dem Physikprofessor Philip Jolly aufgefordert, nicht Naturwissenschaften zu studieren, weil es dort nach Jollys Ansicht nichts mehr zu entdecken gab. Ähnliches berichtet Millikan:

»1894 bewohnte ich an der 64. Straße, einen Block westlich vom Broadway, eine Wohnung im fünften Stock, zusammen mit vier anderen Columbia-Studenten, einer von ihnen ein Mediziner, während die anderen drei Soziologie und politische Wissenschaften studierten, und sie alle zogen mich ständig auf, weil ich an einem ›abgeschlossenen‹, ja einem ›toten Fach‹ wie der Physik festhalte, während gerade das neue, ›lebendige‹ Feld der Sozialwissenschaften erschlossen werde.«

Denjenigen unter uns, die heute von einer endgültigen Theorie zu sprechen wagen, werden oft derartige Beispiele von Selbstgefälligkeit aus dem neunzehnten Jahrhundert warnend entgegengehalten. Damit werden diese selbstzufriedenen Äußerungen jedoch mißverstanden. Michelson, Jolly und die Zimmernachbarn von Millikan haben mit Sicherheit nicht gemeint, daß es Physikern gelungen sei, die Natur der chemischen Anziehung zu erklären, oder Chemiker hätten es gar geschafft, den Mechanismus der Vererbung zu klären. Diejenigen, die solche Äußerungen taten, konnten das nur, weil sie den alten Traum Newtons und seiner Nachfolger aufgegeben hatten, daß man eines Tages die Chemie und alle übrigen Wissenschaften mit Hilfe physikalischer Kräfte verstehen werde; man war zu der Auffassung gelangt, Chemie und Physik seien gleichrangige Wissenschaften, und jede stehe kurz vor dem Abschluß. Wenn in der Naturwissenschaft des späten neunzehnten Jahrhunderts vielfach der Eindruck der Abgeschlossenheit bestand, so entsprang die damit verbundene Selbstzufriedenheit nur einem zurückgenommenen Ehrgeiz.

Das sollte sich sehr bald ändern. Für den Physiker beginnt das zwanzigste Jahrhundert im Jahre 1895 mit Wilhelm Röntgens unverhoffter Entdeckung der nach ihm benannten Strahlen. Entscheidend waren nicht so sehr die Röntgenstrahlen selbst als vielmehr die Tatsache, daß Physiker durch ihre Entdeckung in der Annahme bestärkt wurden, daß es noch viele neue Dinge aufzuspüren gab, besonders durch die Erforschung verschiedener Strahlungsarten. Und tatsächlich wurden die Entdeckungen in rascher Folge gemacht. 1896 entdeckte Henri Becquerel in Paris die Radioaktivität. 1897 maß J. J. Thomson in Cambridge die Ablenkung von Kathodenstrahlen durch elektrische und magnetische Felder und deutete die Ergebnisse mit der Annahme eines fundamentalen Teilchens, des Elektrons, das in jeglicher Materie und nicht nur in Kathodenstrahlen vorkommt. 1905 (noch als Angestellter im Patentamt) entwickelte Albert Einstein in Bern mit seiner speziellen Relativitätstheorie eine neue Auffassung von Raum und Zeit, schlug ein neues Verfahren vor, die Existenz von Atomen zu beweisen, und deutete eine ältere Arbeit von Max Planck über die Wärmestrahlung mit Hilfe eines neuen Elementarteilchens, des Lichtteilchens, das später den Namen Photon erhielt. Bald darauf, im Jahre 1911, zog Ernest Rutherford aus Versuchen mit radioaktiven Elementen in seinem Labor in Manchester den Schluß, daß Atome aus kleinen, massereichen Kernen bestehen, die von Wolken von Elektronen umgeben sind. 1913 schließlich erklärte der Däne Niels Bohr mit Hilfe dieses Atommodells und der Einsteinschen Idee des Photons das Spektrum des einfachsten Atoms, des Wasserstoffatoms. Wo vorher Selbstzufriedenheit geherrscht hatte, griff Erregung um sich. Die Physiker hielten es jetzt für möglich, bald eine endgültige Theorie zu finden, in der zumindest alle Naturwissenschaften vereint wären. Schon 1902 erklärte Michelson, der zuvor so selbstzufrieden gewesen war:

»... der Tag scheint nicht mehr allzu fern zu sein, da die konvergenten Linien aus vielen scheinbar fernliegenden Gebieten der Denktätigkeit auf diesem gemeinsamen Boden zusammentreffen werden. Die Natur der Atome und die Kräfte, die bei ihrer chemischen Vereinigung mitspielen; die Wechselwirkungen zwischen diesen Atomen und dem nicht differenzierten Äther, wie sie sich in den Erscheinungen des Lichtes und der Elektrizität kundgeben; der Bau der Moleküle und der Molekularsysteme, deren Einheiten die Atome sind; die Erklärung der Kohäsion, der Elastizität und der Gravitation – sie alle werden dann zu einem einzigen zusammenhängenden und festgefügten Gebäude naturwissenschaftlicher Kenntnisse zusammengefügt werden.«[9]

Hatte er zunächst gemeint, die Physik sei bereits abgeschlossen, weil er nicht erwartete, daß sie die Chemie erklären werde, so erhoffte Michelson sich nun einen nahe bevorstehenden, ganz andersartigen Abschluß, der Chemie und Physik umfassen würde.

Das war ein wenig verfrüht. Der Traum von einer endgültigen, einheitlichen Theorie begann tatsächlich erst Mitte der zwanziger Jahre Gestalt anzunehmen: mit der Entdeckung der Quantenmechanik, die statt der Teilchen und Kräfte der Newtonschen Mechanik Wellenfunktionen und Wahrscheinlichkeiten einführte und damit der Physik ein neues, unvertrautes Begriffssystem lieferte. Mit Hilfe der Quantenmechanik wurde es auf einmal möglich, die Eigenschaften nicht nur von einzelnen Atomen und ihre Wechselwirkung mit der Strahlung zu berechnen, sondern auch die Eigenschaften von Atomen, die zu Molekülen verbunden sind; nun wußte man endlich, daß chemische Phänomene auf den elektrischen Wechselwirkungen von Elektronen und Atomkernen beruhen.

Das heißt nicht, daß nun Physikprofessoren den Chemieunterricht an Oberschulen erteilten oder daß der Verband Amerikanischer Chemiker sich um Aufnahme in den Verband Amerikanischer Physiker bewarb. Es ist schon nicht einfach, mit Hilfe der Gleichungen der Quantenmechanik die Stärke der Bindung von zwei Wasserstoffatomen im einfachsten Wasserstoffmolekül zu berechnen; wenn es um komplizierte Moleküle, speziell die sehr komplizierten Moleküle, die man in der Biologie antrifft, und ihre Reaktionen unter verschiedenen Bedingungen geht, bedarf es der besonderen Erfahrung und der Erkenntnisse von Chemikern. Daran, daß man mit Hilfe der Quantenmechanik die Eigenschaften von sehr einfachen Molekülen berechnen konnte, zeigte sich jedoch, daß das chemische Geschehen von den Gesetzen der Physik diktiert wurde. Paul Dirac, einer der Begründer der neuen Quantenmechanik, verkündete 1929 triumphierend:

»Die für einen Großteil der Physik und für die gesamte Chemie notwendigen grundlegenden physikalischen Gesetze sind damit vollständig bekannt, und die einzige Schwierigkeit besteht darin, daß die Anwendung dieser Gesetze zu Gleichungen führt, die viel zu kompliziert sind, um lösbar zu sein.«[10]

Bald darauf tauchte ein merkwürdiges Problem auf. Die ersten quantenmechanischen Berechnungen der Energien von Atomen hatten Resultate ergeben, die gut mit den Ergebnissen im Experiment übereinstimmten, doch als die Quantenmechanik nicht nur auf die Elektronen in Atomen, sondern auch auf die von ihnen hervorgerufenen elektrischen und magnetischen Felder angewandt wurde, stellte sich heraus, daß das Atom eine unendliche Energie haben müßte. Weitere unendliche Größen tauchten in anderen Berechnungen auf, und vier Jahrzehnte lang erschien dieses absurde Resultat als das größte Hindernis für Fortschritte in der Physik. Schließlich erkannte man jedoch, daß das Problem der unendlichen Größen kein Unglück war, sondern vielmehr einer der besten Gründe, im Hinblick auf Fortschritte in Richtung einer endgültigen Theorie optimistisch zu sein. Wenn man bei der Definition der Massen, der elektrischen Ladungen und anderer Konstanten geschickt vorgeht, taucht das Problem der unendlichen Größen nicht auf, aber *nur* in Theorien einer bestimmten Art. Es könnte also passieren, daß die Mathematik uns zur endgültigen Theorie – oder einem Teil von ihr – führt, weil nur in ihr diese unendlichen Größen vermieden werden können. Vielleicht haben wir in der geheimnisvollen Theorie der Strings ja schon den einzigen Weg gefunden, die Relativität (einschließlich der allgemeinen Relativitätstheorie, der Einsteinschen Theorie der Gravitation) mit der Quantenmechanik in Einklang zu bringen. Sollte das der Fall sein, so wird sie einen bedeutenden Bestandteil jeder endgültigen Theorie ausmachen.

Damit will ich nicht behaupten, daß es gelingen wird, die endgültige Theorie mit Hilfe reiner Mathematik abzuleiten – warum sollten wir schließlich die Relativitätstheorie oder die Quantenmechanik als etwas logisch Zwingendes betrachten? Am besten werden wir daran tun, die endgültige Theorie als eine solche zu charakterisieren, die so streng ist, daß jeder Versuch einer auch nur geringfügigen Abänderung zu logischen Absurditäten führt.

Ein weiterer Grund zum Optimismus besteht in der eigentümlichen Tatsache, daß Fortschritte in der Physik oft von Urteilen geleitet werden, die man nur als ästhetische bezeichnen kann. Das ist sehr merkwürdig. Wieso kann der Eindruck eines Physikers, daß eine Theorie schöner sei als eine andere, eine hilfreiche Anleitung in der wissenschaftlichen Forschung sein? Dafür gibt es mehrere denkbare Gründe, doch einer davon hat speziell mit der Elementarteilchenphysik zu tun: Es könnte sein, daß die Schönheit in unseren gegenwärtigen Theorien bloß ein Traum von jener Art von Schönheit ist, die uns in der endgültigen Theorie erwartet.

In unserem Jahrhundert war es Albert Einstein, der ganz ausdrücklich das Ziel einer endgültigen Theorie verfolgte. Sein Biograph Abraham Pais[11] sagt über ihn: »Einstein ist eine typisch alttestamentarische Gestalt mit der an Jehova gemahnenden Einstellung, daß es ein Gesetz gebe und man es finden müsse.« Die letzten dreißig Lebensjahre Einsteins waren zum großen Teil der Suche nach einer sogenannten einheitlichen Feldtheorie gewidmet, die James Clerk Maxwells Theorie des Elektromagnetismus mit der allgemeinen Relativitätstheorie, also Einsteins Theorie der Gravitation, zusammenfassen würde. Einsteins Bemühungen blieben erfolglos, und aus heutiger Sicht können wir verstehen, daß sie auf falschen Auffassungen beruhten. Zum einen lehnte Einstein die Quantenmechanik ab, und zum anderen griffen seine Bemühungen zu kurz. Zufällig sind der Elektromagnetismus und die Gravitation die einzigen auch im Alltag erkennbaren fundamentalen Kräfte (und die einzigen Kräfte, die man kannte, als Einstein ein junger Mann war), aber es gibt andere Arten von Kräften der Natur, darunter die schwache und die starke Kraft. Wenn es Fortschritte in Richtung auf eine Vereinheitlichung gegeben hat, so bestanden sie in der Zusammenfassung von Maxwells Theorien der elektromagnetischen Kraft mit der Theorie der schwachen Kraft, nicht aber mit der Theorie der Gravitation, in der eine Lösung des Problems der unendlichen Größen auf sehr viel größere Schwierigkeiten stößt. Dennoch gilt dem, worum Einstein sich bemühte, auch unser heutiges Bemühen – der Suche nach einer endgültigen Theorie.

Daß von einer endgültigen Theorie gesprochen wird, scheint einige Philosophen und Wissenschaftler wütend zu machen. Man muß damit rechnen, daß einem schreckliche Dinge vorgeworfen werden wie etwa Reduktionismus oder gar physikalischer Imperialismus. Das ist zum größten Teil eine Reaktion auf die albernen Vorstellungen, die mit einer endgültigen Theorie in Verbindung gebracht werden, wie zum Beispiel die, daß die Entdeckung einer endgültigen Theorie in der Physik das Ende der Wissenschaft bedeuten würde. Natürlich würde eine endgültige Theorie nicht die wissenschaftliche Forschung beenden, noch nicht einmal die reine wissenschaftliche Forschung, und auch nicht die reine Forschung in der Physik selbst. Gleichgültig, was für eine endgültige Theorie man entdeckt, es wird auch weiterhin eine Vielzahl seltsamer Phänomene – von der Turbulenz bis zum Denken – geben, die der Erklärung bedürfen. Die Entdeckung einer endgültigen Theorie in der Physik wird noch nicht einmal unbedingt viel zum Verständnis dieser Phänomene beitragen (obwohl es bei einigen der Fall sein könnte). Eine endgültige Theorie wird nur in dem Sinne endgültig sein, daß sie Schluß machen wird mit einer bestimmten Art von Wissenschaft, mit der uralten Suche nach jenen Prinzipien, die nicht mehr mit Hilfe tieferer Prinzipien erklärt werden können.

II. | Über ein Stück Kreide

Narr: . . . Der Grund, warum die sieben Sterne
nicht mehr sind als sieben, ist ein hübscher Grund.
Lear: Weil's nicht acht sind.
Narr: Ja, wahrhaftig, du würdest einen guten
Narren abgeben.

William Shakespeare, *König Lear*

Wissenschaftler haben viele merkwürdige Dinge entdeckt – und viele schöne Dinge. Vielleicht ist aber das Schönste und Merkwürdigste, was sie gefunden haben, das Muster der Wissenschaft selbst. Unsere wissenschaftlichen Entdeckungen sind keine unabhängigen, isolierten Tatsachen; eine wissenschaftliche Verallgemeinerung findet ihre Erklärung in einer anderen, die ihrerseits durch eine weitere erklärt wird. Wenn wir diese Erklärungspfeile bis zu ihrem Ursprung zurückverfolgen, entdecken wir ein bemerkenswert konvergentes Muster – vielleicht das Tiefste, was wir bis jetzt über das Universum gelernt haben.

Nehmen wir ein Stück Kreide. Kreide ist eine Substanz, die den meisten Menschen vertraut ist (und besonders den Physikern, die sich über Wandtafeln miteinander verständigen), doch ich wähle die Kreide hier als Beispiel, weil sie Gegenstand einer in der Wissenschaftsgeschichte berühmt gewordenen Polemik war. Im Jahre 1868 hielt die British Association ihre Jahresversammlung in der großen, im Osten Englands gelegenen Bezirkshauptstadt Norwich mit ihrer alten Kathedrale ab. Die allgemeine Aufmerksamkeit wandte sich nicht nur deshalb der Naturwissenschaft zu, weil deren Bedeutung für die Technik unübersehbar wurde, sondern in noch stärkerem Maße, weil die Naturwissenschaft das Bild veränderte, das die Menschen sich von der Welt und ihrer eigenen Stellung in ihr machten. Vor allem Darwins Werk *Über die Entstehung der Arten durch natürliche Zuchtwahl*, neun Jahre zuvor erschienen, hatte die Wissenschaft in einen direkten Gegensatz zu der damals herrschenden Religion gebracht. An der Versammlung nahm auch Thomas Henry Huxley teil, ein hervorragender Anatom und ein gefürchteter Polemiker, der unter seinen Zeitgenossen als »Darwins Bulldogge« bekannt war. Huxley nutzte wie immer die Gelegenheit, um zu den Arbeitern der Stadt zu sprechen. Sein Vortrag trug den Titel *Über ein Stück Kreide*.[1]

Ich stelle mir gern vor, wie Huxley auf dem Podium stand und ein Stück Kreide in die Höhe hielt, das möglicherweise aus den Kreideformationen stammte, die unterhalb von Norwich liegen, oder das ihm von einem freundlichen Zimmermann oder Professor zur Verfügung gestellt worden war. Er schilderte zunächst, daß sich die weit über hundert Meter mächtige Kreideschicht nicht nur unter einem Großteil von England, sondern auch unter dem europäischen Festland und der Levante bis nach Zentralasien erstreckt. Kreide besteht überwiegend aus einer einfachen chemischen Verbindung, Kalkkarbonat oder, modern ausgedrückt, Kalziumkarbonat, doch setzt sie sich, wie die mikroskopische Untersuchung zeigt, aus unzähligen fossilen Schalen winziger Tierchen zusammen, welche in den Urmeeren lebten, die einst Europa bedeckten. Huxley beschrieb eindringlich, wie im Laufe von Jahrmillionen die Kadaver dieser Tierchen auf den Meeresboden absanken und zu Kreide zusammengepreßt wurden und wie hier und da in der Kreide Fossilien von größeren Tieren wie etwa Krokodilen gefunden wurden, Arten, deren Erscheinungsbild sich je nach der Tiefe der Kreideschicht änderte, so daß sie während der Jahrmillionen, in denen die Kreide sich ablagerte, eine Evolution durchgemacht haben mußten.

Huxley versuchte die Arbeiter von Norwich davon zu überzeugen, daß die Welt weit älter sei als jene sechstausend Jahre, welche die Bibelkundigen ihr zugestanden, und daß seit der Entstehung der Welt neue lebende Arten hinzugekommen seien. Heute sind diese Streitfragen längst geklärt – niemand, der auch nur ein wenig von der Wissenschaft versteht, wird das hohe Alter der Erde oder die Realität der Evolution anzweifeln. Mir kommt es hier nicht auf bestimmte Fragen der wissenschaftlichen Erkenntnis an, sondern vielmehr darauf, wie sie alle miteinander zusammenhängen. Deshalb beginne ich, ebenso wie Huxley, mit einem Stück Kreide.

Kreide ist weiß. *Warum?* Man könnte darauf sofort antworten, daß sie weiß ist, weil sie keine andere Farbe hat. Lears Narren würde diese Antwort gefallen haben, aber dennoch ist sie nicht weit von der Wahrheit entfernt. Schon zu Huxleys Lebzeiten war bekannt, daß die einzelnen Farben des Regenbogens jeweils mit dem Licht einer bestimmten Wellenlänge zusammenhängen – zum roten Ende des Spektrums hin sind die Wellen länger, zum blauen oder violetten Ende hin sind sie kürzer. Man wußte, daß weißes Licht eine Mischung aus Licht von vielen unterschiedlichen Wellenlängen ist. Eine Substanz, die eine bestimmte Farbe aufweist wie etwa das grünliche Blau vieler Kupferverbindungen (darunter die Kupfer-Aluminiumphosphate im Türkis) oder das Violett von Chromverbindungen, hat ebendiese Farbe, weil die Substanz bevorzugt Licht von bestimmten Wellenlängen absorbiert; die von uns beobachtete Farbe ist diejenige, die mit Licht jener Wellenlängen zusammenhängt, die *nicht* bevorzugt absorbiert werden. Was nun das Kalziumkarbonat der Kreide betrifft, so absorbiert es bevorzugt Licht im infraroten und ultravioletten Bereich, das ohnehin unsichtbar ist. Daher weist das Licht, das von einem Stück Kreide reflektiert wird, praktisch die gleiche Verteilung von sichtbaren Wellenlängen auf wie das Licht, von dem es beschienen wird. So entsteht der Eindruck der Weiße, sei es von Wolken, Schnee oder Kreide.

Warum? Warum wird sichtbares Licht bestimmter Wellenlängen von einigen Substanzen stark absorbiert und von anderen nicht? Das hängt, wie sich herausstellt, mit den Energien der Atome und des Lichts zusammen. Die Grundlagen für das Verständnis dieses Phänomens schufen Albert Einstein und Niels Bohr in den beiden ersten Jahrzehnten dieses Jahrhunderts. Zunächst erkannte Einstein im Jahre 1905, daß ein Lichtstrahl aus einem Strom von ungeheuer vielen Teilchen besteht, die man später als *Photonen* bezeichnete. Photonen haben weder Masse noch elektrische Ladung, aber jedes Photon hat eine bestimmte Energie, die sich umgekehrt proportional zur Wellenlänge des Lichts verhält. Bohr schlug im Jahre 1913 vor, daß Atome und Moleküle nur in bestimmten Zuständen mit bestimmten Energien existieren können. (Oft werden Atome mit kleinen Sonnensystemen verglichen, doch gibt es einen entscheidenden Unterschied. Jedem Planeten des Sonnensystems könnte man ein wenig mehr oder weniger Energie zuteilen, indem man ihn ein wenig weiter von der Sonne fort oder näher an sie heranrückt, wohingegen die Zustände eines Atoms *diskret* sind: Die Energien von Atomen können nur um genau bestimmte Mengen verändert werden.) Normalerweise befindet sich ein Atom oder Molekül im Zustand der niedrigsten Energie. Wenn ein Atom oder Molekül Licht absorbiert, springt es aus einem Zustand niedrigerer Energie in einen höherer Energie (und umgekehrt, wenn Licht emittiert wird). Verknüpft man diese Vorstellungen Einsteins und Bohrs, so heißt das, daß Licht von einem Atom oder Molekül nur dann absorbiert werden kann, wenn seine Wellenlänge einen von mehreren ganz bestimmten Werten hat. Die Wellenlänge muß einer Photonenenergie entsprechen, die genau der Energiedifferenz zwischen dem Grundzustand des Atoms oder Moleküls und einem der Zustände von höherer Energie gleich ist. Anderenfalls bliebe die Energie nicht erhalten, wenn das Photon von dem Atom absorbiert wird. Die üblichen Kupferverbindungen sind deshalb grünlichblau, weil ein bestimmter Zustand des Kupferatoms, dessen Energie zwei Volt höher ist als der Grundzustand, besonders leicht dadurch angeregt werden kann, daß das Atom ein Photon mit einer Energie von zwei Volt absorbiert.* Ein solches Photon hat eine Wellenlänge von 0,62 Mikrometern, die einem rötlichen Orange entspricht, und wenn diese Photonen absorbiert werden, ist das verbleibende, reflektierte Licht grünlich-blau.[2] (Damit wird nicht bloß auf umständliche Art und Weise nochmals gesagt, daß diese Verbindungen grünlich-blau sind; das gleiche Muster atomarer Energien beobachten wir, wenn wir das Kupferatom auf andere Weise anregen, zum Beispiel mit einem Elektronenstrahl.) Kreide ist deshalb weiß, weil die Moleküle, aus denen sie sich zusammensetzt, nun einmal keinen Zustand haben, der besonders leicht durch

---

* Ein Volt ist, wenn es als Einheit der Energie verwendet wird, definiert als diejenige Energie, die einem Elektron erteilt wird, das von einer 1-Volt-Batterie durch einen Draht gejagt wird. (Eigentlich sollte man in diesem Zusammenhang von einem »Elektronenvolt« sprechen, aber ich folge dem physikalischen Usus und sage Volt.) Ein Mikrometer ist ein Millionstel eines Meters.

Absorbtion von Photonen, die irgendeiner Farbe des sichtbaren Lichts entsprechen, anzuregen ist.

Warum? Warum kommen Atome und Moleküle nur in diskreten Zuständen vor, die jeweils eine bestimmte Energie haben? Warum sind diese Energiewerte gerade so, wie sie sind? Warum besteht das Licht aus einzelnen Teilchen, die jeweils eine Energie haben, die sich umgekehrt proportional zur Wellenlänge des Lichts verhält? Und warum sind bestimmte Zustände von Atomen oder Molekülen durch Absorption von Photonen besonders leicht anzuregen? Diese Eigenschaften von Licht beziehungsweise Atomen und Molekülen waren nicht zu verstehen, bis Mitte der zwanziger Jahre mit der Quantenmechanik ein neuer theoretischer Rahmen für die Physik entwickelt wurde. In der Quantenmechanik werden die Teilchen eines Atoms oder Moleküls durch Wellenfunktionen beschrieben. Eine Wellenfunktion verhält sich in etwa wie eine Licht- oder Schallwelle, aber ihre Amplitude (genauer das Quadrat ihrer Amplitude) gibt die Wahrscheinlichkeit an, die Teilchen an einer gegebenen Stelle anzutreffen. So wie die Luft in einer Orgelpfeife nur in bestimmten Schwingungsmoden schwingen kann, die jeweils ihre eigene Wellenlänge haben, kann auch die Wellenfunktion für die Teilchen in einem Atom oder Molekül nur in bestimmten Moden oder *Quantenzuständen* auftreten, die jeweils ihre eigene Energie haben. Wendet man die Gleichungen der Quantenmechanik auf das Kupferatom an, so zeigt sich, daß eines der Elektronen, das sich auf einer äußeren Hochenergiebahn des Atoms befindet, nur lose gebunden ist und sich durch Absorption von sichtbarem Licht leicht auf die nächsthöhere Bahn befördern läßt. Die Elektronenenergien auf diesen beiden Bahnen unterscheiden sich, wie quantenmechanische Berechnungen ergeben, um zwei Volt, und das entspricht der Energie eines Photons von rötlich-orangefarbenem Licht.* Von den Atomen, aus denen ein Molekül Kalziumkarbonat in einem Stück Kreide besteht, besitzt dagegen keines ähnlich lose gebundene Elektronen, die Photonen von einer bestimmten Farbe

---

* In einem Metall, dessen äußere Elektronen die einzelnen Atome verlassen und zwischen ihnen fließen, besteht für metallisches Kupfer keine ausgeprägte Tendenz, Photonen von orangefarbenem Licht zu absorbieren, und aus diesem Grunde ist es nicht grünlich-blau.

absorbieren könnten. Was die Photonen angeht, werden ihre Eigenschaften dadurch erklärt, daß man die Prinzipien der Quantenmechanik in entsprechender Weise auf das Licht selbst anwendet. Dabei zeigt sich, daß Licht – genau wie Atome – nur in Quantenzuständen bestimmter Energie existieren kann. Rötlich-orangefarbenes Licht mit einer Wellenlänge von 0,62 Mikrometern kann beispielsweise nur in Zuständen existieren, deren Energie null oder zwei oder vier oder sechs Volt usw. beträgt, woraus wir schließen, daß diese Zustände null oder ein oder zwei oder drei oder mehr Photonen enthalten, wobei jedes Photon eine Energie von genau zwei Volt hat.

Warum? Warum sind die das Verhalten der Teilchen in Atomen bestimmenden quantenmechanischen Gleichungen so, wie sie sind? Warum besteht die Materie aus diesen Teilchen, den Elektronen und den Atomkernen? Und warum gibt es so etwas wie Licht? Dies waren zum größten Teil ziemlich rätselhafte Dinge, als die Quantenmechanik in den zwanziger und dreißiger Jahren erstmals auf Atome und Licht angewendet wurde, und einigermaßen verstanden hat man sie erst in den letzten fünfzehn Jahren dank des Erfolges des sogenannten *Standardmodells* der Elementarteilchen und Kräfte. Eine entscheidende Voraussetzung für dieses neue Verständnis war die in den vierziger Jahren erfolgte Verknüpfung der Quantenmechanik mit der anderen großen Revolution in der Physik des zwanzigsten Jahrhunderts, der Relativitätstheorie Einsteins. Die Prinzipien der Relativitätstheorie und der Quantenmechanik sind fast nicht miteinander zu vereinbaren und können nur in einer begrenzten Klasse von Theorien miteinander koexistieren. In der nichtrelativistischen Quantenmechanik der zwanziger Jahre war fast jede beliebige Art von Kraft zwischen Elektronen und Kernen vorstellbar, doch in einer relativistischen Theorie ist dies nicht der Fall: Kräfte zwischen Teilchen können nur aus dem Austausch anderer Teilchen entstehen. Des weiteren sind all diese Teilchen Bündel oder *Quanten* der Energie von Feldern verschiedener Art. Ein elektrisches oder ein magnetisches Feld etwa ist eine Art Spannung im Raum, so etwas wie die verschiedenen Arten von Spannung, die innerhalb eines Festkörpers möglich sind, aber ein Feld ist eine Spannung im Raum selbst. Für die einzelnen Arten von Elementarteilchen existiert jeweils ein gesondertes Feld; im Standardmodell gibt es ein Elektronenfeld, dessen Quanten die Elektronen sind; es gibt ein elektromagnetisches Feld (bestehend aus elektrischen und magnetischen Feldern), dessen Quanten die Photonen sind. Für Atomkerne und für die Teilchen, aus denen die Kerne sich zusammensetzen, die Protonen und Neutronen, existieren keine Felder; doch es gibt Felder für verschiedene Arten von Teilchen, aus denen sich Protonen und Neutronen zusammensetzen und die man als Quarks bezeichnet, und es gibt einige weitere Felder, auf die ich hier nicht einzugehen brauche. In den Gleichungen einer Feldtheorie wie des Standardmodells geht es nicht um Teilchen, sondern um Felder; die Teilchen erscheinen als Manifestationen dieser Felder. Daß die gewöhnliche Materie aus Elektronen, Protonen und Neutronen besteht, liegt einfach daran, daß alle anderen massereichen Teilchen äußerst instabil sind. Das Standardmodell kann deshalb als eine Erklärung betrachtet werden, weil es nicht bloß das ist, was Computerhacker einen »kludge« nennen, ein Sammelsurium von x-beliebigen Elementen, die man irgendwie miteinander verbindet. Hauptsache, es klappt. Die Struktur des Standardmodells steht vielmehr weitgehend fest, sobald die Felder, die es enthalten sollte, und die allgemeinen Prinzipien (wie die Prinzipien der Relativität und der Quantenmechanik), die deren Wechselwirkungen beschreiben, vorgegeben sind.

Warum? Warum besteht die Welt gerade aus diesen Feldern, den Feldern der Quarks, Elektronen, Photonen usw.? Warum haben sie die im Standardmodell angenommenen Eigenschaften? Und warum gehorcht die Natur überhaupt den Prinzipien der Relativität und der Quantenmechanik? Diese Fragen sind leider immer noch unbeantwortet. Der Theoretiker David Gross[3] von der Universität Princeton stellte in einem Aufsatz zum gegenwärtigen Stand der Physik eine Reihe offener Fragen zusammen: »Nun, da wir verstehen, wie es funktioniert, beginnen wir zu fragen: Warum gibt es Quarks und Leptonen, warum wiederholt sich das Muster der Materie in drei Generationen von Quarks und Leptonen, warum beruhen alle Kräfte auf lokalen Eichsymmetrien? Warum, warum, warum?« Was die Beschäftigung mit der Physik der Elementarteilchen zu einer so aufregenden Sache macht, ist die Hoffnung, diese Fragen zu beantworten und über unser gegenwärtiges Standardmodell hinauszugelangen.

Das Wort »warum« ist bekanntlich sehr vage. Der Philosoph Ernest Nagel[4] führt zehn Beispiele von Fragen an, in denen »warum« in zehn unterschiedlichen Bedeutungen verwendet wird, zum Beispiel: »Warum schwimmt Eis auf Wasser?«, »Warum plante Cassius die Ermordung Cäsars?« und »Warum haben Menschen Lungen?« Sofort fallen einem weitere Beispiele ein, in denen »warum« in wiederum anderen Bedeutungen verwendet wird, zum Beispiel: »Warum wurde ich geboren?« Es dürfte klar sein, daß ich das Wort »warum« hier ungefähr in dem Sinne verwende wie in der Frage: »Warum schwimmt Eis auf Wasser?« und daß damit nicht angedeutet werden soll, daß man nach irgendeinem bewußt gewählten Zweck fragt.

Dennoch ist es nicht einfach, exakt zu sagen, was man tut, wenn man eine solche Frage beantwortet. Glücklicherweise ist das im Grunde nicht nötig. Das wissenschaftliche Erklären ist eine Form menschlichen Verhaltens, die uns Vergnügen bereitet wie die Liebe oder die Kunst. Am besten versteht man das Wesen der wissenschaftlichen Erklärung dann, wenn man das eigentümliche Hochgefühl empfindet, das einen überkommt, wenn es jemandem (vorzugsweise einem selbst) gelungen ist, etwas zu erklären. Das soll nicht heißen, daß wissenschaftliche Erklärungen keinerlei Einschränkungen unterliegen, denn das ist auch in der Liebe oder der Kunst nicht der Fall. Hier wie dort muß man sich an die Wahrheit halten, auch wenn Wahrheit in der Wissenschaft, der Liebe oder der Kunst natürlich immer etwas anderes bedeutet. Und natürlich ist es auch nicht ganz belanglos, wenn versucht wird, das, was in der Wissenschaft geschieht, allgemein zu beschreiben, doch für die wissenschaftliche Praxis ist das im Grunde nicht notwendig, ebensowenig wie für die Liebe oder die Kunst.

Die wissenschaftliche Erklärung, so wie ich sie beschrieben habe, hat offenkundig etwas zu tun mit der Ableitung einer Wahrheit aus einer anderen. Doch ist die Erklärung mehr als nur Ableitung – und zugleich weniger. Wenn eine Aussage aus einer anderen abgeleitet wird, ist das noch nicht unbedingt eine Erklärung, wie wir deutlich in jenen Fällen erkennen, wo die eine Aussage aus der anderen und diese umgekehrt aus der ersteren abgeleitet werden kann. Aus der erfolgreichen Theorie der Wärmestrahlung, die fünf Jahre zuvor von Max Planck vorgetragen worden war, leitete Einstein im Jahre

1905 die Existenz von Photonen ab; Satyendra Nath Bose zeigte neunzehn Jahre später, daß Plancks Theorie sich aus Einsteins Photonentheorie ableiten läßt. Die Erklärung weist, anders als die Ableitung, eine eindeutige *Richtung* auf. Wir spüren unabweisbar, daß die Photonentheorie des Lichts grundlegender ist als eine Aussage über Wärmestrahlung und daß sie daher die Erklärung für die Eigenschaften der Wärmestrahlung bildet. Ähnlich liegt der Fall bei Newton, der seine berühmten Bewegungsgesetze zwar teilweise aus den älteren Gesetzen Keplers ableitete,[5] welche die Bewegung der Planeten im Sonnensystem beschreiben; trotzdem sagen wir, daß die Newtonschen Gesetze die von Kepler erklären und nicht umgekehrt.

Philosophen reagieren gereizt, wenn sie von »grundlegenderen« Wahrheiten reden hören. Man kann sagen, die grundlegenderen Wahrheiten seien jene, die in einem gewissen Sinne umfassender sind, aber auch das läßt sich nur schwer präzisieren. Die Wissenschaftler wären allerdings übel dran, wenn sie sich auf Begriffe beschränken müßten, die zuvor in befriedigender Weise von Philosophen formuliert worden wären. Kein Physiker zweifelt daran, daß Newtons Gesetze grundlegender sind als die Keplers oder daß Einsteins Theorie der Photonen grundlegender ist als Plancks Theorie der Wärmestrahlung.

Eine wissenschaftliche Erklärung kann aber auch weniger sein als eine Ableitung, denn wir können sagen, eine Tatsache wird durch ein Prinzip erklärt, auch wenn wir sie nicht aus diesem Prinzip ableiten können. Tatsächlich *können* wir mit Hilfe der Regeln der Quantenmechanik verschiedene Eigenschaften der einfacheren Atome und Moleküle ableiten und sogar die Energieniveaus komplizierter Moleküle wie etwa der Kalziumkarbonatmoleküle in der Kreide berechnen. Der Chemiker Henry Shaefer[6] von der Universität Berkeley schreibt: »Intelligent angewendet, führen moderne theoretische Methoden bei vielen Problemen, selbst bei großen Molekülen wie dem Naphthalin, zu Resultaten, denen man genauso vertrauen kann wie verläßlichen Experimenten.« In Wirklichkeit löst aber keiner die Gleichungen der Quantenmechanik, um die detaillierte Wellenfunktion oder die exakte Energie von wirklich komplizierten Molekülen wie etwa Proteinen abzuleiten. Gleichwohl haben wir keinen Zweifel daran, daß die

Regeln der Quantenmechanik die Eigenschaften solcher Moleküle »erklären«. Einerseits können wir nämlich mit Hilfe der Quantenmechanik die detaillierten Eigenschaften einfacherer Systeme wie der Wasserstoffmoleküle ableiten, und wir verfügen auch über mathematische Regeln, die es uns erlauben würden, sämtliche Eigenschaften eines jeden Moleküls mit beliebiger Genauigkeit zu berechnen, hätten wir nur genügend Computerkapazität und Rechenzeit.

Wir können sogar dann sagen, daß wir etwas erklärt haben, wenn wir nicht sicher wissen, ob wir jemals imstande sein werden, es abzuleiten. Wir wissen zum Beispiel nicht, wie wir mit Hilfe unseres Standardmodells der Elementarteilchen die detaillierten Eigenschaften von Atomkernen berechnen können, und wir sind nicht sicher, daß wir – selbst mit unbegrenzter Computerkapazität – diese Berechnungen jemals schaffen werden.[7] (Die Rechenverfahren, die für Atome oder Moleküle gelten, funktionieren hier nicht, weil die Kräfte in den Kernen zu stark sind.) Gleichwohl haben wir keinen Zweifel daran, daß die Eigenschaften von Atomkernen auf den bekannten Prinzipien des Standardmodells beruhen. Dieses »Beruhen« bedeutet nicht, daß wir in der Lage sind, irgend etwas abzuleiten, sondern ist Ausdruck unserer Auffassung von der Ordnung der Natur.

Ludwig Wittgenstein bestritt sogar, daß es möglich sei, eine Tatsache durch eine andere zu erklären, und warnte: »Der ganzen modernen Weltanschauung liegt die Täuschung zugrunde, daß die sogenannten Naturgesetze die Erklärungen der Naturerscheinungen seien.«[8] Solche Warnungen lassen mich kalt. Einem Physiker zu sagen, die Naturgesetze seien keine Erklärungen der Naturerscheinungen, das ist, als würde man einem Tiger, der sich an die Beute heranpirscht, sagen, alles Fleisch sei Gras. Die Tatsache, daß wir Wissenschaftler nicht in einer für Philosophen befriedigenden Weise ausdrücken können, was wir tun, wenn wir nach wissenschaftlichen Erklärungen suchen, bedeutet nicht, daß wir nicht etwas Lohnendes tun. Um zu verstehen, was wir eigentlich machen, könnten wir durchaus die Hilfe von kundigen Philosophen gebrauchen, doch wir werden damit weitermachen, ob sie uns nun helfen oder nicht.

Wir könnten nun bezüglich jeder physikalischen Eigenschaft der

Kreide – ihrer Sprödigkeit, ihrer Dichte, ihres Widerstandes gegen den Fluß von Elektrizität – ähnliche »Warum«-Fragen stellen. Versuchen wir jedoch, durch eine andere Tür in das Labyrinth der Erklärung einzudringen, und betrachten wir die Chemie der Kreide. Kreide besteht, wie Huxley sagte, überwiegend aus Kalkkarbonat oder, modern ausgedrückt, aus Kalziumkarbonat. Huxley hat es nicht so formuliert, aber er wird wohl gewußt haben, daß diese Substanz aus den Elementen Kalzium, Kohlenstoff und Sauerstoff besteht, und zwar in dem feststehenden Verhältnis (nach Gewicht) von vierzig, zwölf und achtundvierzig Prozent.

Warum? Warum finden wir eine chemische Verbindung aus Kalzium, Kohlenstoff und Sauerstoff in genau diesem Verhältnis, nicht aber viele andere Verbindungen mit vielen anderen Verhältnissen? Die Antwort auf diese Frage entwickelten Chemiker im neunzehnten Jahrhundert in Gestalt einer Atomtheorie, noch ehe es direkte experimentelle Beweise für die Existenz von Atomen gab. Das Gewicht des Kalzium-, des Kohlenstoff- und des Sauerstoffatoms verhält sich wie vierzig zu zwölf zu sechzehn, und ein Kalziumkarbonatmolekül besteht aus einem Atom Kalzium, einem Atom Kohlenstoff und *drei* Atomen Sauerstoff, und folglich verhalten sich die Gewichte von Kalzium, Kohlenstoff und Sauerstoff im Kalziumkarbonat wie vierzig zu zwölf zu achtundvierzig.

Warum? Warum haben die Atome verschiedener Elemente genau das Gewicht, das wir beobachten, und warum setzen sich Moleküle aus einer ganz bestimmten Anzahl von Atomen des jeweiligen Typs zusammen? Von der Anzahl der Atome des jeweiligen Typs in Molekülen wie Kalziumkarbonat war bereits im neunzehnten Jahrhundert bekannt, daß sie mit den elektrischen Ladungen zusammenhängt, welche die Atome im Molekül miteinander austauschen. J. J. Thomson entdeckte 1897, daß die Träger dieser elektrischen Ladungen negativ geladene Teilchen sind, die Elektronen; Teilchen, die sehr viel leichter sind als die ganzen Atome und die als gewöhnlicher elektrischer Strom durch Drähte fließen. Ein Element unterscheidet sich in chemischer Hinsicht vom anderen ausschließlich durch die Anzahl von Elektronen im Atom: Wasserstoff hat eins, Kohlenstoff sechs, Sauerstoff acht, Kalzium zwanzig usw. Wendet man die Regeln der Quantenmechanik auf die Atome an, aus denen Kreide besteht, so findet man,[9] daß Kalzium- und

Kohlenstoffatome bereitwillig zwei beziehungsweise vier Elektronen abgeben, während Sauerstoffatome gern zwei Elektronen aufnehmen. Somit können die drei Atome Sauerstoff in einem Kalziumkarbonatmolekül die sechs Elektronen, die ein Atom Kalzium und ein Atom Kohlenstoff bereitstellen, aufnehmen; für den Austausch sind gerade genügend Elektronen vorhanden. Wie steht es mit den Atomgewichten? Dank der Untersuchungen von Rutherford ist seit 1911 bekannt, daß fast die gesamte Masse beziehungsweise das gesamte Gewicht eines Atoms in dem kleinen, positiv geladenen Kern enthalten ist, um den die Elektronen kreisen. Bezüglich der Atomkerne herrschte zunächst einige Verwirrung, bis man in den dreißiger Jahren schließlich erkannte, daß sie aus zwei Arten von Teilchen mit annähernd der gleichen Masse bestehen: Protonen, deren positive elektrische Ladung gleich groß ist wie die negative Ladung der Elektronen, und Neutronen, die keinerlei Ladung besitzen. Der Wasserstoffkern besteht aus einem einzigen Proton. Die Anzahl der Protonen muß der Anzahl der Elektronen gleich sein, damit das Atom elektrisch neutral bleibt, und Neutronen sind erforderlich, um durch die starke Anziehung zwischen ihnen und den Protonen den Kern zusammenzuhalten.[10] Da Neutronen und Protonen annähernd das gleiche Gewicht haben und Elektronen sehr viel weniger wiegen, entspricht das Gewicht eines Atoms in sehr guter Näherung der Gesamtzahl der Protonen und Neutronen in seinem Kern: Sie beträgt eins (ein Proton) bei Wasserstoff, zwölf bei Kohlenstoff, sechzehn bei Sauerstoff und vierzig bei Kalzium und entspricht den Atomgewichten, die man zu Huxleys Zeiten zwar kannte, aber noch nicht verstand.

Warum? Warum gibt es ein Neutron und ein Proton, von denen das eine neutral, das andere geladen ist, während beide etwa die gleiche Masse haben und sehr viel schwerer sind als das Elektron? Warum ziehen sie einander mit einer so starken Kraft an, daß sie Atomkerne bilden, die etwa hunderttausendmal kleiner sind als die Atome selbst? Die Erklärung finden wir wiederum in den Details unseres gegenwärtigen Standardmodells der Elementarteilchen. Die leichtesten Quarks heißen *u* und *d* (für das englische »up« und »down«) und haben die Ladung $+2/3$ beziehungsweise $-1/3$ (wenn man die Ladung des Elektrons mit -1 annimmt); Protonen bestehen aus zwei *u*- und einem *d*-Quark und haben daher die Ladung

$2/3 + 2/3 - 1/3 = +1$; Neutronen bestehen aus einem u- und zwei d-Quarks und haben daher die Ladung $2/3 - 1/3 - 1/3 = 0$. Das Proton und das Neutron haben annähernd gleiche Massen, weil diese Massen hauptsächlich auf starken Kräften beruhen, welche die Quarks zusammenhalten, und diese Kräfte sind beim u- und d-Quark gleich. Das Elektron ist sehr viel leichter, weil es diesen starken Kräften nicht unterliegt. All diese Quarks und Elektronen sind Bündel der Energie verschiedener Felder, und ihre Eigenschaften folgen aus den Eigenschaften dieser Felder.

Damit sind wir also wieder beim Standardmodell. Gleichgültig, was wir über die physikalischen und chemischen Eigenschaften von Kalziumkarbonat wissen wollen, die fortgesetzte Frage nach dem »Warum« führt immer zurück auf den einen Konvergenzpunkt: unsere gegenwärtige quantenmechanische Theorie der Elementarteilchen, das Standardmodell. Nun sind Physik und Chemie aber noch verhältnismäßig einfach. Wie ist es, wenn wir zur Biologie übergehen, wo es komplizierter wird?

Unser Stück Kreide ist kein perfekter Kristall des Kalziumkarbonats, aber es ist auch kein ungeordnetes Durcheinander einzelner Moleküle wie etwa ein Gas. Kreide besteht vielmehr, wie Huxley in seinem Vortrag in Norwich erklärte, aus den Skeletten winziger Tiere, die Kalziumsalze und Kohlendioxyd aus den Urmeeren aufnahmen und aus diesen Rohstoffen kleine Schalen von Kalziumkarbonat aufbauten, um ihren weichen Körper zu schützen. Es ist leicht einzusehen, daß dies für sie vorteilhaft war – das Meer ist kein sicherer Ort für ungeschützte Stückchen Protein. Das allein erklärt aber noch nicht, warum Pflanzen und Tiere Organe wie Kalziumkarbonatschalen entwickeln, die ihnen helfen zu überleben. Die Erklärung lieferten die Werke von Darwin und Wallace, die Huxley mit so großem Einsatz verbreitete und verteidigte. Lebewesen weisen erbliche Variationen auf, von denen einige nützlich sind und andere nicht, und jene Organismen, die mit nützlichen Variationen ausgestattet sind, überleben am ehesten und geben diese Merkmale an ihre Nachkommen weiter. Aber warum gibt es diese Variationen, und warum sind sie erblich? Die Erklärung dafür, die schließlich in den fünfziger Jahren unseres Jahrhunderts gefunden wurde, liegt in der Struktur eines sehr großen Moleküls, der DNA, die als Schablone für den Aufbau von Proteinen aus Aminosäuren dient.

Das DNA-Molekül besteht aus einer Doppelhelix, in der die Erbinformation in einem Code gespeichert ist, der auf der Abfolge chemischer Einheiten auf den beiden Strängen der Helix basiert. Die Weitergabe der Erbinformation erfolgt in der Weise, daß sich die Doppelhelix aufspaltet und jeder der beiden Stränge eine Kopie seiner selbst herstellt; werden die chemischen Untereinheiten, aus denen die Stränge der Helix bestehen, durch irgendeine Einwirkung verändert, so kommt es zu erblichen Variationen.

Nachdem wir wieder bei der Chemie gelandet sind, ist der Rest verhältnismäßig einfach. Allerdings ist die DNA zu kompliziert, als daß wir mit Hilfe der Gleichungen der Quantenmechanik ihre Struktur bestimmen könnten. Die Struktur ist jedoch mit Hilfe der normalen Gesetze der Chemie hinreichend geklärt, und niemand bezweifelt, daß wir mit einem genügend großen Computer grundsätzlich in der Lage wären, alle Eigenschaften der DNA in der Weise zu erklären, daß wir die Gleichungen der Quantenmechanik für die Elektronen und Kerne einiger häufiger Elemente lösen, deren Eigenschaften wiederum durch das Standardmodell erklärt werden. Unsere Erklärungspfeile laufen also wieder in demselben Konvergenzpunkt zusammen.

Einen wichtigen Unterschied zwischen der Biologie und den physikalischen Wissenschaften habe ich bislang übergangen: das historische Element. Wenn wir unter Kreide »das Material der weißen Klippen von Dover« oder »das Ding in Huxleys Hand« verstehen, dann werden zur Erklärung der Aussage, daß Kalk zu vierzig Prozent aus Kalzium, zu zwölf Prozent aus Kohlenstoff und zu achtundvierzig Prozent aus Sauerstoff besteht, teils universale und teils historische Gegebenheiten herangezogen werden müssen, darunter Vorgänge, die sich in der Geschichte unseres Planeten beziehungsweise zu Lebzeiten von Thomas Huxley abgespielt haben.

Bezüglich der Universalien dürfen wir hoffen, sie mit Hilfe der geltenden Naturgesetze zu erklären. Eine solche Universalie ist die Aussage, daß es (bei hinreichend niedriger Temperatur und Dichte) eine chemische Verbindung gibt, die aus genau diesen Anteilen Kalzium, Kohlenstoff und Sauerstoff besteht. Wir glauben, daß solche Aussagen überall im Universum und zu allen Zeiten gültig sind. Entsprechende universale Aussagen können wir über die Eigenschaften der DNA machen, doch auf der anderen Seite hängt die

Tatsache, daß es auf der Erde Lebewesen gibt, die mit Hilfe der DNA Zufallsvariationen von einer Generation an die nächste weitergeben, von bestimmten historischen Zufällen ab: daß es nämlich einen Planeten wie die Erde gibt, daß irgendwie das Leben und die Genetik in Gang kamen und daß die Evolution sehr viel Zeit hatte, um ihr Werk zu tun.

Die Biologie ist nicht das einzige Fach, in dem dieses historische Element eine Rolle spielt. Dies trifft auch für eine Reihe anderer Wissenschaften zu, darunter die Geologie und die Astronomie. Wir könnten noch einmal zu unserem Stück Kreide greifen und fragen: Warum gibt es hier auf der Erde genügend Kalzium, Kohlenstoff und Sauerstoff, so daß die Rohstoffe für die fossilen Schalen bereitstanden, aus denen Kreide besteht? Die Antwort ist einfach: Diese Elemente kommen fast überall im Universum häufig vor. Aber warum ist das so? Auch dies ist nur mit einer Mischung aus Geschichte und universalen Prinzipien zu erklären. Wenn wir das Standardmodell der Elementarteilchen zugrunde legen, können wir den Ablauf der Kernreaktionen nach der gängigen Urknalltheorie des Universums so weit klären, daß sich ausrechnen läßt, daß die in den ersten drei Minuten des Universums entstandene Materie zu etwa drei Vierteln aus Wasserstoff und zu einem Viertel aus Helium bestand, während andere Elemente, hauptsächlich sehr leichte wie das Lithium, nur spurenweise vorkamen. Dies ist das Rohmaterial, aus dem dann in Sternen schwerere Elemente aufgebaut wurden. Berechnungen des anschließenden Ablaufs der Kernreaktionen in Sternen ergeben, daß überwiegend solche Elemente gebildet werden, deren Kerne sehr stark zusammenhalten, und zu diesen Elementen gehören Kohlenstoff, Sauerstoff und Kalzium. Von den Sternen wird dieses Material durch stellare Winde oder Supernova-Explosionen an das interstellare Medium abgegeben, und aus diesem Medium, in dem die Bestandteile der Kreide reichlich enthalten sind, entstanden Sterne zweiter Generation wie die Sonne und deren Planeten. Auch dieses Szenario beruht aber noch immer auf einer historischen Annahme, daß es nämlich einen mehr oder weniger homogenen Urknall gegeben hat, bei dem zehn Milliarden Photonen auf ein Quark kamen. Diese Annahme versucht man in verschiedenen spekulativen kosmologischen Theorien zu erklären, doch beruhen diese Theorien ihrerseits auf weiteren historischen Annahmen.

Ob man in unseren Wissenschaften auf Dauer zwischen universalen und historischen Elementen wird unterscheiden müssen, ist ungeklärt. In der modernen Quantenmechanik besteht wie in der Newtonschen Mechanik eine klare Trennung zwischen den Bedingungen, die uns etwas über den Anfangszustand des Systems sagen (ob das System im ganzen Universum oder nur in einem Teil von ihm besteht), und den Gesetzen, die seine anschließende Entwicklung bestimmen. Es ist jedoch denkbar, daß die Anfangsbedingungen schließlich als Bestandteil der Naturgesetze erscheinen werden. Ein einfaches Beispiel für diese Möglichkeit bietet das sogenannte »steady state«-Modell der Kosmologie, das in den späten vierziger Jahren von Herman Bondi und Thomas Gold sowie (in einer ganz anderen Version) von Fred Hoyle vorgeschlagen wurde. Nach diesem Modell streben alle Galaxien auseinander (was oft mit der ein wenig irreführenden Formulierung ausgedrückt wird, daß das Universum expandiert*), doch werden diese expandierenden Leerräume, die dadurch zwischen den Galaxien aufreißen, beständig mit neugebildeter Materie gefüllt, und zwar genau in dem Maße, daß sich am Aussehen des Universums nichts ändert. Darüber, wie eine solche fortlaufende Schöpfung von Materie sich vollziehen könnte, haben wir keine glaubwürdige Theorie, aber es ist plausibel, daß wir, falls wir sie hätten, mit ihrer Hilfe zeigen könnten, daß die Expansion des Universums einer »Gleichgewichts-Geschwindigkeit« zustrebt, bei der die Schöpfung genau die Expansion wettmacht, in der gleichen Weise, in der die Preise sich so lange anpassen sollen, bis das Angebot der Nachfrage entspricht. In einer solchen »steady state«-Theorie gibt es keine Anfangsbedingungen, weil es keinen Anfang gibt, und statt dessen können wir das Aussehen des Universums aus der Bedingung ableiten, daß es sich nicht verändert.

In seiner ursprünglichen Version ist das »steady state«-Modell praktisch widerlegt worden durch verschiedene astronomische Be-

---

* Es ist irreführend zu sagen, das Universum expandiere, weil Sonnensysteme und Galaxien nicht expandieren und der Raum selbst nicht expandiert. Die Galaxien entfernen sich voneinander in der Weise, in der sich alle Teilchen einer Teilchenwolke voneinander entfernen werden, wenn sie einmal in Bewegung gesetzt worden sind.

obachtungen, vor allem durch die 1964 erfolgte Entdeckung einer Mikrowellenstrahlung, die aus einer Zeit zu stammen scheint, als das Universum sehr viel heißer und dichter war. Die »steady state«-Idee könnte noch einmal im größeren Maßstab zur Geltung kommen, in einer künftigen kosmologischen Theorie, in der die gegenwärtige Expansion des Universums eine bloße Fluktuation in einem ewigen, aber ständig fluktuierenden Universum wäre, das sich im Durchschnitt ewig gleichbleibt. Außerdem gibt es noch subtilere Möglichkeiten, daß die Anfangsbedingungen eines Tages aus den endgültigen Gesetzen abgeleitet werden könnten. James Hartle und Stephen Hawking haben einen Weg für diese Verschmelzung von Physik und Geschichte in der Anwendung der Quantenmechanik auf das ganze Universum vorgeschlagen. Zur Zeit ist diese Quantenkosmologie unter den Theoretikern heftig umstritten; die begrifflichen und mathematischen Probleme sind sehr schwierig, und es sieht nicht danach aus, als kämen wir einer definitiven Lösung näher.

Aber auch wenn es letztlich gelingen sollte, die Anfangsbedingungen des Universums in die Naturgesetze einzubeziehen oder aus ihnen abzuleiten, so werden wir doch praktisch nie in der Lage sein, die akzidentellen und historischen Elemente aus Wissenschaften wie der Biologie, der Astronomie und der Geologie auszuschließen. Stephen J. Gould hat anhand der seltsamen Fossilien des Burgess Shale in British Columbia deutlich gemacht, daß die biologische Evolution auf der Erde nicht einem zwangsläufigen Gesetz unterliegt.[11] Ein Phänomen wie das *Chaos* kann auch in einem ganz einfachen System auftreten und unsere Bemühungen, die Zukunft des Systems vorherzusagen, zunichte machen. Ein chaotisches System ist ein solches, in dem nahezu identische Anfangsbedingungen nach einiger Zeit zu gänzlich verschiedenen Ergebnissen führen können. Daß in einfachen Systemen Chaos vorkommen kann, weiß man schon seit Anfang des Jahrhunderts; damals zeigte der Mathematiker und Physiker Henri Poincaré, daß auch in einem so einfachen System wie einem Sonnensystem mit nur zwei Planeten Chaos entstehen kann. Die dunklen Lücken in den Ringen des Saturn deutet man seit etlichen Jahren so, daß an diesen Stellen kreisende Teilchen aufgrund ihrer chaotischen Bewegung aus den Ringen herausgeschleudert wurden. Das Neue und Erregende an der

Chaosforschung ist nicht die Entdeckung, daß es Chaos gibt, sondern vielmehr, daß bestimmte Arten von Chaos einige beinahe universale Eigenschaften aufweisen, die man mathematisch analysieren kann.

Die Existenz von Chaos bedeutet nicht, daß das Verhalten eines Systems wie der Ringe des Saturn nicht vollständig durch die Gesetze der Bewegung und der Gravitation sowie seine Anfangsbedingungen determiniert wäre, sondern nur, daß wir praktisch nicht berechnen können, wie sich einige Dinge (etwa die Teilchenbahnen in den dunklen Lücken in den Ringen des Saturn) entwickeln. Das Vorkommen von Chaos in einem System bedeutet, genauer gesagt, daß je nach der Genauigkeit, mit der wir die Anfangsbedingungen angeben, schließlich ein Zeitpunkt kommt, da wir jegliche Fähigkeit verlieren, das Verhalten des Systems vorherzusagen, aber dennoch gilt, daß es, gleichgültig, wie weit in die Zukunft hinein wir das Verhalten eines von den Newtonschen Gesetzen bestimmten physikalischen Systems vorhersagen möchten, einen Grad der Genauigkeit gibt, mit der die Messung der Anfangsbedingungen erfolgt, der es uns erlauben würde, diese Vorhersage zu machen. (Ähnlich könnte man sagen: Ein Auto wird bei ununterbrochener Fahrt irgendwann kein Benzin mehr haben, gleichgültig, wieviel wir in den Tank füllen, und doch wird, gleichgültig, wie weit wir fahren wollen, immer eine bestimmte Menge Benzin da sein, uns dorthin zu bringen.) Die Entdeckung des Chaos hat, anders gesagt, den physikalischen Determinismus aus der Zeit vor der Quantenmechanik nicht angeschafft, aber sie hat uns genötigt, ein wenig genauer zu formulieren, was wir unter diesem Determinismus verstehen. Die Quantenmechanik ist nicht im gleichen Sinne deterministisch wie die Newtonsche Mechanik; Heisenbergs Unschärferelation schließt aus, daß wir gleichzeitig Ort und Geschwindigkeit eines Teilchens präzise messen, und auch wenn wir alle Messungen vornehmen, die zu einer Zeit möglich sind, können wir über die Ergebnisse späterer Messungen doch nur Wahrscheinlichkeitsaussagen machen. Dennoch ist, wie wir sehen werden, auch in der Quantenmechanik das Verhalten eines physikalischen Systems in einem gewissen Sinne vollständig durch seine Anfangsbedingungen und die Naturgesetze determiniert.

Doch welcher Determinismus sich am Ende auch durchsetzt, er

hilft uns natürlich nicht viel, wenn wir es mit realen Systemen zu tun haben, die nicht einfach sind, wie etwa der Börse oder dem Leben auf der Erde. Das Auftreten des historischen Zufalls setzt dem, was wir jemals zu erklären hoffen können, unverrückbare Grenzen. Jede Erklärung der Lebensformen auf der Erde muß die Tatsache berücksichtigen, daß vor sechzig Millionen Jahren die Dinosaurier ausstarben, was gegenwärtig mit dem Einschlag eines Kometen erklärt wird, doch wird niemand je erklären können, warum gerade damals ein Komet auf die Erde prallte. Das Äußerste, was die Wissenschaft erhoffen kann, ist, daß wir imstande sein werden, die Erklärungen aller Naturerscheinungen auf endgültige Gesetze *und* historische Zufälle zurückzuführen.

Das Eindringen des historischen Zufalls in die Wissenschaft bedeutet auch, daß wir aufpassen müssen, was für Erklärungen wir von unseren endgültigen Gesetzen verlangen. Als Newton beispielsweise seine Gesetze der Bewegung und der Gravitation bekanntmachte, wurde ihm entgegengehalten, daß diese Gesetze keine Erklärung für eine der auffälligen Regelmäßigkeiten des Sonnensystems bereitstellen, daß nämlich alle Planeten die Sonne in der gleichen Richtung umkreisen. Wir wissen heute, daß das historisch bedingt ist. Die Richtung, in der die Planeten um die Sonne laufen, ist eine Folge der speziellen Umstände, unter denen sich das Sonnensystem aus einer rotierenden Gasscheibe herauskondensierte. Wir glauben nicht, sie allein aus den Gesetzen der Bewegung und der Gravitation ableiten zu können. Das Gesetzmäßige und das historisch Bedingte auseinanderzuhalten ist eine heikle Angelegenheit, und wir lernen in dieser Beziehung ständig dazu.

Es ist nicht nur möglich, daß das, was wir jetzt als willkürliche Anfangsbedingungen betrachten, sich letzten Endes aus universalen Gesetzen ableiten läßt, es ist auch umgekehrt möglich, daß Prinzipien, die wir *heute* als universale Gesetze betrachten, sich schließlich als Ausdruck historischer Zufälle erweisen werden. Einige theoretische Physiker haben kürzlich mit dem Gedanken gespielt, daß das, was wir gewöhnlich als Universum bezeichnen, jene Wolke expandierender Galaxien, die sich mindestens zehn Milliarden Lichtjahre weit in alle Richtungen erstreckt, nichts anderes als ein Subuniversum darstellt, einen kleinen Teil eines sehr viel größeren Megauniversums, das aus vielen solchen Teilen besteht, in denen das, was wir als Naturkonstanten bezeichnen (die elektrische Ladung des Elektrons, die Massenverhältnisse der Elementarteilchen usw.), andere Werte annehmen könnte. Es könnte sogar sein, daß das, was wir heute als Naturgesetze bezeichnen, von einem Subuniversum zum anderen verschieden ist. Sollte das der Fall sein, so könnte die Erklärung für die Konstanten und die Gesetze, die wir entdeckt haben, ein irreduzibles historisches Element enthalten, nämlich den Zufall, daß wir uns eben in dem Subuniversum befinden, das wir bewohnen. Aber selbst dann, wenn sich zeigen sollte, daß wir unsere Träume von der Entdeckung endgültiger Naturgesetze aufgeben müssen; die endgültigen Gesetze wären dann Megagesetze, die die Wahrscheinlichkeit bestimmen würden, sich in dieser oder jener Art von Subuniversum zu befinden. Sidney Coleman und andere haben bereits viele Anstrengungen unternommen, um durch Anwendung der Quantenmechanik diese Wahrscheinlichkeiten auf das ganze Megauniversum zu berechnen. Man muß aber betonen, daß dies sehr spekulative Ideen sind, die mathematisch noch nicht ausformuliert und bislang noch nicht experimentell belegt worden sind.

Zwei Probleme, die sich bei dem Versuch ergeben, die Kette von Erklärungen bis zu den letzten Gesetzen zurückzuverfolgen, habe ich bislang eingestanden: das Eindringen von historischen Zufällen und die Komplexität, die uns daran hindert, alles erklären zu können, selbst wenn wir nur Universalien, die von dem historischen Element frei sind, betrachten. Wir müssen uns noch mit einem weiteren Problem auseinandersetzen, das mit dem Schlagwort »Emergenz« zusammenhängt. Wenn wir die Natur auf den verschiedenen Ebenen von wachsender Komplexität betrachten, sehen wir neue Phänomene auftauchen, denen auf den einfacheren Ebenen nichts entspricht, ganz zu schweigen von der Ebene der Elementarteilchen. Auf der Ebene der individuellen lebenden Zellen finden wir zum Beispiel nichts, was der Intelligenz entspräche, und auf der Ebene der Atome und Moleküle nichts, was dem Leben entspräche. Der Physiker Philip Anderson hat den Gedanken der Emergenz treffend im Titel eines Artikels aus dem Jahre 1972 zusammengefaßt: *More Is Different – Mehr ist anders.*[12] Am offenkundigsten ist das Hervortreten neuer Phänomene auf höheren Ebenen der Komplexität in der Biologie und den Verhaltenswissenschaften, doch muß man erkennen, daß eine solche Emergenz nichts ist, was speziell mit dem Leben oder dem menschlichen Handeln zu tun hat – sie tritt auch innerhalb der Physik selbst auf.

Das Beispiel von Emergenz, das in der Physik historisch von größter Bedeutung war, ist die Thermodynamik, die Wissenschaft von der Wärme. Die Thermodynamik, im neunzehnten Jahrhundert erstmals von Carnot, Clausius und anderen formuliert, war eine eigenständige Wissenschaft, die nicht aus der Mechanik der Teilchen und Kräfte abgeleitet worden war und auf Begriffen wie Entropie und Temperatur aufbaute, die in der Mechanik keine Entsprechung haben. Einzig der erste Hauptsatz der Thermodynamik, die Erhaltung der Energie, stellte eine Brücke zwischen Mechanik und Thermodynamik dar. Das zentrale Prinzip der Thermodynamik war der zweite Hauptsatz, demzufolge (laut einer Formulierung) physikalische Systeme nicht nur Energie und Temperatur besitzen, sondern auch eine als Entropie bezeichnete Größe, die in einem abgeschlossenen System stets mit der Zeit zunimmt und dann das Maximum erreicht, wenn das System im Gleichgewicht ist.[13] Dieses Prinzip schließt zum Beispiel aus, daß der Pazifische Ozean spontan so viel Wärmeenergie an den Atlantik abgibt, daß der Pazifik gefriert und der Atlantik kocht; eine solche Katastrophe würde nicht unbedingt gegen das Prinzip der Energieerhaltung verstoßen, aber sie verbietet sich, weil dadurch die Entropie verringert werden würde.

Die Physiker des neunzehnten Jahrhunderts betrachteten den zweiten Hauptsatz der Thermodynamik allgemein als ein aus der Erfahrung abgeleitetes Axiom, das für sie ebenso grundlegend war wie jedes andere Naturgesetz. Das war damals nicht unvernünftig. Man sah, daß die Thermodynamik in ganz unterschiedlichen Kontexten Gültigkeit hat, vom Verhalten des Dampfes (dieses Problem gab der Thermodynamik den Anstoß) über das Gefrieren und Kochen bis hin zu chemischen Reaktionen. (Heute ließen sich exotischere Beispiele hinzufügen: Astronomen haben entdeckt, daß die Sternwolken in Kugelhaufen in unserer Galaxie und in anderen Galaxien sich wie Gase mit bestimmter Temperatur verhalten, und Jacob Bekenstein und Stephen Hawking haben unabhängig voneinander theoretisch gezeigt, daß ein Schwarzes Loch eine Entropie hat, die seiner Oberfläche proportional ist.) Wie kann die Thermodynamik, wenn sie so universal ist, logisch mit der Physik bestimmter Arten von Teilchen und Kräften verknüpft werden?

In der zweiten Hälfte des neunzehnten Jahrhunderts zeigte dann eine neue Generation theoretischer Physiker (darunter Maxwell in Schottland, Ludwig Boltzmann in Deutschland und Josiah Willard Gibbs in Amerika), daß die Prinzipien der Thermodynamik sich tatsächlich mathematisch ableiten ließen – durch eine Analyse der Wahrscheinlichkeiten unterschiedlicher Konfigurationen bestimmter Arten von Systemen, nämlich solcher Systeme, deren Energie auf eine sehr große Anzahl von Subsystemen verteilt ist, beispielsweise ein Gas, dessen Energie auf die Moleküle, aus denen es zusammengesetzt ist, verteilt ist. (Ernest Nagel sah darin das Musterbeispiel der Zurückführung einer Theorie auf eine andere.[14]) In dieser statistischen Mechanik ist die Wärmeenergie eines Gases identisch mit der kinetischen Energie seiner Teilchen; die Entropie ist ein Maß für die Unordnung des Systems; und der zweite Hauptsatz der Thermodynamik drückt die Tendenz isolierter Systeme zu wachsender Unordnung aus. In den achtziger und neunziger Jahren des vorigen Jahrhunderts gab es eine Auseinandersetzung zwischen den Anhängern der neuen statistischen Mechanik und Leuten wie Planck oder wie der Chemiker Wilhelm Ostwald, die weiterhin an der logischen Unabhängigkeit der Thermodynamik festhielten.[15] Ernst Zermelo ging sogar noch weiter und behauptete, die Annahmen über Moleküle, auf denen die statistische Mechanik basiert, müßten falsch sein, weil die Entropieabnahme nach der statistischen Mechanik sehr unwahrscheinlich, aber nicht unmöglich sei. Schließlich setzte sich die statistische Mechanik durch, nachdem zu Beginn dieses Jahrhunderts die Realität der Atome und Moleküle allgemein anerkannt worden war. Obwohl die Thermodynamik seither im Sinne von Teilchen und Kräften erklärt worden ist, arbeitet sie dennoch weiter mit emergenten Begriffen wie Temperatur und Entropie, die auf der Ebene einzelner Teilchen jeden Sinn verlieren.

Die Thermodynamik entspricht eher einer Denkweise als einem System universaler physikalischer Gesetze; wo immer sie anwendbar ist, erlaubt sie uns stets, die Heranziehung derselben Prinzipien zu rechtfertigen, doch die Erklärung, warum die Thermodynamik auf ein bestimmtes System anwendbar ist,[16] erfolgt in Form einer auf die Methoden der statistischen Mechanik gestützten Ableitung

aus den Bestandteilen des Systems, und dabei landen wir zwangsläufig auf der Ebene der Elementarteilchen. Was das zuvor erwähnte Bild der Erklärungspfeile angeht, so können wir uns die
Thermodynamik als ein bestimmtes Muster von Pfeilen vorstellen,
das in ganz unterschiedlichen physikalischen Kontexten immer
wieder erscheint, doch wo immer dieses Erklärungsmuster auftritt,
können die Pfeile mit den Methoden der statistischen Mechanik auf
tiefere Gesetze und letztlich auf die Prinzipien der Elementarteilchenphysik zurückgeführt werden. Wie dieses Beispiel zeigt, besagt
die Tatsache, daß eine wissenschaftliche Theorie auf eine große
Vielzahl unterschiedlicher Phänomene anwendbar ist, nichts über
die Unabhängigkeit dieser Theorie von tieferen physikalischen Gesetzen.

Diese Maxime läßt sich auf andere Bereiche der Physik wie etwa
die verwandten Themen des Chaos und der Turbulenz übertragen.
Physiker, die auf diesen Gebieten arbeiten, haben bestimmte Ver-
haltensmuster entdeckt, die in ganz unterschiedlichen Kontexten
immer wieder auftreten; man glaubt zum Beispiel, daß es in der
Energieverteilung von Wirbeln unterschiedlicher Größe in allen
erdenklichen turbulenten Flüssigkeiten so etwas wie Universalität
gibt, ob es sich nun um die Turbulenz eines Gebirgsbaches unterhalb eines Felsblocks im Bachbett oder um die Turbulenz handelt,
die ein vorüberziehender Stern im interstellaren Gas auslöst. Aber
nicht alle Flüssigkeitsströme sind turbulent, und wenn Turbulenz
auftritt, zeigt sie nicht immer diese »universalen« Eigenschaften.
Wir müssen ungeachtet dessen, welcher mathematische Gedankengang für die universalen Eigenschaften der Turbulenz verantwortlich ist, erklären, *warum* dieser Gedankengang auf eine bestimmte
turbulente Flüssigkeit zutreffen sollte, und diese Frage wird
zwangsläufig beantwortet werden mit Zufällen (der Geschwindigkeit des Flußlaufs und der Gestalt des Felsblocks) sowie mit Universalien (den Bewegungsgesetzen von Flüssigkeiten und den Eigenschaften von Wasser), die ihrerseits mit tieferen Gesetzen erklärt
werden müssen.

Für die Biologie gilt ähnliches. Hier hängt fast alles, was wir
beobachten, von historischen Zufällen ab, doch gibt es einige annähernd universale Gegebenheiten wie etwa die Regel der Populationsbiologie, derzufolge männliche und weibliche Individuen ten-

denziell in gleicher Anzahl geboren werden. (Sollte sich, so der Genetiker Ronald Fisher im Jahre 1930, in einer Spezies eine Tendenz entwickelt haben, mehr Männchen als Weibchen hervorzubringen, so werde sich ein Gen, das die Erzeugung von mehr Weibchen als Männchen fördert, in der Population durchsetzen, weil der weibliche Nachwuchs von Individuen mit diesem Gen bei der Suche nach einem Partner auf weniger Konkurrenz stoße.) Solche Regeln besitzen Gültigkeit für ganz unterschiedliche Arten, und falls man auf anderen Planeten Leben entdecken sollte, könnten sie, sexuelle Fortpflanzung vorausgesetzt, auch dort Gültigkeit haben. Die Überlegungen, die zu diesen Regeln führen, sind unabhängig davon, ob sie sich auf Menschen, Insekten oder Außerirdische beziehen, sie beruhen aber immer auf bestimmten Annahmen über die betreffenden Organismen, und wenn wir fragen, *warum* diese Annahmen zutreffen, müssen wir die Antwort teils in historischen Zufällen und teils in Universalien wie den Eigenschaften der DNA (oder ihres Äquivalents auf anderen Planeten) suchen, die wiederum ihre Erklärung in der Physik und Chemie finden müssen — und damit im Standardmodell der Elementarteilchen.

Dies wird leicht übersehen, weil die in der Thermodynamik, der Flüssigkeitsdynamik oder der Populationsbiologie tätigen Wissenschaftler sich der jeweiligen Fachsprache bedienen und von Entropie, von Wirbeln oder von Reproduktionsstrategien sprechen, nicht aber von Elementarteilchen. Darin kommt nicht nur unsere Unfähigkeit zum Ausdruck, mit Hilfe der grundlegenden Prinzipien komplizierte Phänomene zu berechnen, sondern es ist auch eine Folge dessen, was wir über diese Phänomene wissen möchten. Selbst wenn es uns möglich wäre, mit einem gigantischen Computer die Geschichte jedes Elementarteilchens in einem Gebirgsbach oder einer Fruchtfliege zu verfolgen, würde uns die anfallende Informationsflut wenig nutzen, wenn wir wissen wollen, ob das Gewässer reißend oder die Fliege lebendig war.

Es besteht kein Grund zu der Annahme, die Konvergenz der wissenschaftlichen Erklärungen werde zwangsläufig zu einer Konvergenz der wissenschaftlichen Methoden führen. Was immer wir über die Elementarteilchen in Erfahrung bringen, die Thermodynamik, die Chaosforschung und die Populationsbiologie werden weiterhin ihre eigene Sprache benutzen und ihren eigenen Regeln folgen. Der Chemiker Roald Hoffman sagt: »Die brauchbaren Begriffe der Chemie... sind zum größten Teil ungenau. Wenn man versucht, sie auf physikalische Begriffe zurückzuführen, drohen sie verloren zu gehen.«[17]

Hans Primas[18] wandte sich gegen diejenigen, welche die Chemie auf die Physik zu reduzieren trachten, und führte einige der brauchbaren Begriffe der Chemie an, die dabei untergehen würden: Wertigkeit, Bindungsstruktur, lokalisierte Orbitale, Aromatizität, Säuregrad, Farbe, Geruch und Hydrophobie. Ich sehe keinen Grund, warum Chemiker nicht mehr von solchen Dingen sprechen sollten, wenn sie das nützlich oder interessant finden. Die Tatsache, daß sie sich weiterhin in der gewohnten Weise äußern, begründet jedoch keinen Zweifel daran, daß alle diese Begriffe der Chemie funktionieren, weil ihnen die Quantenmechanik der Elektronen, Protonen und Neutronen zugrunde liegt. Linus Pauling schreibt dazu: »Es gibt nicht einen Bereich der Chemie, der nicht in seiner fundamentalen Theorie auf Quantenprinzipien beruht.«[19]

Von allen Erfahrungsbereichen, die wir durch Erklärungspfeile mit den Prinzipien der Physik zu verbinden versuchen, stellt uns das Bewußtsein vor die größte Schwierigkeit. Von unseren eigenen bewußten Gedanken haben wir unmittelbar Kenntnis ohne Vermittlung der Sinne, und so stellt sich die Frage, wie man das Bewußtsein der physikalischen und chemischen Forschung zugänglich machen kann. Der Physiker Brian Pippard, der Maxwells ehemaligen Cavendish-Lehrstuhl an der Universität Cambridge innehatte, vertritt dazu die Meinung: »Ein theoretischer Physiker wird auch mit unbegrenzter Computerkapazität aus den Gesetzen der Physik nicht ableiten können, daß eine gewisse komplexe Struktur sich ihrer Existenz bewußt ist.«[20]

Ich muß gestehen, daß ich diese Frage ungeheuer schwierig finde und mich in diesen Dingen nicht besonders auskenne. Dennoch stimme ich mit Pippard und vielen anderen, die die gleiche Position vertreten, nicht überein. Offensichtlich gibt es das, was ein Literaturkritiker als »objektives Korrelat des Bewußtseins« bezeichnen könnte; ich beobachte in meinem Gehirn und meinem Körper physikalische und chemische Veränderungen, die (entweder als Ursache oder als Wirkung) mit Veränderungen in meinem bewußten Denken zusammenhängen. Wenn ich mich freue, neige ich dazu zu lächeln; je nachdem ob ich wach bin oder schlafe, zeigt mein Gehirn eine andere elektrische Aktivität; Hormone in meinem Blut lösen starke Emotionen aus, und manchmal spreche ich meine Gedanken aus. Diese sind nicht das Bewußtsein selbst; durch ein Lächeln, durch Gehirnwellen, durch Hormone oder durch Worte kann ich niemals ausdrücken, was es heißt, sich glücklich oder traurig zu *fühlen*. Wenn wir aber das Bewußtsein im Augenblick ausklammern, so erscheint es doch vertretbar, anzunehmen, daß diese »objektiven Korrelate des Bewußtseins« mit den Methoden der Wissenschaft erforscht werden können und daß es am Ende möglich sein wird, sie durch die Physik und Chemie des Gehirns und des Körpers zu erklären. (Mit »erklären« meine ich nicht unbedingt, daß wir imstande sein werden, alles oder auch nur sehr vieles vorherzusagen, sondern daß wir verstehen werden, warum das Lächeln und die Gehirnwellen und die Hormone in der Weise funktionieren, wie es der Fall ist, in demselben Sinne, wie wir zwar das Wetter im nächsten Monat nicht vorhersagen können, aber dennoch verstehen, wie das Wetter funktioniert.)

In Pippards unmittelbarer Nachbarschaft, in Cambridge, hat eine Gruppe von Biologen unter Leitung von Sydney Brenner das Verdrahtungsschema des Nervensystems eines kleinen Fadenwurms, *C. elegans*, vollständig erforscht und damit schon eine gewisse Grundlage geschaffen, um das Verhalten des Wurms zu verstehen. (Bislang fehlt noch ein Programm, das auf der Grundlage dieses Verdrahtungsschemas das beobachtete Verhalten des Wurms generieren kann.) Ein Wurm ist natürlich kein Mensch. Aber zwischen dem Wurm und dem Menschen spannt sich ein Kontinuum von Tieren mit immer komplexeren Nervensystemen, das Insekten, Fische, Mäuse und Affen umfaßt. Wo soll man hier eine Grenze ziehen?[21]

Nehmen wir also an, daß es uns gelingen wird, die »objektiven Korrelate des Bewußtseins« mit Hilfe der Physik (einschießlich der Chemie) zu verstehen, und daß wir außerdem verstehen werden, wie sie sich zu dem entwickelt haben, was sie sind. Es ist nicht ausgeschlossen, daß dieser Traum in Erfüllung geht; die Untersuchungen von David Hubel und Torsten Wiesel an der Harvard Medical School haben uns einem Verständnis der nervösen Aktivität, die objektiv mit unseren bewußten visuellen Eindrücken verbunden ist, ein großes Stück näher gebracht. Sobald es uns möglich sein wird, die »objektiven Korrelate des Bewußtseins« zu erklären, ist es wohl nicht unvernünftig, zu erwarten, daß wir in der Lage sein werden, in unseren Erklärungen etwas auszumachen, irgendein physisches System der Informationsverarbeitung, das dem entspricht, was wir als Bewußtsein selbst erleben und was Gilbert Ryle »den Geist in der Maschine« nannte.[22] Das muß dann nicht eine Erklärung des Bewußtseins sein, aber es wird ihr ziemlich nahekommen.

Nichts garantiert uns, daß Fortschritte auf anderen Wissenschaftsgebieten direkt mit neuen Entdeckungen über die Elementarteilchen einhergehen werden. Mir geht es hier aber (und ich wiederhole das nicht zum letzten Mal) nicht so sehr um das, was Wissenschaftler *tun*, denn darin schlagen sich unausweichlich die Beschränkungen und Neigungen von Menschen nieder, als vielmehr um die der Natur selbst innewohnende logische Ordnung. In diesem Sinne kann man sagen, daß Zweige der Physik wie die Thermodynamik und andere Wissenschaften wie die Chemie und Biologie auf tieferen Gesetzen beruhen und besonders auf den Gesetzen der Elementarteilchenphysik.

Wenn ich hier von einer logischen Ordnung der Natur gesprochen habe, so habe ich stillschweigend eine Position eingenommen, die ein Philosophiehistoriker als »realistisch« bezeichnen würde, realistisch nicht in der gängigen Alltagsbedeutung von nüchtern und illusionslos, sondern in der sehr viel älteren Bedeutung, daß ich an die Realität abstrakter Ideen glaube. Ein mittelalterlicher Realist glaubte an die Realität von Universalien wie den Formen Platons, im Gegensatz zu Nominalisten wie Wilhelm von Ockham, der in ihnen nichts als Bezeichnungen sehen wollte. (Die Art, wie ich das Wort »Realist« verwende, hätte einem meiner Lieblingsautoren gefallen, dem Viktorianer George Gissing, der sich wünschte, »die Wörter ›Realismus‹ und ›realistisch‹ würden von Autoren, die über scholastische Philosophie schreiben, nie wieder benutzt werden, es sei denn in ihrem eigentlichen Sinne«.[23]) Was mich betrifft, so möchte ich in dieser Debatte gewiß nicht die Partei Platons ergreifen. Ich plädiere hier für die Realität der Naturgesetze, im Gegensatz zu den modernen Positivisten, die nur das, was sich direkt beobachten läßt, als real anerkennen.

Wenn wir sagen, ein Ding sei real, dann drücken wir damit bloß eine Art von Respekt aus. Wir meinen, daß das Ding ernst genommen werden muß, weil es uns in einer Weise beeinflussen kann, die nicht gänzlich unserer Kontrolle unterliegt, und weil wir nichts von ihm erfahren können, wenn wir nicht eine Anstrengung unternehmen, die über den Bereich unserer Phantasie hinausgeht. Dies gilt – um ein bei Philosophen beliebtes Beispiel zu wählen – etwa für den Stuhl, auf dem ich sitze, was nicht so sehr einen Beweis dafür darstellt, daß der Stuhl real ist, sondern ziemlich genau das ist, was mir *meinen*, wenn wir sagen, der Stuhl sei real. Als Physiker nehme ich wissenschaftliche Erklärungen und Gesetze als Dinge wahr, die so sind, wie sie sind, und nicht von mir zurechtgebogen werden dürfen, mit der Folge, daß ich zu diesen Gesetzen ein ähnliches Verhältnis habe wie zu meinem Stuhl, und daher gestehe ich den Naturgesetzen, für die unsere gegenwärtigen Gesetze eine Näherung darstellen, die Ehre zu, real zu sein. (Dieser Eindruck wird verstärkt, wenn sich herausstellt, daß ein Naturgesetz nicht so ist, wie wir angenommen haben, eine Erfahrung ähnlich derjenigen, die man macht, wenn man sich hinsetzen will, und der Stuhl ist nicht da.) Ich muß allerdings einräumen, daß meine Bereitschaft, Dingen den Titel »real« zu verleihen, nicht weit entfernt ist von der Bereitschaft von Lloyd George, Adelstitel zu verleihen – man kann daran ablesen, wie wenig es in meinen Augen auf Titel ankommt.

Diese Diskussion über die Realität der Naturgesetze würde weniger akademisch sein, wenn wir mit anderen intelligenten Wesen auf fernen Planeten in Berührung kämen, die ebenfalls wissenschaftliche Erklärungen für Naturphänomene entwickelt hätten. Würden sie wohl dieselben Naturgesetze herausgefunden haben wie wir? Welche Gesetze die Außerirdischen auch immer entdeckt haben würden, sie würden natürlich in einer anderen Sprache und Schreibweise ausgedrückt sein, aber dennoch könnten wir fragen, ob es zwischen ihren und unseren Gesetzen so etwas wie eine Entsprechung gebe. Wäre das der Fall, so könnten wir diesen Gesetzen schwerlich objektive Realität absprechen.

Wir wissen natürlich nicht, wie die Antwort ausfallen würde, aber hier auf der Erde gab es bereits ein vergleichbares Experiment im verkleinerten Maßstab. Was wir als moderne Naturwissenschaften bezeichnen, entstand Ende des sechzehnten Jahrhunderts in Europa. Wer die Realität der Naturgesetze bezweifelt, hätte vermuten können, daß andere Teile der Welt neben der eigenen Sprache und Religion auch eigene wissenschaftliche Traditionen bewahrt und schließlich naturwissenschaftliche Gesetze entwickelt haben würden, die sich von denen Europas völlig unterscheiden. Das war offenbar nicht der Fall, denn im modernen Japan oder Indien existiert dieselbe Physik wie in Europa und Amerika. Ich gebe zu, daß diese Argumentation nicht ganz überzeugend ist, weil andere Aspekte der westlichen Zivilisation – von der militärischen Organisation bis zu den Bluejeans – die gesamte Welt tiefgreifend geprägt haben. Die Erfahrung, in einem Seminarraum in Tsukuba oder Bombay einer Diskussion über Quantenfeldtheorie oder schwache Wechselwirkung beizuwohnen, läßt mich gleichwohl sehr stark vermuten, daß die Gesetze der Physik eine reale Existenz haben.

Das von uns entdeckte, in sich zusammenhängende und auf einen Konvergenzpunkt verweisende System wissenschaftlicher Erklärungen hat weitreichende Folgen, und zwar nicht nur für Wissenschaftler selbst. Neben dem Hauptstrom der wissenschaftlichen Erkenntnis gibt es abgelegene Nischen der – um es zurückhaltend auszudrücken – Pseudowissenschaften: Astrologie, Präkognition, »Channeling«, Hellsehen, Telekinese, Kreatianismus und dergleichen. Wenn sich zeigen ließe, daß an einer dieser Vorstellungen irgend etwas Wahres ist, so wäre das die Entdeckung des Jahrhunderts, weit erregender und bedeutender als alles, was sich heutzutage in der üblichen physikalischen Forschung abspielt. Was sollte also ein nachdenklicher Zeitgenosse davon halten, wenn von einem Professor, einem Filmstar oder in einem Time-Life-Buch behauptet wird, es gebe Beweise für die Gültigkeit einer der Pseudowissenschaften?

Die normale Reaktion wäre wohl, daß diese Beweise vorurteilslos und ohne vorgefaßte theoretische Meinung geprüft werden müßten. Auch wenn diese Ansicht weit verbreitet zu sein scheint, glaube ich nicht, daß das die richtige Antwort ist. In einem Fernseh-Interview[24] habe ich einmal gesagt, wer an die Astrologie glaube, wende sich gegen die gesamte moderne Wissenschaft. Daraufhin erhielt ich einen höflichen Brief aus New Jersey, in dem mich ein im Ruhestand lebender Chemiker und Metallurge rügte, weil ich nicht persönlich die Beweise für die Astrologie untersucht habe. Ähnlich erging es Philip Anderson, der sich vor einiger Zeit abschätzig über den Glauben an Hellseherei und Telekinese geäußert hat;[25] ein Kollege aus Princeton, Robert Jahn, der mit der Telekinese experimentierte, beschwerte sich über ihn folgendermaßen: »Zwischen seinem [Andersons] Büro und meinem liegen nur ein paar hundert Meter, aber er hat sich nicht in unserem Labor gezeigt, keines seiner Anliegen mit mir direkt diskutiert oder auch nur einen von unseren Forschungsberichten aufmerksam gelesen.«[26]

Jahn, der Chemiker aus New Jersey und andere, die dieselbe Meinung vertreten, sehen einfach nicht, daß die wissenschaftliche Erkenntnis ein in sich zusammenhängendes System bildet. Wir begreifen nicht alles, aber wir haben so viel begriffen, um sicher zu sein, daß in unserer Welt für Telekinese oder Astrologie kein Platz ist. Kann man sich ein physisches Signal aus unserem Gehirn vorstellen, das entfernte Objekte zu bewegen vermag und gleichzeitig auf keinem Meßinstrument nachweisbar ist? Von Verfechtern der Astrologie wird bisweilen auf die Gezeiten verwiesen, die vom Mond und von der Sonne hervorgerufen werden, woran aber niemand zweifelt; die Gravitationsfelder der übrigen Planeten sind dagegen viel zu klein, um sich meßbar auf die Meere der Erde auszuwirken, von einem so winzigen Objekt wie einem Menschen gar nicht zu reden.[27] (Um diesen Punkt nicht auszuwalzen, verweise ich darauf, daß ähnliches für jede Bemühung gilt, Hellseherei, Präkognition oder die übrigen Pseudowissenschaften mit Hilfe der gängigen Wissenschaft zu erklären.) Die von den Astrologen behaupteten Zusammenhänge können jedenfalls nicht auf einem Gravitationseffekt beruhen, und wäre er noch so schwach. Den Astrologen zufolge soll sich ja nicht nur eine bestimmte Konfiguration von Planeten allgemein auf das Leben hier auf der Erde auswirken, sondern darüber hinaus auch für jeden Menschen entsprechend des Tages und der Stunde seiner Geburt in anderer Weise! Dabei werden die meisten Anhänger der Astrologie deren Funktionieren wohl nicht auf die Gravitation oder eine andere von der Physik erfaßte Kraft zurückführen; ich glaube, daß sie in der Astrologie eine eigenständige Wissenschaft sehen, die ihre eigenen grundlegenden Gesetze besitzt und weder mit der Physik noch mit sonst irgend etwas erklärt werden muß. Zu den größten Vorteilen der Entdeckung, daß die wissenschaftlichen Erklärungen ein in sich geschlossenes System bilden, gehört auch der Nachweis, daß es solche eigenständigen Wissenschaften nicht gibt.

Aber sollten wir nicht trotzdem die Astrologie, die Telekinese usw. überprüfen, um sicherzugehen, daß nichts daran ist? Wenn irgend jemand irgend etwas überprüft, weil er es für wünschenswert hält, so habe ich nichts dagegen, doch möchte ich für meine Person feststellen, daß ich nicht im entferntesten daran denke, mich einer solchen Aufgabe zu unterziehen, und daß ich dies auch sonst niemandem empfehlen würde. Ständig werden wir mit einer Vielzahl neuer Ideen konfrontiert, denen nachzugehen sich vielleicht lohnen würde, und dabei geht es nicht nur um Astrologie und dergleichen, sondern oft um Ideen, die dem Hauptstrom der Wissenschaft sehr viel näher sind, und um andere, die eindeutig im Bereich der modernen wissenschaftlichen Forschung liegen. Es würde viel zu weit führen, wollte man *all* diese Ideen gründlich überprüfen — es fehlt einfach die Zeit dafür. Woche für Woche erhalte ich mit der Post an die fünfzig Vorabdrucke von Artikeln über Elementarteilchenphysik und Astrophysik und dazu noch einige Artikel und Briefe über verschiedene Pseudowissenschaften. Ich könnte all diesen Ideen nicht einmal im Ansatz gerecht werden, selbst wenn ich alle übrigen Beschäftigungen aufgeben würde. Was soll ich also tun? Vor einem ähnlichen Problem stehen nicht nur Wissenschaftler, sondern alle Menschen. Wir können einfach nicht anders, als nach bestem Wissen und Gewissen zu entscheiden und über einige dieser Ideen (vielleicht die meisten von ihnen) zu befinden, daß es sich nicht lohnt, ihnen nachzugehen. Bei dieser Entscheidung ist uns besonders unsere Erkenntnis von Nutzen, daß die wissenschaftlichen Erklärungen ein geschlossenes System bilden.

Als im sechzehnten Jahrhundert die spanischen Siedler in Mexiko begannen, nach Norden in das Land vorzudringen, das sie Texas nannten, wurden sie von Gerüchten über goldene Städte angelockt, von Gerüchten über die sieben Städte von Cibola. Das war damals nicht so unvernünftig. Kaum ein Europäer war bis dahin in Texas gewesen, und bei dem wenigen, was man darüber wußte, waren dort jede Menge Wunder denkbar. Aber nehmen wir an, heute würde jemand behaupten, er habe Beweise dafür, daß irgendwo im modernen Texas sieben goldene Städte liegen. Würden Sie unvoreingenommen empfehlen, eine Expedition auszurüsten und jeden Winkel des Staates zwischen dem Red River und dem Rio Grande nach diesen Städten absuchen zu lassen? Ich vermute, Sie würden das Urteil fällen, daß wir bereits so viel über Texas wissen, daß es so weit erkundet und besiedelt ist, daß es sich einfach nicht lohnt, nach geheimnisvollen goldenen Städten zu suchen. Nicht anders verhält es sich mit unserer Entdeckung, daß die wissenschaftlichen Erklärungen ein in sich geschlossenes und konvergentes System bilden; es hat uns einen sehr großen Dienst erwiesen, indem es uns gelehrt hat, daß in der Natur kein Raum ist für Astrologie, Telekinese, Kreatianismus oder sonstigen Aberglauben.

III. Lob des Reduktionismus

Schatz, du und ich, wir wissen,
warum der Sommerhimmel blau ist,
und wir wissen auch, warum die Vögel am Himmel
Lieder singen.

Meredith Willson, *You and I*

Wenn Sie danach fragen, warum die Dinge so sind, wie sie sind, und man Ihnen als Erklärung irgendein wissenschaftliches Prinzip nennt und Sie weiterfragen, warum dieses Prinzip wahr sei, und wenn Sie dann wie ein ungezogenes Kind mit Ihrem »Warum« fortfahren, wird irgend jemand Sie früher oder später einen Reduktionisten nennen. Darunter verstehen verschiedene Leute etwas Verschiedenes, doch eines haben vermutlich alle Vorstellungen vom Reduktionismus miteinander gemein, nämlich eine hierarchische Einteilung der Wahrheit, von denen einige weniger grundlegend sind als andere und auf diese reduziert werden können, so wie man die Chemie auf die Physik reduzieren kann. In der Wissenschaftspolitik ist der Reduktionismus zum allgemeinen Bösewicht avanciert; der kanadische Wissenschaftsrat warf kürzlich dem Koordinierungsausschuß des landwirtschaftlichen Beratungsdienstes vor, daß in ihm Reduktionisten den Ton angeben würden.[1] (Vermutlich meinte der Wissenschaftsrat, daß der Koordinierungsausschuß der Biologie und Chemie der Pflanzen zu großes Gewicht beimißt.) Der Gefahr, als Reduktionisten bezeichnet zu werden, sind in besonderem Maße die Elementarteilchenphysiker ausgesetzt, und die Abneigung gegen den Reduktionismus hat oft die Beziehungen zwischen ihnen und anderen Wissenschaftlern gestört.

Die Gegner des Reduktionismus verteilen sich über ein breites ideologisches Spektrum. Am vernünftigsten Ende dieses Spektrums befinden sich diejenigen, die etwas gegen die naiveren Formen des Reduktionismus haben. Ich teile ihre Einwände. Ich betrachte mich selbst als Reduktionisten, bin aber nicht der Meinung, die Probleme der Elementarteilchenphysik seien die einzig interessanten und bedeutenden in der Wissenschaft oder auch nur in der Physik. Ich bin nicht der Meinung, die Chemiker sollten mit allem, was sie sonst noch tun, aufhören und sich nur noch der Aufgabe widmen, die Gleichung der Quantenmechanik für verschiedene Moleküle zu lösen. Ich bin nicht der Meinung, die Biologen sollten aufhören, sich über die Pflanzen und Tiere als Ganzheiten Gedanken zu machen und nur noch Zellen und die DNA im Sinn zu haben. Für mich stellt der Reduktionismus keine Richtlinie für die Forschung dar, sondern eine Einstellung zur Natur selbst. Er ist nicht mehr und nicht weniger als die Erkenntnis, daß wissenschaftliche Prinzipien mit tieferen wissenschaftlichen Prinzipien (und gelegentlich mit historischen Umständen) zu erklären sind und daß all diese Prinzipien sich auf einen einzigen, einfachen und in sich zusammenhängenden Korpus von Gesetzen zurückführen lassen.[2] An dem Punkt der Wissenschaftsgeschichte, an dem wir gegenwärtig stehen, hat es den Anschein, daß wir diesen Gesetzen am besten durch die Physik der Elementarteilchen näherkommen, aber das ist ein nebensächlicher Aspekt des Reduktionismus und kann sich ändern.

Am anderen Ende des Spektrums stehen die Gegner des Reduktionismus, die über die Trostlosigkeit der modernen Wissenschaft entsetzt sind. Gleichgültig in welchem Ausmaß sie und ihre Welt sich auf Teilchen oder auf Felder und deren Wechselwirkungen reduzieren lassen, sie fühlen sich durch dieses Wissen herabgesetzt. In den *Aufzeichnungen aus dem Untergrund*[3] läßt Dostojewski den Ich-Erzähler einen Wissenschaftler imaginieren, der ihm entgegenhält: »Die Natur wird Sie nicht fragen: was gehen Ihre Wünsche die Natur an, und ob die Naturgesetze Ihnen gefallen oder nicht! Sie müssen die Natur so nehmen, wie sie ist . . «; worauf er erwidert: »Herrgott, was gehen aber mich die Gesetze der Natur und der Arithmetik an, wenn mir aus irgendeinem Grunde diese Gesetze [. . .] nicht gefallen?«

Am verrücktesten Ende des Spektrums befinden sich diejenigen, in deren Köpfen holistische Vorstellungen herumspuken und deren Ablehnung des Reduktionismus sich in einem Glauben an psychische Energien äußert, an Lebenskräfte, die mit den gewöhnlichen Gesetzen der unbelebten Natur nicht beschrieben werden können. Diesen Kritikern möchte ich nicht mit aufmunternden Worten über die Schönheit der modernen Wissenschaft antworten. Das reduktionistische Weltbild *ist* tatsächlich kalt und unpersönlich. Man muß es akzeptieren, wie es ist, nicht weil wir es mögen, sondern weil die Welt eben so beschaffen ist.

In der Mitte des Spektrums der Gegner des Reduktionismus befindet sich eine Gruppe, die nicht so desinteressiert und weit bedeutsamer ist. Es sind dies die Wissenschaftler, die in Wut geraten, wenn sie hören, daß ihr Wissenschaftszweig auf den tieferen Gesetzen der Elementarteilchenphysik beruhe.

Über den Reduktionismus hatte ich jahrelang Streit mit einem guten Freund, dem Evolutionsbiologen Ernst Mayr, dem wir unter anderem die beste Definition einer biologischen Spezies verdanken. Es begann damit, daß er sich 1985 in einem Artikel[4] über eine Zeile eines Artikels von mir (über andere Fragen) hermachte, der 1974 in *Scientific American* erschienen war.[5] Darin hatte ich erwähnt, daß wir in der Physik einige einfache, allgemeine Gesetze zu finden hoffen, die erklären würden, warum die Natur so ist, wie sie ist, und daß wir einem einheitlichen Bild der Natur durch eine Beschreibung der Elementarteilchen und ihrer gegenseitigen Wechselwirkung gegenwärtig am nächsten kommen könnten. Mayr nannte dies »ein erschreckendes Beispiel für die Denkweise der Physiker« und bezeichnete mich als »einen kompromißlosen Reduktionisten«. Ich entgegnete in einem Artikel in *Nature*,[6] ich sei kein kompromißloser, sondern ein kompromißbereiter Reduktionist.

Es folgte eine frustrierende Korrespondenz, in der Mayr eine Klassifikation verschiedener Arten von Reduktionismus entwarf und meine persönliche Spielart dieser Ketzerei identifizierte.[7] Ich verstand die Klassifikation nicht; die von ihm aufgestellten Kategorien klangen für mich alle gleich, und keine beschrieb meinen eigenen Ansatz. Er wiederum (so schien mir) verstand nicht die Unterscheidung, die *ich* traf: zwischen einem Reduktionismus, verstanden als allgemeines Rezept für den Fortschritt in der Wissenschaft, was nicht meiner Ansicht entspricht, und einem Reduktionismus, verstanden als Aussage über die Ordnung der Natur, die, wie ich glaube, schlicht und einfach zutrifft.* Mayr und ich stehen immer noch auf gutem Fuß miteinander, doch die gegenseitigen Bekehrungsversuche haben wir aufgegeben.

Am bedenklichsten für die Forschungsplanung des Landes ist der Widerstand gegen den Reduktionismus, der aus den Reihen der Physiker kommt. Einige, die auf anderen Gebieten wie etwa der Festkörperphysik arbeiten und das Gefühl haben, mit den Elementarteilchenphysikern um Finanzmittel zu konkurrieren, empfinden die reduktionistischen Behauptungen der Elementarteilchenphysik als sehr lästig. Neue Verstimmungen in dieser Auseinandersetzung wurden durch den Vorschlag erzeugt, Milliarden von Dollar für einen Teilchenbeschleuniger, den »Superconducting Super Collider«, auszugeben. Der Geschäftsführer des Amtes für öffentliche Angelegenheiten der American Physical Society erklärte 1987, das »Super Collider«-Projekt sei »möglicherweise dasjenige, das die Physikergemeinschaft stärker spaltet als jedes andere«.[8] Während der Zeit, in der ich dem Aufsichtsrat des »Super Collider«-Projekts angehörte, waren ich und die übrigen Aufsichtsratsmitglieder stark damit beschäftigt, die Öffentlichkeit über die Ziele des Projekts aufzuklären. Eines der Aufsichtsratsmitglieder meinte, wir sollten nicht den Eindruck erzeugen, daß die Elementarteilchenphysik in unseren Augen grundlegender sei als andere Gebiete, denn genau

---

* Wenn ich es recht verstehe, unterscheidet Mayr zwischen drei Arten von Reduktionismus: einem *konstitutiven Reduktionismus* (einem ontologischen Reduktionismus oder einer ontologischen Analyse) als einer Methode, Objekte durch Untersuchung ihrer materiellen Bestandteile zu studieren, einem *Theorie-Reduktionismus*, der darin besteht, eine ganze Theorie durch eine noch umfassendere Theorie zu erklären, und einem *erklärenden Reduktionismus*, der in der Auffassung besteht, »daß die Kenntnis seiner Grundkomponenten ausreicht, um ein komplexes System zu erklären«. Ich lehne diese Aufteilung vor allem deshalb ab, weil keine dieser Kategorien mit dem, wovon ich spreche, besonders viel zu tun hat (wenngleich der Theorie-Reduktionismus dem vermutlich am nächsten kommt). Bei allen drei Kategorien geht es darum, was Wissenschaftler tun, getan haben oder tun könnten; ich spreche aber von der Natur selbst. Zwar können Physiker die Eigenschaften sehr komplizierter Moleküle wie der DNA nicht in Begriffen der Quantenmechanik der Elektronen, Kerne und elektrischen Kräfte erklären, und die Chemie behält ihre Daseinsberechtigung, weil sie solche Probleme in ihrer Sprache und mit ihren Begriffen untersucht, doch gibt es gleichwohl keine eigenständigen Prinzipien der Chemie, die unabhängige, nicht auf tieferen Prinzipien der Physik gegründete Wahrheiten wären.

das würde unsere Freunde in anderen Bereichen der Physik ver-
ärgern.

Daß wir den Eindruck vermitteln, die Elementarteilchenphysik
sei in unseren Augen fundamentaler als andere Zweige der Physik,
liegt daran, daß sie tatsächlich fundamentaler ist. Ich wüßte nicht,
wie ich die Summen, die für die Teilchenphysik ausgegeben werden,
rechtfertigen könnte, ohne dies offen auszusprechen. Wenn ich
sage, die Elementarteilchenphysik sei grundlegender, so heißt das
jedoch nicht, sie sei mathematisch profunder oder für den Fortschritt auf anderen Gebieten in höherem Maße erforderlich; es
bedeutet lediglich, daß sie dem Konvergenzpunkt, in dem all unsere
Erklärungspfeile zusammenlaufen, näher ist.

Unter den Physikern, die sich an den Ansprüchen der Teilchenphysik reiben, steht Philip Anderson an erster Stelle. Auf diesen
theoretischen Physiker, der bei Bell Labs und in Princeton tätig ist,
gehen viele der Ideen zurück, die der modernen Festkörperphysik
(der Physik der Halbleiter, der Supraleiter und dergleichen) zugrunde liegen. In der Anhörung vor dem Kongreßausschuß, in der
ich 1987 Stellung nahm, sprach sich Anderson gegen das »Super
Collider«-Projekt aus. Nach seiner Ansicht (die auch die meine ist)
wird die Forschung auf dem Gebiet der Festkörperphysik von der
National Science Foundation nicht ausreichend gefördert. Nach
seiner Ansicht (die auch die meine ist) werden viele Studenten vom
Glanz der Elementarteilchenphysik angelockt, und dabei könnten
sie in der Festkörperphysik und auf verwandten Gebieten eine
Tätigkeit ausüben, die wissenschaftlich befriedigender wäre. Darüber hinaus behauptet Anderson jedoch, daß »...sie [die Ergebnisse der Teilchenphysik] keineswegs fundamentaler sind als das,
was Alan Turing leistete, als er die Computerforschung begründete,
oder was Francis Crick und James Watson vollbrachten, als sie das
Geheimnis des Lebens entdeckten«.[9]

Keineswegs fundamentaler? Das ist der Hauptpunkt, in dem ich
anderer Meinung bin als Anderson. Ich übergehe, was er über
Turing und die Anfänge der Computerforschung sagt, die nach
meiner Ansicht mehr mit Mathematik und Technik zu tun hat als
mit dem, was üblicherweise zur Naturwissenschaft gezählt wird.
Die Mathematik als solche vermag nichts zu erklären, sie ist nur ein
Verfahren, mit dessen Hilfe wir eine Menge von Tatsachen durch

eine andere erklären. Wenn Anderson jedoch die von Crick und Watson entdeckte Doppelhelix-Struktur des DNA-Moleküls (sie liefert den Mechanismus für die Erhaltung und Weitergabe der Erbinformation) als »das Geheimnis des Lebens« bezeichnet, so werden einige Biologen darin einen ebenso reduktionistischen Unsinn sehen wie Anderson in den Ansprüchen der Teilchenphysiker. So schrieb Harry Rubin vor einigen Jahren, daß »[die] DNA-Revolution eine Generation von Biologen zu der Ansicht verleitete, das Geheimnis des Lebens liege ganz und gar in der Struktur und Funktion der DNA. Dies ist ein Irrtum, und das reduktionistische Programm muß durch ein neues Gesamtkonzept ergänzt werden«.[10] Mein Freund Ernst Mayr kämpft seit Jahren gegen die reduktionistische Tendenz in der Biologie, die, so seine Befürchtung, bestrebt ist, alles, was wir über das Leben wissen, auf Erkenntnisse über die DNA zu reduzieren; er meint, daß »die klassische genetische Theorie eine Reihe von Unbekannten enthielt, deren chemische Natur durch die Entdeckung der DNA, der RNA und anderer Stoffe zwar geklärt wurde, doch hat dies den Charakter der Theorie der Transmissionsgenetik in keiner Weise berührt«.[11]

In diese Kontroverse zwischen Biologen werde ich mich nicht einmischen, und schon gar nicht auf der Seite der Antireduktionisten. An der ungeheuren Bedeutung der DNA auf vielen Gebieten der Biologie besteht kein Zweifel. Es gibt aber noch immer Biologen, deren Tätigkeit von molekularbiologischen Entdeckungen nicht direkt berührt wird. Einem Populationsökologen, der die Vielfalt der Pflanzenarten in tropischen Regenwäldern zu erklären sucht, oder einem Biomechaniker, der den Flug der Schmetterlinge erforscht, hilft die Kenntnis der DNA-Struktur kaum weiter. Ich behaupte nun, daß Anderson selbst dann, wenn kein Biologe und keine Biologin in ihren Forschungen von den Entdeckungen der Molekularbiologie profitieren würden, mit der Formulierung vom »Geheimnis des Lebens« in einem ganz bestimmten Sinne recht haben würde. Nicht die *Entdeckung* der DNA war fundamental für die gesamte *Wissenschaft* vom Leben, sondern die DNA selbst ist fundamental für das gesamte Leben selbst. Lebewesen sind so, wie sie sind, weil sie sich durch natürliche Selektion zu dem entwickelt haben, und diese Evolution ist möglich, weil die Eigenschaften der

DNA und ähnlicher Moleküle es den Organismen erlauben, ihr Erbgut an ihre Nachkommen weiterzugeben. In genau diesem Sinne gilt, daß zwar die *Entdeckungen* der Elementarteilchenphysik nicht für alle übrigen Wissenschaftler von Nutzen sein mögen, daß aber die *Prinzipien* der Elementarteilchenphysik für die gesamte Natur grundlegend sind.

Gegner des Reduktionismus benutzen oft das Argument, daß von Entdeckungen in der Elementarteilchenphysik kein Nutzen für andere Wissenschaftsbereiche zu erwarten sei. Die historischen Tatsachen besagen etwas anderes. Die Elementarteilchenphysik der ersten Hälfte unseres Jahrhunderts war überwiegend eine Physik der Elektronen und Photonen, und daß sie unser Verständnis der Materie in all ihren Formen maßgeblich beeinflußt hat, steht außer Zweifel. Die Entdeckungen der heutigen Elementarteilchenphysik finden bereits ihren Niederschlag in der Kosmologie und der Astronomie; so nutzen wir unsere Kenntnis der Elementarteilchen, um die Erzeugung chemischer Elemente in den ersten Minuten des Universums zu berechnen. Welche Konsequenzen diese Entdeckungen sonst noch haben mögen, kann niemand sagen.

Aber nehmen wir nur einmal an, daß *keine* Entdeckung von Elementarteilchenphysikern sich künftig auf die Arbeit von Wissenschaftlern auf anderen Gebieten auswirken wird. An der speziellen Bedeutung der Elementarteilchenphysik würde sich dennoch nichts ändern. Wir wissen, daß die Evolution von Lebewesen durch die Eigenschaften der DNA und anderer Moleküle ermöglicht wurde und daß diese Eigenschaften eines Moleküls von den Eigenschaften von Elektronen und Atomkernen und elektrischen Kräften abhängen. Warum das so ist, hat zum Teil das Standardmodell der Elementarteilchen erklären können, und nun möchten wir den nächsten Schritt tun und das Standardmodell sowie die Prinzipien der Relativität und andere Symmetrien, auf denen es beruht, erklären. Es ist mir unbegreiflich, daß jemand, der wissen möchte, warum die Welt so ist, wie sie ist, darin keine bedeutende Aufgabe erkennt, ganz abgesehen von dem möglichen Nutzen der Elementarteilchenphysik für andere Wissenschaftler.

Vielleicht kann ich am Beispiel der Hochtemperatur-Supraleitung erläutern, in welchem speziellen und begrenzten Sinne die Elementarteilchenphysik grundlegender ist als andere Zweige der

Physik. Anderson und andere Festkörperphysiker versuchen gerade, die verwirrende Frage zu klären, warum bei bestimmten Verbindungen von Kupfer, Sauerstoff und exotischeren Elementen die Supraleitfähigkeit trotz unglaublich hoher Temperaturen weiterbesteht. Elementarteilchenphysiker sind gleichzeitig bemüht, die Entstehung der Massen von Quarks, Elektronen und anderen Teilchen im Standardmodell zu verstehen. (Zwischen beiden Problemen besteht ein zufälliger mathematischer Zusammenhang. Bei beiden geht es, wie wir noch sehen werden, darum, wie bestimmte Symmetrien der zugrundeliegenden Gleichungen in den Lösungen der Gleichungen verlorengehen.) Sicher wird es den Festkörperphysikern schließlich gelingen, das Problem der Hochtemperatur-Supraleitung ohne direkte Hilfe der Elementarteilchenphysiker zu lösen, und wenn es den Elementarteilchenphysikern gelungen sein wird, die Herkunft der Masse zu verstehen, so wird die Festkörperphysik dazu sehr wahrscheinlich nichts direkt beigetragen haben.[12] Der Unterschied zwischen diesen beiden Problemen ist nur der: Wenn es den Festkörperphysikern schließlich gelungen sein wird, die Hochtemperatur-Supraleitung zu erklären, so wird, gleichgültig, was für glänzende neue Ideen dafür noch erfunden werden müssen, die Erklärung am Ende die Form eines mathematischen Beweises haben, der die Existenz dieses Phänomens aus *bekannten* Eigenschaften von Elektronen, Photonen und Atomkernen ableitet; wenn die Teilchenphysiker es schließlich geschafft haben sollten, die Entstehung von Masse im Rahmen des Standardmodells zu verstehen, so wird die Erklärung in diesem Fall auf Aspekten des Standardmodells beruhen, über die wir heute völlig im ungewissen sind und über die wir ohne neue Erkenntnisse aus Einrichtungen wie dem »Super Collider« nichts erfahren werden (Vermutungen sind allerdings erlaubt). Die Elementarteilchenphysik stellt also in gewisser Weise ein Grenzgebiet unserer Erkenntnis dar, was für die Festkörperphysik in diesem Sinne nicht zutrifft.

Damit ist noch nicht die Frage beantwortet, wohin die Forschungsgelder fließen sollen. Für wissenschaftliche Forschung gibt es zahlreiche Motive – Anwendungsmöglichkeiten in Medizin und Technik, nationales Prestige, mathematischer Sportsgeist oder auch nur die Freude daran, daß man Phänomene in ihrer Schönheit versteht –, denen man in anderen Wissenschaften ebensogut genügen kann (und manchmal besser als in der Elementarteilchenphysik). Teilchenphysiker glauben zwar nicht, daß der eindeutig grundlegendere Charakter ihrer Arbeit ihnen einen bevorzugten Anspruch auf öffentliche Gelder sichert, aber sie glauben doch, daß dieser Faktor nicht ignoriert werden darf, wenn über die Förderung der wissenschaftlichen Forschung entschieden wird.

Der vielleicht bekannteste Versuch, für solche Entscheidungen Maßstäbe zu setzen, ist der von Alvin Weinberg.* Er entwickelte 1964 die folgende Maxime: »Ich möchte daher das Kriterium der wissenschaftlichen Bedeutung dahingehend verschärfen, daß unter sonst gleichen Umständen *die größte wissenschaftliche Bedeutung jenem Fach zukommt, das zu seinen Nachbardisziplinen am meisten beiträgt und diese am besten verständlich macht*« (Hervorhebung von ihm).[13] Nachdem Alvin einen Artikel von mir über diese Fragen[14] gelesen hatte, schrieb er mir und erinnerte mich an seinen Vorschlag. Ich hatte ihn zwar nicht vergessen, aber ich konnte ihm nicht zustimmen. Ich schrieb Alvin zurück, daß man mit dieser Art von Argumentation auch begründen könne, Milliarden von Dollar für die Klassifikation der Schmetterlinge von Texas bereitzustellen, denn dadurch würde die Klassifikation der Schmetterlinge von Oklahoma, ja sogar der Schmetterlinge überhaupt verständlich werden. Mit diesem albernen Beispiel sollte nur deutlich gemacht werden, daß es die Bedeutung eines uninteressanten Forschungsprojekts nicht sonderlich hebt, wenn man sagt, es sei für andere uninteressante Forschungsprojekte bedeutsam. (Jetzt werde ich wahrscheinlich Ärger mit den Entomologen bekommen, die es gern sähen, wenn für die Klassifikation der Schmetterlinge von Texas Gelder in Milliardenhöhe fließen würden.) Was ich jedoch an Alvin

---

* Alvin Weinberg und ich sind Freunde, aber nicht miteinander verwandt. Als ich 1966 zum erstenmal nach Harvard kam, traf ich beim Lunch in der Fakultät mit dem inzwischen verstorbenen John Van Vleck zusammen, einem konservativen, aristokratischen älteren Physiker, der in den zwanziger Jahren als einer der ersten die neuen Methoden der Quantenmechanik auf die Theorie des Festkörpers angewandt hatte. Van Vleck fragte mich, ob ich mit *dem* Weinberg verwandt sei. Ich war ein bißchen verwirrt, wußte aber durchaus, was er meinte; ich war damals ein ziemlich unbedeutender Theoretiker, und Alvin war Direktor des Oak Ridge National Laboratory. Ich nahm die ganze Frechheit, derer ich fähig war, zusammen und erwiderte, ich sei *der* Weinberg. Ich glaube nicht, daß Van Vleck beeindruckt war.

Weinbergs Kriterien für wissenschaftliche Entscheidungen im Grunde auszusetzen habe, ist das Fehlen der *reduktionistischen* Perspektive, denn zu den Dingen, die eine wissenschaftliche Arbeit bedeutsam machen, gehört auch, daß sie uns dem Punkt näherbringt, in dem alle unsere Erklärungen konvergieren.

Es kommt mir gelegen, daß einige der Fragen, die in der Auseinandersetzung um den Reduktionismus in der Physik eine Rolle gespielt haben, von dem Autor James Gleick angeschnitten werden. (Gleick war einer der ersten, die die Physik des Chaos einem breiten Publikum vermittelt haben.[15]) In einem Vortrag behauptete er:

»Das Chaos ist antireduktionistisch. Diese neue Wissenschaft stellt eine starke Behauptung über die Welt auf, daß nämlich dort, wo es um die interessantesten Fragen geht, die Fragen von Ordnung und Unordnung, Zerfall und Kreativität, die Entstehung von Strukturen und von Leben, das Ganze nicht mit den Teilchen erklärt werden kann.

Es gibt fundamentale Gesetze über komplexe Systeme, aber es sind Gesetze neuer Art. Es sind Gesetze der Struktur, der Organisation und der Größenordnung, und sie verschwinden ganz einfach, wenn man die einzelnen Bestandteile eines komplexen Systems in den Blick nimmt, so wie die Psychologie einer Massenhysterie verschwindet, wenn man einzelne Beteiligte befragt.«[16]

Ich würde darauf zunächst erwidern, daß es unterschiedliche Dinge sind, die eine Frage interessant machen. Fragen, bei denen es um Kreativität und Leben geht, sind sicherlich interessant, weil wir lebendig sind und gern kreativ wären. Andere Fragen sind deshalb interessant, weil sie uns dem Punkt näherbringen, in dem unsere Erklärungen konvergieren. Die Entdeckung der Nilquelle hat wohl nichts dazu beigetragen, die Probleme der ägyptischen Landwirtschaft besser zu verstehen, aber kann man deshalb sagen, sie sei nicht interessant gewesen?

Auch wird der Kern von Fragen dieser Art verfehlt, wenn man davon spricht, daß das Ganze »durch die Teile« erklärt werde; die Erforschung von Quarks und Elektronen ist nicht deshalb grundlegend, weil alle normale Materie aus Quarks und Elektronen besteht, sondern weil wir glauben, durch die Erforschung von Quarks und Elektronen etwas über die *Prinzipien* zu erfahren, von denen alles bestimmt wird. (Es war ein Experiment mit Elektronen, die auf die Quarks in Atomkernen geschossen wurden, das über die moderne vereinheitlichte Theorie von zwei der vier grundlegenden Naturkräfte, die schwache und die elektromagnetische Kraft, entschied.) Der Elementarteilchenphysiker achtet heute sogar mehr auf exotische Teilchen, die in gewöhnlicher Materie *nicht* vorkommen, als auf die darin vorkommenden Quarks und Elektronen, weil wir glauben, daß die Fragen, die beantwortet werden müssen, im Augenblick besser durch die Erforschung dieser exotischen Teilchen erhellt werden. Im einundzwanzigsten Jahrhundert werden Physiker vielleicht der Meinung sein, daß die Erforschung von Schwarzen Löchern oder der Gravitationsstrahlung mehr über die Naturgesetze enthüllt als die Elementarteilchenphysik. Wenn wir uns gegenwärtig auf die Elementarteilchen konzentrieren, so liegt dem die taktische Einschätzung zugrunde, daß wir dadurch in *diesem* Moment der Wissenschaftsgeschichte der endgültigen Theorie näherkommen.

Schließlich ist da noch die Frage der Emergenz: Stimmt es wirklich, daß komplexe Systeme von Gesetzen einer neuen Art bestimmt werden? Richtig daran ist, daß unterschiedliche Erfahrungsebenen natürlich mit unterschiedlichen Begriffen beschrieben und analysiert werden müssen. Dies gilt ebenso für die Chemie wie für das Chaos. Aber sind es wirklich *grundlegend* neue Gesetze? Die hysterische Menschenmasse, von der Gleick spricht, ist eher ein Beispiel für das Gegenteil. Es steht uns frei, unser Wissen über Menschenmassen in Form von Gesetzen auszudrücken (wie etwa in dem alten Sprichwort, daß Revolutionen immer ihre Kinder fressen), aber wenn wir nach einer Erklärung dafür verlangen würden, warum derartige Gesetze gelten, wären wir nicht besonders froh, wenn man uns ohne irgendeine weitere Erläuterung erklären würde, diese Gesetze seien eben grundlegend. Wir würden vielmehr nach einer reduktionistischen Erklärung suchen, und zwar im Sinne der Individualpsychologie. Nicht anders verhält es sich mit der Emergenz von Chaos. Auf diesem Gebiet hat es in den letzten Jahren faszinierende Fortschritte gegeben, und zwar nicht nur durch die Beobachtung chaotischer Systeme und die Formulierung empirischer Gesetze, durch die sie beschrieben werden; noch bedeutender war die Tatsache, daß die für das Chaos maßgeblichen Gesetze aus den mikroskopischen physikalischen Gesetzen, die für die chaotisch werdenden Systeme maßgeblich sind, mathematisch abgeleitet wurden.

Ich habe den Verdacht, daß alle aktiven Wissenschaftler (und vielleicht die Mehrheit der Menschen überhaupt) in der Praxis genauso reduktionistisch sind wie ich, nur ziehen einige, zum Beispiel Ernst Mayr und Philip Anderson, es vor, sich nicht in dieser Weise auszudrücken. Die medizinische Forschung zum Beispiel steht vor so dringenden und schwierigen Problemen, daß vorgeschlagene neue Heilverfahren oft anhand der medizinischen Statistik beurteilt werden müssen, ohne daß man weiß, wie das Verfahren wirkt; man wird aber einem neuen Heilverfahren, selbst wenn die Erfahrung mit vielen Patienten dafür spricht, vermutlich mit Skepsis begegnen, solange keine reduktionistische Erklärung im Sinne der Biochemie oder der Zellbiologie vorliegt.

Nehmen wir an, in einer medizinischen Zeitschrift stünden zwei Artikel, die über zwei verschiedene Heilverfahren bei Skrofulose berichten: Die eine besteht im Verzehr von Hühnersuppe, die andere in der Berührung durch einen König. Selbst angenommen, daß beide Verfahren in der Statistik gleich gut abschneiden, vermute ich doch, daß die Ärzteschaft (und nicht nur sie) auf die beiden Artikel sehr unterschiedlich reagieren würde. Bezüglich der Hühnersuppe würden die meisten vermutlich aufgeschlossen sein und mit einem Urteil abwarten, bis die Brauchbarkeit des Verfahrens durch unabhängige Tests bestätigt werden würde. Schließlich ist Hühnersuppe eine Mischung aus verschiedenen guten Dingen, und wer weiß, wie sich die Inhaltsstoffe auf die Mykobakterien, die die Skrofulose verursachen, auswirken. Auf der anderen Seite könnten noch so beeindruckende Statistiken dafür vorgelegt werden, daß die Berührung eines Königs zur Heilung von Skrofulose beiträgt, die Leser würden trotzdem sehr skeptisch sein und einen Schwindel oder ein zufälliges Zusammentreffen vermuten, weil es für sie nicht ersichtlich wäre, wie man ein solches Heilverfahren reduktionistisch erklären kann. Könnte es denn für ein Mykobakterium eine Rolle spielen, ob derjenige, der den Befallenen berührt, ordnungsgemäß gekrönt und gesalbt wurde oder der älteste Sohn des zuvor regierende Monarchen ist? (Auch im Mittelalter, als man allgemein glaubte, Skrofulose würde durch die Berührung eines Königs geheilt werden, schienen die Könige selbst ihre Zweifel daran gehabt zu haben. Soweit mir bekannt ist, hat in allen mittelalterlichen Streitfällen um eine ungeklärte Nachfolge, etwa zwischen den Häusern Plantagenet und Valois oder York und Lancaster, kein Anwärter auf einen Thron jemals versucht, seinen Anspruch dadurch zu erhärten, daß er die heilende Kraft seiner Berührung unter Beweis stellte.) Würde ein Biologe heute beteuern, dieses Heilverfahren bedürfe keiner Erklärung, weil die Macht der königlichen Berührung ein eigenständiges Naturgesetz sei, ebenso fundamental wie jedes andere Gesetz, so würde er von seinen Kollegen nicht viel Unterstützung erhalten, weil sie sich von einem reduktionistischen Weltbild leiten lassen, in dem für ein solches eigenständiges Gesetz kein Platz ist.

So ist es in allen Wissenschaften. Der Vorschlag eines eigenständigen makroökonomischen Gesetzes, das sich nicht auf das Verhalten von Individuen zurückführen ließe, oder eine Hypothese über Supraleitung, die nicht mit den Eigenschaften von Elektronen, Photonen und Atomkernen erklärt werden könnte, fände kaum Beachtung. Die reduktionistische Einstellung erweist sich als ein nützlicher Filter, der Wissenschaftler auf allen Gebieten davor bewahrt, ihre Zeit mit Ideen zu verschwenden, mit denen zu beschäftigen es sich nicht lohnt. In diesem Sinne sind wir heute alle Reduktionisten.

IV. Das Unbehagen an der Quantenmechanik

Einer der Spieler legte eine Kugel auf den Tisch und versetzte ihr mit dem Queue einen Stoß. Zu seinem großen Erstaunen sah Mr. Tompkins, wie sich die rollende Kugel »zu verschmieren« begann. Dies war die einzige Bezeichnung, die er für das seltsame Verhalten der Kugel finden konnte. Indem sie über das grüne Spielfeld rollte, verlor sie nämlich ihre scharfen Umrisse und schien mehr und mehr zu verschwimmen. Man hatte den Eindruck, daß es nicht eine einzige Kugel war, die da über den Tisch rollte, sondern daß es mehrere waren, die sich gegenseitig teilweise durchdrangen. Mr. Tompkins hatte ähnliches schon öfter erlebt, doch hatte er heute noch keinen einzigen Tropfen Whisky zu sich genommen. Es war ihm daher völlig unklar, wie ihm ausgerechnet jetzt etwas Derartiges passieren konnte. »Na schön«, dachte er, »dann wollen wir erst einmal sehen, was geschieht, wenn dieses schleimige Etwas auf eine zweite Kugel trifft.«

George Gamov, *Mr. Tompkins' seltsame Reisen durch Kosmos und Mikrokosmos*

Die Entdeckung der Quantenmechanik in der Mitte der zwanziger Jahre unseres Jahrhunderts war die tiefgreifendste Umwälzung der physikalischen Theorie seit der Geburt der modernen Physik im siebzehnten Jahrhundert. Wir haben uns weiter oben mit den Eigenschaften eines Stückchens Kreide beschäftigt und sind dabei mit unseren Fragen immer wieder auf Antworten gestoßen, die im Sinne der Quantenmechanik formuliert sind. All die ausgefallenen mathematischen Theorien, mit denen sich Physiker in den letzten Jahren beschäftigt haben – Quantenfeldtheorien, Eichtheorien, Superstringtheorien –, bewegen sich im Rahmen der Quantenmechanik. Wenn es in unserem gegenwärtigen Naturverständnis etwas gibt, das in einer endgültigen Theorie Bestand haben dürfte, so ist es die Quantenmechanik.

Die historische Bedeutung der Quantenmechanik beruht nicht so sehr darauf, daß sie auf eine Reihe alter Fragen im Hinblick auf die Natur der Materie Antwort gab – weit bedeutsamer ist, daß sie unsere Vorstellung von den Fragen, die wir überhaupt stellen dürfen, veränderte. Physiker in der Nachfolge Newtons sahen in den physikalischen Theorien eine mathematische Maschine, die sie in die Lage versetzen sollte, aufgrund der vollständigen (in der Praxis natürlich nie realisierten) Kenntnis der Positionen und Geschwindigkeiten der Teilchen eines Systems in einem beliebigen Augenblick deren Werte für alle zukünftigen Zeiten zu berechnen. Die Quantenmechanik eröffnete dagegen eine völlig neue Art und Weise, den Zustand eines Systems zu betrachten. In der Quantenmechanik geht es um mathematische Konstrukte, die sogenannten Wellenfunktionen, die uns lediglich über die Wahrscheinlichkeiten verschiedener möglicher Positionen und Geschwindigkeiten informieren. Das ist ein so tiefgreifender Wandel, daß Physiker unter dem Wort »klassisch« nicht etwa »griechisch-römisch« oder »Mozart« und dergleichen verstehen, sondern vielmehr »vor der Quantenmechanik«.

Wenn man die Geburt der Quantenmechanik datieren wollte, fiele sie auf einen Urlaub, den der junge Werner Heisenberg 1925 nahm. Weil er unter Heuschnupfen litt, floh Heisenberg die blühenden Felder um Göttingen und begab sich auf die einsame Nordseeinsel Helgoland. Heisenberg und seine Kollegen hatten sich jahrelang mit einem Problem abgemüht, das 1913 durch Niels Bohrs Atomtheorie aufgeworfen wurde: Warum nehmen Elektronen in Atomen nur bestimmte zulässige Bahnen mit bestimmten definierten Energien ein? Heisenberg machte auf Helgoland einen neuen Anfang. Er beschloß, da die Bahn eines Elektrons in einem Atom nicht direkt beobachtet werden kann, sich nur mit meßbaren Größen zu befassen, nämlich mit den Energien der Quantenzustände, in denen alle Elektronen des Atoms erlaubte Bahnen einnehmen, und mit den Häufigkeiten, mit denen ein Atom aus einem dieser Quantenzustände unter Emission eines Lichtteilchens, eines Photons, spontan in einen anderen Zustand übergeht. Heisenberg stellte eine, wie er sagte, »Tabelle« dieser Häufigkeiten auf und nahm daran mathematische Operationen vor, die zu neuen Tabellen für die einzelnen physikalischen Größen wie Ort oder Geschwindigkeit oder das Quadrat der Geschwindigkeit eines Elektrons führten.* Ausgehend von der bekannten Abhängigkeit der Energie eines Teilchens in einem einfachen System von seiner Geschwindigkeit und seiner Position, konnte Heisenberg auf diese Weise eine Tabelle der Energien des Systems in seinen verschiedenen Quantenzuständen berechnen, ganz ähnlich wie in der Newtonschen Physik aufgrund der Kenntnis der Position und der Geschwindigkeit eines Planeten dessen Energie berechnet wird.

Falls dem Leser oder der Leserin unklar sein sollte, was Heisenberg da eigentlich tat, so geht es ihm oder ihr nicht alleine so. Ich habe den Aufsatz, den Heisenberg nach seiner Rückkehr von Helgoland schrieb, mehrmals zu lesen versucht, und obwohl ich die Quantenmechanik zu verstehen glaube, habe ich nie verstanden, wie Heisenberg die mathematischen Schritte in seinem Aufsatz begründete. Wenn theoretische Physiker besonders erfolgreich sind, neigen sie dazu, in einer von zwei Rollen aufzutreten: entweder als »Weiser« oder als »Magier«. Als »Weiser« denkt der Physiker, ausgehend von grundlegenden Vorstellungen darüber, wie die Natur beschaffen sein sollte, methodisch über physikalische Probleme nach. So spielte Einstein, als er die allgemeine Relativitätstheorie entwickelte, die Rolle eines »Weisen«; er hatte ein klar definiertes Problem, nämlich die Theorie der Gravitation in Einklang zu bringen mit der neuen Sicht von Raum und Zeit, die er 1905 in Gestalt der speziellen Relativitätstheorie vorgeschlagen hatte. Er verfügte über einige brauchbare Anhaltspunkte, besonders die bemerkenswerte, von Galilei entdeckte Tatsache, daß die Bewegung kleiner Körper in einem Gravitationsfeld von der Be-

---

* Die Einträge in Heisenbergs Tabellen waren, genauer gesagt, sogenannte Übergangsamplituden, Größen, deren Quadrate die Übergangswahrscheinlichkeiten angeben. Als Heisenberg von Helgoland nach Göttingen zurückkam, erfuhr er, daß die Operationen, die er an diesen Tabellen vorgenommen hatte, den Mathematikern gut bekannt waren; die Tabellen hießen bei ihnen Matrizen, und die Operation, mit der man von der Tabelle, die die Geschwindigkeit des Elektrons darstellt, zu der Tabelle kommt, die deren Quadrat darstellt, hieß bei ihnen Matrizenmultiplikation. Dies ist ein Beispiel für die verblüffende Fähigkeit der Mathematiker, Strukturen zu antizipieren, die in der realen Welt von Bedeutung sind.

schaffenheit der Körper unabhängig ist. Einstein schloß daraus, daß die Gravitation eine Eigenschaft der Raumzeit selbst sein könnte. Ferner stand Einstein eine gut entwickelte mathematische Theorie gekrümmter Räume zur Verfügung, die im neunzehnten Jahrhundert von Riemann und anderen Mathematikern entwickelt worden war. Wenn man heute über die allgemeine Relativitätstheorie Vorlesungen hält, kann man ziemlich genau den Überlegungen folgen, die Einstein anstellte, als er seine Arbeit schließlich im Jahre 1915 zu Papier brachte.

Doch gibt es schließlich die »Magier«, die anscheinend überhaupt nicht logisch vorgehen, sondern alle Zwischenschritte überspringen und so zu einer neuen Erkenntnis über die Natur gelangen. Die Verfasser von Lehrbüchern der Physik sind in der Regel gezwungen, das, was die »Magier« geleistet haben, so zu überarbeiten, daß diese wie »Weise« erscheinen; sonst würde kein Leser die Physik begreifen. Planck war ein »Magier«, als er im Jahre 1900 seine Theorie der Wärmestrahlung erdachte, und Einstein trat in der Rolle eines »Magiers« auf, als er 1905 die Idee des Photons vortrug. (Vielleicht hat er deshalb die Photonenenergie später als das Revolutionärste bezeichnet, was er je entwickelt habe.) Was »Weise« schreiben, ist zumeist nicht schwer zu verstehen, doch was »Magier« schreiben, ist oft unverständlich. Heisenbergs Abhandlung von 1925 war reine Magie.

Vielleicht sollten wir nicht allzusehr auf Heisenbergs erste Abhandlung eingehen. Er stand in Verbindung mit einigen begabten theoretischen Physikern, darunter Max Born und Pascual Jordan in Deutschland sowie Paul Dirac in England, und gemeinsam schufen sie bis Ende 1925 aus Heisenbergs Ideen eine verständliche und systematische Version der Quantenmechanik, die wir heute als Matrizenmechanik bezeichnen. Im Januar darauf gelang es einem ehemaligen Klassenkameraden von Heisenberg, Wolfgang Pauli in Hamburg, mit Hilfe der neuen Matrizenmechanik das paradigmatische Problem der Atomphysik, die Berechnung der Energieniveaus des Wasserstoffatoms, zu lösen und damit die früheren Adhoc-Resultate Bohrs zu belegen.

Die quantenmechanische Berechnung der Wasserstoff-Energieniveaus durch Pauli war eine mathematische Glanzleistung, bei der er sich Heisenbergs Regeln und die speziellen Symmetrien des Wasserstoffatoms in der Art eines »Weisen« zunutze machte. Heisenberg und Dirac mögen vielleicht kreativer gewesen sein als Pauli, aber kein zeitgenössischer Physiker war gescheiter als er. Aber selbst Pauli schaffte es nicht, das hinsichtlich der Einfachheit auf den Wasserstoff folgende Atom, das des Heliums, mit seiner Methode darzustellen, von schwereren Atomen oder Molekülen ganz zu schweigen.

Die Quantenmechanik, wie sie heute an Universitäten gelehrt und von Chemikern und Physikern in der täglichen Arbeit verwendet wird, ist in der Tat nicht die Matrizenmechanik von Heisenberg, Pauli und deren Mitarbeitern, sondern ein mathematisch gleichwertiger, aber sehr viel bequemerer Formalismus, der kurz darauf von Erwin Schrödinger eingeführt wurde. In Schrödingers Version der Quantenmechanik wird jeder mögliche physikalische Zustand eines Systems durch eine Größe beschrieben, die man als die *Wellenfunktion* des Systems bezeichnet, ganz ähnlich wie das Licht als eine Welle von elektrischen und magnetischen Feldern beschrieben wird. Es war Louis de Broglie, der erstmals 1923 und dann in seiner Pariser Dissertation von 1924 den Wellenfunktions-Ansatz in die Quantenmechanik eingeführt hatte. De Broglie spekulierte, daß man das Elektron als eine Art Welle betrachten könne, mit einer Wellenlänge, die mit dem Impuls des Elektrons in demselben Zusammenhang steht wie die Wellenlänge von Licht nach Einstein mit dem Impuls der Photonen: In beiden Fällen ist die Wellenlänge gleich einer grundlegenden Naturkonstante, der Planckschen Konstante, geteilt durch den Impuls. Über die physikalische Bedeutung der Welle stellte de Broglie keine Überlegungen an, und er hat auch keine dynamische Wellengleichung erfunden; er ging einfach davon aus, daß die erlaubten Bahnen der Elektronen in einem Wasserstoffatom gerade so groß sein müßten, daß eine volle Wellenlänge oder ein Vielfaches davon der Bahn entspricht: eine Wellenlänge für das niedrigste Energieniveau, zwei Wellenlängen für das nächsthöhere usw. Bemerkenswerterweise ließen sich mit dieser einfachen und nicht besonders gut begründeten Vermutung die Energien der Bahnen des Elektrons im Wasserstoffatom genausogut berechnen wie zehn Jahre zuvor mit Bohrs Modell.

Man hätte meinen sollen, daß de Broglie nach dieser verheißungsvollen Dissertation weitergemacht und alle Probleme der

Physik gelöst haben würde. Es kam dann aber kein Beitrag mehr von ihm, der wissenschaftlich von Bedeutung gewesen wäre. Es war vielmehr Schrödinger in Zürich, der in den Jahren 1925 und 1926 aus de Broglies ziemlich verschwommenen Vorstellungen von Elektronenwellen einen präzisen und schlüssigen mathematischen Formalismus entwickelte, der sich auf Elektronen und sonstige Teilchen in allen Arten von Atomen oder Molekülen anwenden ließ. Schrödinger konnte auch zeigen, daß seine »Wellenmechanik« der Heisenbergschen Matrizenmechanik gleichwertig war; die eine läßt sich mathematisch aus der anderen ableiten.

Den Kern von Schrödingers Ansatz bildete eine dynamische Gleichung, die man seither als Schrödingergleichung bezeichnet und die angibt, wie eine gegebene Teilchenwelle sich mit der Zeit ändert. Einige der Lösungen der Schrödingergleichung für Elektronen in Atomen schwingen mit einer einzigen reinen Frequenz, wie die Schallwelle, die von einer vollkommenen Stimmgabel erzeugt wird. Solche speziellen Lösungen entsprechen den möglichen stabilen Quantenzuständen des Atoms oder Moleküls (vergleichbar den stabilen Schwingungswellen in einer Stimmgabel), wobei die Energie des Atomzustandes gegeben ist durch die Frequenz der Welle, multipliziert mit der Planckschen Konstante. Dies sind die *Energieniveaus*, die uns von der Farbe des Lichts verraten werden, welches das Atom emittieren oder absorbieren kann.

Mathematisch gehört die Schrödingergleichung zum Typus der partiellen Differentialgleichung, mit der man seit dem neunzehnten Jahrhundert Schall- oder Lichtwellen untersucht hatte. Mit dieser Art von Wellengleichung vertraut, konnten die Physiker in den zwanziger Jahren dieses Jahrhunderts sogleich darangehen, die Energieniveaus und andere Eigenschaften aller möglichen Atome und Moleküle zu berechnen. Es war eine goldene Zeit für die Physik. Rasch stellten sich weitere Erfolge ein, und die Rätsel, die bis dahin Atome und Moleküle umgeben hatten, schienen sich eines nach dem anderen aufzulösen.

Ungeachtet dieses Erfolges wußten zunächst weder de Broglie noch Schrödinger, noch irgend jemand sonst, was für eine physikalische Größe es war, die in einer Elektronenwelle schwingt. Eine Welle gleich welcher Art wird zu einem beliebigen Zeitpunkt durch eine Reihe von Zahlen charakterisiert, die jeweils einem Punkt des

Raumes zugeordnet sind, den die Welle durchläuft.[1] Bei einer Schallwelle geben die Zahlen zum Beispiel den Luftdruck an jedem Punkt in der Luft an. Bei einer Lichtwelle geben die Zahlen die Stärke und Richtung der elektrischen und magnetischen Felder an jedem Punkt des Raumes an, durch den das Licht sich fortpflanzt. Die Elektronenwellen lassen sich ebenfalls zu jedem beliebigen Zeitpunkt durch eine Reihe von Zahlen beschreiben, die jeweils einem Punkt des Raumes im Atom und um das Atom herum zugeordnet sind.[2] Diese Zahlenreihe bezeichnet man als die Wellenfunktion, und die einzelnen Zahlen bezeichnet man als die Werte der Wellenfunktion. Anfangs konnte man über die Wellenfunktion lediglich sagen, daß sie eine Lösung der Schrödingergleichung war. Welche physikalische Größe von diesen Zahlen beschrieben wurde, wußte damals noch niemand.

Die Quantentheoretiker waren Mitte der zwanziger Jahre in der gleichen Lage wie die Physiker, die zu Beginn des neunzehnten Jahrhunderts das Licht untersuchten. Aus Erscheinungen wie der Beugung, bei der Lichtstrahlen, die sehr nah an Objekten vorbeilaufen oder durch sehr kleine Löcher dringen, nicht mehr der geraden Linie folgen, hatten Thomas Young und Augustin Fresnel geschlossen, daß Licht eine Art Welle sei, und sie erkannten, daß es sich nicht geradlinig fortpflanzte, wenn es sich durch Löcher zwängen mußte, weil die Löcher kleiner waren als seine Wellenlänge. Im frühen neunzehnten Jahrhundert wußte jedoch niemand, *was* sich als Welle fortpflanzte. Erst in den sechziger Jahren wurde durch die Arbeiten von James Clerk Maxwell klar, daß Licht eine Welle von variierenden elektrischen und magnetischen Feldern darstellt. Aber was genau variiert in einer Elektronenwelle?

Die Antwort lieferte eine theoretische Untersuchung, in der es darum ging, wie frei Elektronen sich verhalten, wenn sie auf Atome geschossen werden. Es ist üblich, ein durch den leeren Raum wanderndes Elektron als ein Wellenpaket zu beschreiben, ein kleines Bündel von Elektronenwellen, die sich gemeinsam fortpflanzen wie der Puls von Lichtwellen, den ein Scheinwerfer erzeugt, der nur für einen Moment eingeschaltet wird. Die Schrödingergleichung zeigt, daß ein solches Wellenpaket beim Aufprall auf ein Atom zerfällt;[3] in alle Richtungen verbreiten sich kleine Wellen, vergleichbar den Wasserspritzern, wenn der Strahl aus dem Gartenschlauch auf einen Stein trifft. Dies war insofern rätselhaft, als Elektronen, die auf Atome treffen, in irgendeiner Richtung davonfliegen, aber nicht zerfallen – sie bleiben Elektronen. Max Born schlug 1926 vor, dieses merkwürdige Verhalten der Wellenfunktion im Sinne von Wahrscheinlichkeiten zu deuten. Das Elektron zerfällt nicht, aber es kann in jede beliebige Richtung gestreut werden, und die Wahrscheinlichkeit, daß ein Elektron in eine bestimmte Richtung gestreut wird, ist am größten für jene Richtungen, bei denen die Werte der Wellenfunktion am größten sind. Elektronenwellen sind also, anders gesagt, nicht Wellen *von* irgend etwas; ihre Bedeutung ist einfach die, daß der Wert der Wellenfunktion an irgendeinem Punkt uns die Wahrscheinlichkeit angibt, daß sich das Elektron an diesem Punkt oder in seiner Nähe befindet.

Weder Schrödinger noch de Broglie war bei dieser Interpretation der Elektronenwellen wohl zumute, vielleicht stellt das den Grund dafür dar, warum keiner von ihnen zur weiteren Entwicklung der Quantenmechanik Wesentliches beigetragen hat. Unterstützung fand die probabilistische Deutung der Elektronenwellen jedoch bei Heisenberg, der ein Jahr darauf einen bemerkenswerten Gedanken vortrug. Er befaßte sich mit den Problemen, auf die ein Physiker stößt, wenn er Position und Impuls eines Elektrons messen möchte. Für eine genaue Positionsbestimmung muß Licht von kurzer Wellenlänge verwendet werden, weil die Beugung Bilder von Objekten, die kleiner sind als eine Wellenlänge, verschwimmen läßt. Licht kurzer Wellenlänge besteht aber aus Photonen mit entsprechend großem Impuls, und wenn man zur Beobachtung eines Elektrons Photonen mit großem Impuls verwendet, wird das Elektron durch den Zusammenprall zwangsläufig einen Rückstoß erfahren und einen Teil des Impulses des Photons mitnehmen. Je genauer wir also die Position eines Elektrons zu messen versuchen, desto weniger wissen wir nach der Messung über seinen Impuls. Diese Regel bezeichnet man als die *Heisenbergsche Unschärferelation.** Eine Elektronenwelle mit einem sehr steilen Anstieg an

---

* Genauer gesagt: Die Ortsunschärfe eines Teilchens kann, da die Wellenlänge des Lichts gleich der Planckschen Konstante, geteilt durch den Impuls des Photons, ist, nicht kleiner sein als die Plancksche Konstante, geteilt durch die Unschärfe seines Impulses. Bei gewohnten Objekten wie einer Billardkugel bemerken wir diese Un-

einer Stelle repräsentiert ein Elektron, das eine ziemlich genaue Position hat, dessen Impuls aber fast jeden beliebigen Wert besitzen könnte. Eine Elektronenwelle, die die Form eines sanften, gleichmäßigen Wechsels von Bergen und Tälern über viele Wellenlängen hinweg annimmt, repräsentiert ein Elektron, das einen ziemlich scharfen Impuls hat, dessen Position jedoch äußerst ungenau ist.[4] Normale Elektronen, wie sie in Atomen oder Molekülen vorkommen, haben weder eine bestimmte Position noch einen bestimmten Impuls.

Die Interpretation der Quantenmechanik war unter den Physikern noch jahrelang umstritten, auch nachdem sie sich mit der Lösung der Schrödingergleichung vertraut gemacht hatten. Eine Ausnahme bildete Einstein, der die Quantenmechanik in seinen Werken ablehnte; die meisten Physiker waren einfach nur bemüht, sie zu verstehen. Die Auseinandersetzung spielte sich zum großen Teil an dem von Niels Bohr geleiteten Institut für theoretische Physik der Universität Kopenhagen ab.** Bohr hob besonders eine Eigentümlichkeit der Quantenmechanik hervor, die er[5] als *Komplementarität* bezeichnete: Die Kenntnis eines Aspekts eines Systems schließt die Kenntnis anderer Aspekte des Systems aus. Ein Beispiel der Komplementarität liefert die Heisenbergsche Unschärferelation: Die Kenntnis der Position (beziehungsweise des

---

schärfe nicht, weil die Plancksche Konstante so klein ist. In dem System von Maßeinheiten, mit dem die Physiker am besten vertraut sind, dem Zentimeter, dem Gramm und der Sekunde als Grundeinheiten der Länge, der Masse und der Zeit, hat die Plancksche Konstante den Wert 6,626 tausend Millionen-Millionen-Millionen-Millionstel, das ist ein Komma, gefolgt von sechsundzwanzig Nullen und dann 6626. Die Plancksche Konstante ist so klein, daß die Wellenlänge einer über einen Tisch rollenden Billardkugel sehr viel kleiner ist als der Umfang eines Atomkerns, und deshalb ist es nicht schwer, Position und Impuls der Kugel gleichzeitig sehr genau zu bestimmen.

** Ich hatte das Glück, Bohr kennenzulernen, allerdings erst kurz vor dem Ende seiner wissenschaftlichen Tätigkeit und dem Beginn der meinen. Bohr war mein Gastgeber während des ersten Jahres meines Graduiertenstudiums, das ich an seinem Institut verbrachte. Er sprach jedoch nur kurz mit mir, und ich habe keine Weisheiten mitgenommen. – Bohr war für seine undeutliche Aussprache bekannt, und es war immer schwer, den Sinn seiner Worte zu verstehen. Ich erinnere mich noch, wie entsetzt meine Frau dreinblickte, als Bohr während einer Party im Wintergarten seines Hauses längere Zeit mit ihr sprach und sie feststellen mußte, daß sie von dem, was der berühmte Mann sagte, nichts mitbekam.

Impulses) eines Teilchens schließt die Kenntnis seines Impulses (beziehungsweise seiner Position) aus.*

Die Diskussionen an Bohrs Institut mündeten um 1930 in eine orthodoxe »Kopenhagener Formulierung« der Quantenmechanik, die nun sehr viel umfassender war als die Wellenmechanik einzelner Elektronen. Gleichgültig, ob ein System aus einem oder aus vielen Teilchen besteht, sein Zustand in einem beliebigen Augenblick wird durch die Reihe von Zahlen beschrieben, die sogenannten Werte der Wellenfunktion, wobei jeder möglichen Konfiguration des Systems eine Zahl entspricht. Derselbe Zustand läßt sich beschreiben durch Angabe der Werte der Wellenfunktion für Konfigurationen, die auf unterschiedliche Weise charakterisiert sind, beispielsweise durch die Positionen aller Teilchen des Systems oder durch die Impulse aller Teilchen des Systems oder auch auf die eine oder andere Weise, nicht aber durch die Position *und* Impulse aller Teilchen.

Den Kern der Kopenhagener Deutung bildet eine scharfe Trennung zwischen dem System selbst und dem Apparat, der zur Messung seiner Konfiguration verwendet wird. Wie Max Born unterstrichen hatte, entwickeln sich die Werte der Wellenfunktion zwischen einer Messung und der nächsten auf eine vollkommen kontinuierliche und deterministische Weise, wie es eine generalistische Version der Schrödingergleichung verlangt. Währenddessen kann man nicht sagen, daß das System sich in einer spezifischen Konfiguration befindet. Wenn wir dann die Konfiguration des Systems bestimmen (indem wir beispielsweise alle Positionen *oder* alle Impulse der Teilchen messen, nicht aber beides), springt das System in einen Zustand, der eindeutig in der einen oder anderen Konfiguration ist, mit Wahrscheinlichkeiten, die gegeben sind durch die Quadrate[6] der Werte der Wellenfunktion für diese Konfigurationen unmittelbar vor der Messung.

Eine nur verbale Beschreibung der Quantenmechanik vermittelt

---

* Bohr hat später die Bedeutung der Komplementarität auch auf Gebieten, die kaum etwas mit Physik zu tun haben, hervorgehoben. Einer Anekdote zufolge wurde Bohr einmal (auf deutsch) gefragt, welche Eigenschaft komplementär zur Wahrheit sei. Er überlegte ein wenig und sagte dann: »Klarheit.« Wie sehr diese Bemerkung zutrifft, habe ich beim Verfassen des vorliegenden Kapitels empfunden.

zwangsläufig nur einen vagen Eindruck davon, worum es geht. Die Quantenmechanik als solche ist nicht vage; mag sie auch auf den ersten Blick sonderbar wirken, so bietet sie doch einen präzisen Rahmen für die Berechnung von Energien, Übergangshäufigkeiten und Wahrscheinlichkeiten. Ich möchte versuchen, den Leser ein wenig mit der Quantenmechanik vertraut zu machen, und zu diesem Zweck werde ich hier die einfachste denkbare Art von System betrachten, eines, das nur zwei mögliche Konfigurationen hat. Wir können uns dieses System als ein fiktives Teilchen denken, das statt einer unendlichen Anzahl möglicher Positionen nur zwei Positionen kennt, sagen wir *hier* und *dort*.[7] Der Zustand des Systems in einem beliebigen Augenblick wird dann durch zwei Zahlen beschrieben: die *hier-* und *dort*-Werte der Wellenfunktion.

In der klassischen Physik ist die Beschreibung unseres fiktiven Teilchens ganz einfach: Es ist eindeutig entweder *hier* oder *dort*, auch wenn es in einer Weise, die irgendein dynamisches Gesetz verlangt, von *hier* nach *dort* und umgekehrt springen kann. Komplizierter verhält es sich in der Quantenmechanik. Wenn wir das Teilchen nicht beobachten, könnte der Zustand des Systems ausschließlich *hier* sein, und in diesem Falle würde der *dort*-Wert der Wellenfunktion verschwinden, oder er könnte ausschließlich *dort* sein, und in diesem Falle würde der *hier*-Wert der Wellenfunktion verschwinden; es ist aber auch möglich (und häufiger), daß keiner der Werte verschwindet und daß das Teilchen weder eindeutig *hier* noch eindeutig *dort* ist. Wenn wir dann prüfen, ob das Teilchen *hier* oder *dort* ist, werden wir natürlich feststellen, daß es an dem einen oder anderen Ort ist; die Wahrscheinlichkeit, daß wir es *hier* antreffen, ist gegeben durch das Quadrat des *hier*-Wertes unmittelbar vor der Messung, und die Wahrscheinlichkeit, daß es *dort* ist, ist gegeben durch das Quadrat des *dort*-Wertes.[8] Nach der Kopenhagener Deutung werden, wenn wir messen, ob das Teilchen in der *hier-* oder der *dort*-Konfiguration ist, die Werte der Wellenfunktion auf neue Werte springen; entweder wird der *hier*-Werte gleich eins und der *dort*-Wert gleich null oder umgekehrt, doch können wir aus der bekannten Wellenfunktion nicht ableiten, welche dieser Möglichkeiten eintreten wird, sondern nur deren Wahrscheinlichkeit angeben.

Dieses System mit nur zwei Konfigurationen ist so einfach, daß seine Schrödingergleichung ohne Symbole beschrieben werden kann. Die Veränderung des *hier*-Werts der Wellenfunktion zwischen zwei Messungen ist die Summe aus einer Konstanten, multipliziert mit dem *hier*-Wert, und einer zweiten Konstanten, multipliziert mit dem *dort*-Wert. Die Veränderung des *dort*-Werts ist die Summe aus einer dritten Konstanten, multipliziert mit dem *hier*-Wert, und einer vierten Konstanten, multipliziert mit dem *dort*-Wert. Diese vier Konstanten bezeichnet man zusammenfassend als die *Hamiltonfunktion* dieses einfachen Systems. Die Hamiltonfunktion charakterisiert das System insgesamt und nicht irgendeinen besonderen Zustand des Systems; sie verrät uns alles, was wir über die Entwicklung des Zustands des Systems aus den gegebenen Anfangsbedingungen wissen wollen. Die Quantenmechanik als solche sagt über die Hamiltonfunktion nichts aus, diese muß vielmehr aus unserem experimentellen und theoretischen Wissen über die Natur des betreffenden Systems abgeleitet werden.

Wir können dieses einfache System benutzen, um Bohrs Idee der Komplementarität zu verdeutlichen, und den Zustand des fiktiven Teilchens auch auf andere Weise zu beschreiben. Wir können zum Beispiel ein Paar von Zuständen mit bestimmtem Impuls annehmen, die wir mit *stop* and *go* bezeichnen, bei denen der *hier*-Wert der Wellenfunktion entweder gleich dem (positiven) *dort*-Wert oder gleich dem negativen *dort*-Wert ist.[9] Wir können die Wellenfunktion statt durch ihre *hier*- und *dort*-Werte auch durch ihre *stop*- and *go*-Werte beschreiben: Der *stop*-Wert ist die Summe, der *go*-Wert die Differenz der *hier*- und *dort*-Werte. Wenn wir zufällig wissen, daß der Ort des Teilchens eindeutig *hier* ist, muß der *dort*-Wert der Wellenfunktion verschwinden, und folglich müssen die *stop*- und *go*-Werte der Wellenfunktion gleich sein, was bedeutet, daß wir über den Impuls des Teilchens nichts wissen; beide Möglichkeiten haben eine Wahrscheinlichkeit von fünfzig Prozent. Falls wir umgekehrt wissen, daß das Teilchen eindeutig im *stop*-Zustand mit dem Impuls null ist, verschwindet der *go*-Wert der Wellenfunktion, und da der *go*-Wert die Differenz von *hier*- und *dort*-Wert ist, müssen *hier*- und *dort*-Wert gleich sein, was bedeutet, daß wir nichts darüber wissen, ob das Teilchen *hier* oder *dort* ist, beides hat eine Wahrscheinlichkeit von fünfzig Prozent. Wir sehen, daß zwischen einer *hier*- oder *dort*- und einer *stop*- oder *go*-Messung vollständige Komplementarität besteht: Wir können beide Arten von Messung durchführen, aber wenn wir uns für eine entscheiden, bleiben wir bezüglich der Resultate, die wir bei der anderen Messung finden würden, völlig im ungewissen.

Über die Anwendung der Quantenmechanik besteht allgemein Einigkeit, umstritten ist aber, was wir eigentlich tun, wenn wir sie anwenden. Zwei Aspekte der Quantenmechanik erschienen einigen, die unter dem Reduktionismus und Determinismus der Newtonschen Physik litten, wie ein willkommener Balsam. Kam den Menschen in der Newtonschen Physik keine besondere Stellung zu, so spielen sie in der Kopenhagener Deutung der Quantenmechanik eine wesentliche Rolle insofern, als sie durch den Akt der Messung der Wellenfunktion einen Sinn geben. Und während der Newtonsche Physiker von exakten Vorhersagen sprach, liefert der Quantenmechaniker jetzt lediglich Berechnungen von Wahrscheinlichkeiten, so daß es so aussieht, als würde wieder Raum geschaffen für die Willensfreiheit des Menschen oder ein Eingreifen Gottes.

Manche Wissenschaftler wie etwa Fritjof Capra,[10] die sich auch als Schriftsteller betätigen, begrüßen die sich hier scheinbar bietende Gelegenheit, den Geist der Wissenschaft mit den edleren Seiten unserer Natur zu versöhnen. Ich würde das vielleicht auch tun, wenn ich der Ansicht wäre, daß diese Gelegenheit tatsächlich besteht, aber dieser Ansicht bin ich eben nicht. Für die Physik war die Quantenmechanik von ungeheurer Bedeutung, doch für das Leben der Menschen kann ich in der Quantenmechanik keinerlei Botschaften entdecken, die sich nennenswert von denen der Newtonschen Physik unterscheiden würden.

Da diese Dinge noch immer umstritten sind, habe ich zwei literarische Gestalten (aus Dickens' *Weihnachtslied*) dazu bewogen, hier ein Gespräch darüber zu führen.

Ein Dialog über die Bedeutung der Quantenmechanik

Tiny Tim: Ich finde die Quantenmechanik einfach wunderbar. Ich habe es nie leiden können, daß man in der Newtonschen Mechanik, wenn man Position und Geschwindigkeit jedes Teilchens zu einem Zeitpunkt kannte, die ganze Zukunft vorhersagen konnte, wobei für die Willensfreiheit kein Raum blieb und den Menschen keine besondere Rolle zukam. In der Quantenmechanik dagegen sind alle Vorhersagen ungenau und probabilistisch, und nichts hat einen eindeutigen Zustand, bevor es nicht vom Menschen beobachtet wird. Ich bin sicher, daß sich irgendein östlicher Mystiker in diesem Sinne geäußert haben muß.

Scrooge: Bah! Was vom Weihnachtsfest zu halten ist, darüber habe ich meine Meinung geändert, aber ich erkenne immer noch, wenn jemand Unsinn redet. Es stimmt zwar, daß das Elektron keine genau bestimmte Position und gleichzeitig keinen genau bestimmten Impuls hat, aber das bedeutet doch nur, daß dies nicht die richtigen Größen sind, um das Elektron zu beschreiben. Was ein Elektron oder eine beliebige Teilchenmenge zu jeder Zeit hat, ist hingegen eine Wellenfunktion. Wenn ein Mensch die Teilchen beobachtet, wird der Zustand des ganzen Systems einschließlich des Menschen von einer Wellenfunktion beschrieben. Die Entwicklung der Wellenfunktion ist genauso deterministisch wie die Teilchenbahnen in der Newtonschen Mechanik. Sie ist sogar noch deterministischer, weil die Gleichungen, die die Entwicklung der Wellenfunktion im Zeitverlauf beschreiben, zu einfach sind, um chaotische Lösungen zuzulassen.[11] – Wo bleibt da deine Willensfreiheit?

Tiny Tim: Ich bin wirklich erstaunt, daß Sie so unwissenschaftlich antworten. Die Wellenfunktion besitzt keine objektive Realität, weil sie nicht gemessen werden kann. Wenn wir beispielsweise beobachten, daß ein Teilchen *hier* ist, können wir daraus nicht schließen, daß die Wellenfunktion *vor* der Beobachtung einen verschwindenden *dort*-Wert hatte; sie kann alle möglichen *hier*- und *dort*-Werte gehabt haben, und es ist einfach Zufall, daß das Teilchen bei der Beobachtung *hier* und nicht *dort* auftaucht. Wenn aber die Wellenfunktion nicht real ist, warum machst du dann soviel

Aufhebens davon, daß sie sich deterministisch entwickelt? Wir messen immer nur Größen wie Positionen oder Impulse oder Spins, und darüber können wir nur Wahrscheinlichkeitsaussagen treffen. Und bevor nicht ein Mensch eingreift und diese Größen mißt, können wir nicht einmal sagen, daß das Teilchen überhaupt einen bestimmten Zustand hat.

Scrooge: Mein lieber Junge, offenbar hast du kritiklos die aus dem neunzehnten Jahrhundert stammende Lehre des Positivismus geschluckt, derzufolge die Wissenschaft sich nur um Dinge kümmern sollte, die sich wirklich beobachten lassen. Ich gebe zu, daß es nicht möglich ist, eine Wellenfunktion bei einem einzigen Experiment zu messen. Na und? Durch vielfach wiederholte Messungen für ein und denselben Anfangszustand kann man trotzdem feststellen, wie die Wellenfunktion in diesem Zustand aussehen muß, und anhand der Ergebnisse unsere Theorien überprüfen. Was willst du mehr? Du solltest dein Denken wirklich auf den Stand des zwanzigsten Jahrhunderts bringen. Wellenfunktionen sind aus demselben Grund real, aus dem Quarks und Symmetrien real sind – weil es uns weiterbringt, wenn wir sie in unsere Theorien aufnehmen. Ein System ist in einem spezifischen Zustand, *unabhängig davon, ob Menschen es beobachten oder nicht*; der Zustand wird nicht durch eine Position oder einen Impuls beschrieben, sondern durch eine Wellenfunktion.

Tiny Tim: Mit einem, der seine Abende damit verbringt, mit Geistern umherzuziehen, möchte ich lieber nicht darüber streiten, was real ist oder nicht. Ich darf Sie nur auf ein ernstes Problem hinweisen, das Sie bekommen, wenn Sie die Wellenfunktion als real betrachten. Einstein erwähnte dieses Problem 1933 auf der Brüsseler Solvay-Konferenz in einem Angriff auf die Quantenmechanik und behandelte es dann gemeinsam mit Boris Podolsky und Nathan Rosen in einem 1935 erschienenen Aufsatz, der Berühmtheit erlangte. Angenommen, wir haben ein aus zwei Elektronen bestehendes System, das so präpariert ist, daß die Elektronen zu einem bestimmten Zeitpunkt einen bekannten großen Abstand und einen bekannten Gesamtimpuls haben. (Dies verletzt nicht die Heisenbergsche Unschärferelation. So ließe sich der Abstand beliebiger Genauigkeit dadurch messen, daß man Lichtstrahlen sehr kurzer Wellenlänge von einem Elektron zum anderen schickt; dies würde den Impuls beider Elektronen stören, doch wegen der Erhaltung des Impulses würde es an ihrem *Gesamt*impuls nichts ändern.) Würde dann der Impuls des ersten Elektrons gemessen, so ließe sich der Impuls des zweiten Elektrons unmittelbar berechnen, weil beider Summe bekannt ist. Würde man andererseits die Position des ersten Elektrons messen, so ließe sich unmittelbar die Position des ersten Elektrons berechnen, weil ihr Abstand bekannt ist. Das bedeutet aber, daß man durch Beobachtung des Zustandes des ersten Elektrons die Wellenfunktion des zweiten Elektrons zwingen kann, eine bestimmte Position oder einen bestimmten Impuls zu haben, *obwohl man es mit dem zweiten Elektron nie näher zu tun bekommt.* Ist Ihnen wirklich wohl dabei, wenn Sie Wellenfunktionen, die sich auf diese Weise ändern können, als real betrachten?

Scrooge: Ich kann damit leben. Und es macht mir auch nichts aus, daß die spezielle Relativitätstheorie verbietet, Signale auszusenden, die schneller als Licht sind; das verstößt nicht gegen diese Regel. Eine Physikerin, die den Impuls des zweiten Elektrons mißt, kann nicht wissen, daß der von ihr ermittelte Wert durch Beobachtungen des ersten Elektrons beeinflußt wurde. Sie weiß nur, daß das Elektron vor ihrer Messung ebensogut eine bestimmte Position wie einen bestimmten Impuls gehabt haben könnte. Nicht einmal Einstein vermochte diese Art von Messung dazu zu benutzen, überlichtschnelle Signale von einem Elektron zu schicken. (Du hättest übrigens erwähnen können, daß John Bell noch verrücktere Konsequenzen der Quantenmechanik, etwa bezüglich atomarer Drehimpulse, vorgestellt hat, und daß experimentelle Physiker gezeigt haben, daß die Drehimpulse in atomaren Systemen sich tatsächlich so verhalten, wie es nach der Quantenmechanik zu erwarten ist, aber so ist die Welt nun einmal beschaffen.[12] Mir scheint, daß keine dieser Kräfte uns davon abhalten kann, die Wellenfunktion als etwas Reales zu betrachten; nur verhält sie sich eben anders, als wir es gewohnt sind, und dazu gehören augenblickliche Änderungen, die die Wellenfunktion des ganzen Universums betreffen. Ich denke, du solltest aufhören, in der Quantenmechanik nach tiefschürfenden philosophischen Botschaften zu suchen, und mir nicht verwehren, sie weiterhin zu benutzen.

Tiny Tim: Entschuldigen Sie bitte, aber wenn Sie augenblickliche Änderungen in der Wellenfunktion des gesamten Weltalls für möglich halten, dann fürchte ich, können Sie alles für möglich halten. Jedenfalls hoffe ich, daß Sie mir verzeihen werden, wenn ich sage, daß Sie nicht besonders konsequent sind. Sie haben gesagt, die Wellenfunktionen eines Systems entwickele sich vollkommen deterministisch und Wahrscheinlichkeiten treten erst auf, wenn wir Messungen machten. Ihrem eigenen Standpunkt zufolge stellen aber nicht nur das Elektron, sondern auch der Meßapparat und der ihn benutzende menschliche Beobachter ein einziges großes System dar, das von einer Wellenfunktion mit einer riesigen Anzahl von Werten beschrieben wird, die sich selbst während einer Messung allesamt deterministisch entwickeln. Wie kann es aber, wenn alles deterministisch abläuft, bezüglich der Meßergebnisse irgendeine Unschärfe geben? Wo kommen die Wahrscheinlichkeiten her, wenn Messungen gemacht werden?

*   *   *

Ich hege bei dieser Diskussion eine gewisse Sympathie für beide Seiten, wenn auch ein wenig mehr für den Realisten Scrooge als für den Positivisten Tiny Tim. Tiny Tim habe ich das letzte Wort gegeben, weil das Problem, das er am Ende anschneidet, zu den größten Schwierigkeiten in der Interpretation der Quantenmechanik zählt. Die orthodoxe Kopenhagener Deutung, die ich bisher dargestellt habe, basiert auf einer scharfen Trennung zwischen dem physikalischen System, das von den Regeln der Quantenmechanik bestimmt wird, und dem zu seiner Erforschung benutzten Apparat, der auf klassische Weise beschrieben wird, also entsprechend den Regeln der Physik vor der Einführung der Quantenmechanik. Unser fiktives Teilchen mag eine Wellenfunktion sowohl mit *hier*- als auch mit *dort*-Werten gehabt haben, aber wenn es beobachtet wird, wird es aus irgendeinem Grund eindeutig *hier* oder *dort*, in einer Weise, über die man keine genauen Vorhersagen, sondern nur Wahrscheinlichkeitsaussagen machen kann. Diese unterschiedliche Behandlung des beobachteten Systems und des Meßapparats ist aber sicherlich eine Fiktion. Wir sind überzeugt, daß alles im Universum von der Quantenmechanik bestimmt wird, nicht nur einzelne Elektronen, Atome und Moleküle, sondern auch der Versuchsapparat und die Physiker, die ihn benutzen. Wenn aber die

Wellenfunktion sowohl den Meßapparat als auch das beobachtete System beschreibt und sich gemäß den Regeln der Quantenmechanik auch während einer Messung *deterministisch* entwickelt, woher kommen dann, so fragt Tiny Tim, die Wahrscheinlichkeiten?

Aufgrund ihrer Unzufriedenheit mit der künstlichen Trennung zwischen System und Beobachtern in der Kopenhagener Deutung sind etliche Theoretiker zu einer davon stark abweichenden Auffassung gelangt: der *Viele-Welten-* beziehungsweise *Viele-Geschichten*-Interpretation der Quantenmechanik, die erstmals in der in Princeton vorgelegten Dissertation von Hugh Everett vorgetragen wurde. Eine *hier-* oder *dort*-Messung unseres fiktiven Teilchens besteht dieser Auffassung zufolge aus einer Art Wechselwirkung zwischen dem Teilchen und dem Meßapparat derart, daß die Wellenfunktion des kombinierten Systems zwei Hauptwerte entwickelt; ein Wert entspricht der Konfiguration, in der das Teilchen *hier* ist und der Zeiger an dem Apparat auf *hier* zeigt; der andere entspricht der Möglichkeit, daß das Teilchen *dort* ist und der Zeiger an dem Apparat auf *dort* weist. Es gibt weiterhin eine eindeutige Wellenfunktion, die durch die von den Regeln der Quantenmechanik bestimmte Wechselwirkung des Teilchens mit dem Meßapparat auf völlig deterministische Weise erzeugt wird. Die beiden Werte der Wellenfunktion entsprechen jedoch Zuständen von unterschiedlicher Energie, und weil der Meßapparat makroskopisch ist, ist diese Energiedifferenz sehr groß, so daß diese beiden Werte bei ganz unterschiedlichen Frequenzen oszillieren. Welche Zeigerstellung man am Meßapparat beobachtet, ist vergleichbar damit, daß man im Radio zufällig einen von zwei Sendern empfängt, »Radio hier« oder »Radio dort«; solange die Sendefrequenzen eindeutig getrennt sind, kommt es nicht zu einer Interferenz, und man empfängt entweder den einen oder den anderen Sender, mit einer Wahrscheinlichkeit, die der jeweiligen Sendestärke entspricht. Daß es zwischen den beiden Werten der Wellenfunktion keine Interferenz gibt, bedeutet, daß die Geschichte der Welt sich in zwei getrennte Geschichten aufgespalten hat: in eine, in der das Teilchen *hier* ist, und in eine andere, in der es *dort* ist, und jede dieser beiden Geschichten wird sich von da an entfalten, ohne in Wechselwirkung mit der anderen zu stehen[13].

Durch Anwendung der Regeln der Quantenmechanik auf das

kombinierte System aus Teilchen und Meßapparat kann man tatsächlich beweisen, daß die Wahrscheinlichkeit dafür, das Teilchen *hier* anzutreffen, während der Zeiger am Apparat auf *hier* steht, dem Quadrat des *hier*-Werts der Wellenfunktion des Teilchens unmittelbar vor Beginn seiner Wechselwirkung mit dem Meßapparat proportional ist, wie es die Kopenhagener Deutung der Quantenmechanik postuliert. Mit diesem Argument ist aber die Frage von Tiny Tim eigentlich noch nicht beantwortet. Mit der Berechnung der Wahrscheinlichkeit dafür, daß sich das kombinierte System aus Teilchen und Meßapparat in der einen oder anderen Konfiguration befindet, führen wir implizit einen Beobachter ein, der den Zeiger abliest und feststellt, daß er auf *hier* oder *dort* weist. Der Meßapparat wurde in dieser Analyse zwar auf quantenmechanische Weise beschrieben, der Beobachter aber auf klassische Weise; er stellt fest, daß der Zeiger eindeutig entweder auf *hier* oder *dort* steht, worüber wiederum keine Vorhersagen, sondern nur Wahrscheinlichkeitsaussagen gemacht werden können. Man könnte auch den Beobachter quantenmechanisch beschreiben, jedoch nur um den Preis, daß man einen weiteren Beobachter einführt, der die Schlußfolgerungen des ersteren feststellt, etwa indem er einen Artikel in einer physikalischen Zeitschrift liest usw.

Viele Physiker haben sich bemüht, jede Aussage über Wahrscheinlichkeiten und jedes sonstige interpretierende Postulat, das einen Unterschied zwischen Systemen und Beobachtern macht, aus den Grundlagen der Quantenmechanik auszuschalten.[14] Was man benötigt, ist ein quantenmechanisches Modell mit einer Wellenfunktion, die nicht nur verschiedene zu untersuchende Systeme beschreibt, sondern auch etwas, das einen bewußten Beobachter repräsentiert. Mit einem solchen Modell würde man zu zeigen versuchen, daß die Wellenfunktion des kombinierten Systems sich aufgrund *wiederholter* Wechselwirkungen des Beobachters mit einzelnen Systemen mit Sicherheit zu einer endgültigen Wellenfunktion entwickelt, in welcher der Beobachter überzeugt wurde, daß die Wahrscheinlichkeiten der einzelnen Messungen so sind, wie es die Kopenhagener Deutung vorschreibt. Bislang ist diesem Programm kein rechter Erfolg beschieden, doch am Ende könnte es durchaus gelingen. In diesem Fall würde der Realismus von Scrooge vollauf bestätigt werden.

Es ist wirklich erstaunlich, wie unwichtig das alles ist. Die meisten Physiker wenden die Quantenmechanik tagtäglich in der Praxis an, ohne sich über das grundlegende Problem ihrer Deutung den Kopf zerbrechen zu müssen. Als Menschen mit Verstand, die schon in ihrem eigenen Fachgebiet kaum dazu kommen, allen Ideen und Forschungsergebnissen nachzugehen, lassen sie die Sache einfach auf sich beruhen, da sie nicht gezwungen sind, sich mit diesem fundamentalen Problem zu befassen. Als ich vor etwa einem Jahr mit Philip Candelas (von der Fakultät für Physik der Universität Texas) auf einen Aufzug wartete, kamen wir auf einen jungen Theoretiker zu sprechen, der als Student sehr vielversprechend arbeitete, dann jedoch irgendwann verschwunden war. Ich fragte Phil, was dem Ex-Studenten bei seinen Forschungen in die Quere gekommen sei, worauf er mit traurigem Kopfschütteln sagte: »Er hat versucht, die Quantenmechanik zu verstehen.«

Die Philosophie der Quantenmechanik ist für deren Anwendung so irrelevant, daß einen der Verdacht beschleicht, all die tiefsinnigen Fragen nach der Bedeutung der Messung seien im Grunde inhaltlos und uns von unserer Sprache aufgezwungen, einer Sprache, die sich in einer Welt entwickelt hat, die fast ausschließlich von der klassischen Physik geprägt wurde. Ich gebe jedoch zu, daß es mir ein gewisses Unbehagen bereitet, mein ganzes Leben mit einem theoretischen Bezugssystem zu arbeiten, das niemand richtig versteht. Ein besseres Verständnis in der Quantenmechanik ist ja auch wirklich vonnöten in der Quantenkosmologie, der Anwendung der Quantenmechanik auf das ganze Universum, wo ein äußerer Betrachter überhaupt nicht vorstellbar ist. Heute ist das Universum viel zu groß, als daß es auf die Quantenmechanik sonderlich ankäme, doch nach der Urknalltheorie hat es einmal eine Zeit gegeben, in der die Teilchen so dicht beieinander lagen und ihr Impuls so groß war, daß Quanteneffekte eine bedeutende Rolle gespielt haben müssen. Nach welchen Regeln die Quantenmechanik in diesem Zusammenhang anzuwenden wäre, weiß heute niemand.

Von größerem Interesse scheint mir die Frage zu sein, ob die Quantenmechanik notwendig *wahr* ist. Daß sie eine sehr gute Näherung an die Wahrheit ist, wissen wir daher, daß sie die Eigenschaften von Teilchen und Atomen und Molekülen hervorragend zu erklären vermag. Die Frage ist daher, ob es eine andere logische

mögliche Theorie gibt, deren Vorhersagen denen der Quantenmechanik sehr nahekommen, sich aber nicht völlig mit ihnen
decken. Eine geringfügige Änderung ist für die meisten physikalischen Theorien leicht vorstellbar. Newtons Gravitationsgesetz,
nach dem die Gravitationskraft zwischen zwei Teilchen mit dem
Quadrat des Abstands zwischen ihnen abnimmt, ließe sich beispielsweise insofern geringfügig verändern, daß man die Kraft
mit einer anderen Potenz des Abstandes, die nicht genau mit dem
Quadrat übereinstimmt, aber doch in der Nähe liegt, abnehmen
läßt. Um Newtons Theorie experimentell nachzuprüfen, könnten
wir Beobachtungen des Sonnensystems mit dem vergleichen, was
zu erwarten wäre bei einer Kraft, die mit einer unbekannten Potenz des Abstands abnimmt, und auf diese Weise die Abweichung
dieser Potenz des Abstands vom Quadrat eingrenzen. Man könnte
beispielsweise auch die allgemeine Relativitätstheorie ein wenig
verändern, indem man kompliziertere kleine Begriffe in die Feldgleichungen aufnimmt oder schwach wechselwirkende neue Felder in die Theorie einführt. Es ist auffallend, daß es bislang nicht
möglich gewesen ist, eine der Quantenmechanik verwandte, logisch konsistente Theorie zu finden außer der Quantenmechanik
selbst.

Ich habe vor einigen Jahren eine solche Theorie zu konstruieren
versucht. Mein Ziel war nicht, ernsthaft eine Alternative zur
Quantenmechanik vorzuschlagen; ich wollte nur *irgendeine* Theorie haben, die in ihren Vorhersagen der Quantenmechanik nahekommen würde, ohne aber ganz mit ihr übereinzustimmen, und
sie sollte mir als Folie dienen, die experimentell nachprüfbar wäre.
Ich wollte auf diese Weise den Experimentalphysikern eine Vorstellung von der Art von Experiment geben, durch welches die
Gültigkeit der Quantenmechanik einer interessanten quantitativen
Überprüfung unterzogen werden könnte. Wenn man nicht irgendeine spezielle quantenmechanische Theorie wie das Standardmodell, sondern die Quantenmechanik selbst überprüfen möchte,
muß man, um experimentell zwischen der Quantenmechanik und
ihren Alternativen zu unterscheiden, ein ganz allgemeines Merkmal jeder erdenklichen quantenmechanischen Theorie der Nach-
prüfung unterziehen. Als ich über eine Alternative zur Quantenmechanik nachdachte, griff ich mir jenes allgemeine Material der

Quantenmechanik heraus, das mir seit jeher ein wenig willkürlicher vorgekommen war als die übrigen Merkmale: ihre *Linearität*.

Ich muß hier ein wenig erläutern, was Linearität bedeutet. Sie erinnern sich, daß die Werte der Wellenfunktion eines Systems sich in einer Weise ändern, die von diesen Werten sowie von der Natur des Systems und seiner Umgebung abhängt. Die Änderung des *hier*-Werts der Wellenfunktion unseres fiktiven Teilchens ist beispielsweise gegeben durch eine Konstante, multipliziert mit dem *hier*-Wert, und eine weitere Konstante, multipliziert mit dem *dort*-Wert. Eine dynamische Regel dieses Typs nennt man linear, weil die Kurve, die sich ergibt, wenn wir einen Wert der Wellenfunktion zu irgendeinem Zeitpunkt ändern und diesen geänderten Wert mit irgendeinem Wert der Wellenfunktion zu einem späteren Zeitpunkt verbinden, unter sonst gleichen Umständen eine gerade Linie sein wird. Sehr frei ausgedrückt, ist die Reaktion des Systems auf eine Änderung seines Zustands dieser Änderung proportional. Eine sehr wichtige Konsequenz aus dieser Linearität ist die, daß Quantensysteme, wie Scrooge darlegte, nicht chaotisch sein können; eine geringfügige Änderung in den Anfangsbedingungen ruft nur eine geringfügige Änderung in den Werten der Wellenfunktion zu einer späteren Zeit hervor.

Viele klassische Systeme sind in diesem Sinne linear, doch ist die Linearität in der klassischen Physik nie exakt. Die Quantenmechanik soll dagegen unter allen Umständen exakt linear sein. Wenn man nach Wegen sucht, die Quantenmechanik zu verändern, liegt es nahe, die Möglichkeit zu erforschen, daß die Entwicklung der Wellenfunktion vielleicht nicht exakt linear verläuft.

Schließlich konnte ich nach einiger Mühe eine geringfügig nichtlineare Alternative zur Quantenmechanik vorlegen, die physikalisch plausibel erschien und leicht mit hohem Genauigkeitsgrad überprüfbar war, nämlich durch das Nachprüfen einer allgemeinen Konsequenz der Linearität, die darin besteht, daß die Schwingungsfrequenzen eines beliebigen linearen Systems nicht davon abhängen, wie die Schwingungen erregt werden. So bemerkte Galilei zum Beispiel, daß die Frequenz, mit der sich ein Pendel hin- und herbewegt, nicht davon abhängt, wie weit das Pendel ausschwingt. Dies beruht darauf, daß das Pendel ein lineares System ist, solange die Amplitude der Schwingung hinreichend klein ist; seine Auslenkung und sein Impuls ändern sich in einer Weise, die seinem Impuls beziehungsweise seiner Auslenkung proportional ist. Auf diesem Merkmal von Schwingungen linearer Systeme beruhen alle Uhren, mögen sie von einem Pendel, einer Feder oder einem Quarzkristall angetrieben sein. Vor einigen Jahren wurde mir nach einem Gespräch mit David Wineland vom National Bureau of Standards klar, daß die kreiselnden Atomkerne, mit deren Hilfe das Amt die Zeit mißt, eine herrliche Gelegenheit boten, die Linearität der Quantenmechanik zu überprüfen; in meiner geringfügig nichtlinearen Alternative zur Quantenmechanik würde die Frequenz, mit der die Drehachse des Kerns um ein Magnetfeld präzessiert, ganz schwach von dem Winkel zwischen der Drehachse und dem magnetischen Feld abhängen. Die Tatsache, daß ein derartiger Effekt beim Bureau of Standards nicht beobachtet worden war, verriet mir sogleich, daß etwaige nichtlineare Effekte in dem untersuchten Kern (einem Beryllium-Isotop) allenfalls in einem Milliarden-Milliarden-Milliardstel zur Energie des Kerns beitragen konnten. Da Wineland und einige Forscher in Harvard, Princeton und anderen Laboratorien diese Messungen seither verbessert haben, wissen wir heute, daß nichtlineare Effekte sogar noch kleiner sind. Die Linearität der Quantenmechanik ist also, selbst wenn sie nur approximativ ist, doch eine recht gute Näherung.

Das alles kam nicht sonderlich überraschend. Auch wenn die Quantenmechanik geringfügige nichtlineare Korrekturen enthielt, bestand doch kein Grund zu der Annahme, daß diese Korrekturen groß genug sein würden, um schon in der ersten Runde von Versuchen, in denen nach ihnen gesucht wurde, sichtbar zu werden. Enttäuschend war für mich jedoch, daß diese nichtlineare Alternative zur Quantenmechanik mit rein theoretischen internen Schwierigkeiten behaftet war. Zum einen fand ich keine Möglichkeit, die nichtlineare Version der Quantenmechanik auf Theorien auszudehnen, die auf Einsteins spezieller Relativitätstheorie beruhten. Nachdem meine Arbeit veröffentlicht worden war, wiesen dann N. Gisin in Genf und mein Kollege Joseph Polchinski von der Universität in Texas unabhängig voneinander darauf hin, daß die Nichtlinearitäten der verallgemeinerten Theorie in dem von Tiny Tim erwähnten Gedankenexperiment von Einstein, Podolsky und Rosen *doch* dazu benutzt werden konnten, augenblicklich, das heißt überlichtschnell, Signale über große Distanzen zu senden, was nach der speziellen Relativitätstheorie verboten ist.[15] Zumindest für den Augenblick habe ich vor diesem Problem kapituliert; ich sehe einfach keine Möglichkeit, wie man die Quantenmechanik auch nur geringfügig modifizieren kann, ohne sie vollkommen zu zerstören.

Mehr noch als die exakte experimentelle Verifikation der Linearität läßt mich dieses theoretische Unvermögen, eine plausible Alternative zur Quantenmechanik zu finden, vermuten, daß die Quantenmechanik eben doch so ist, wie sie ist, da die geringste Änderung in der Quantenmechanik zu logischen Absurditäten führen würde. Wenn das zutrifft, könnte die Quantenmechanik ein bleibender Bestandteil der Physik sein. Es könnte sogar sein, daß die Quantenmechanik nicht bloß als eine Näherung an eine tiefere Wahrheit überlebt, so wie Newtons Gravitationstheorie als eine Näherung an Einsteins allgemeine Relativitätstheorie überlebt, sondern als ein mit exakter Geltung ausgestatteter Bestandteil der endgültigen Theorie.

V. | Von Theorien und Experimenten

Wenn wir älter werden,
Wird die Welt immer fremder, verworrener das Gefüge
Von Totem und Lebendem. Nicht der gesteigerte
Augenblick, losgelöst, frei von Gewesenem und
Künftigem, sondern das ganze Leben, glühend in
Jedem Augenblick.

T. S. Elliot, *East Coker*

Ich möchte nun drei Geschichten über Fortschritte in der Physik des zwanzigsten Jahrhunderts erzählen. In diesen Geschichten wird eine merkwürdige Tatsache deutlich: Immer wieder haben Physiker sich von ihrem Schönheitssinn leiten lassen, nicht nur, wenn sie neue Theorien erarbeiteten, sondern auch, wenn sie die Gültigkeit bereits entwickelter physikalischer Theorien beurteilten. Anscheinend lernen wir, die Schönheit der Natur auf ihrem grundlegendsten Niveau vorwegzunehmen. Nichts könnte uns mehr in der Zuversicht bestärken, daß wir uns tatsächlich auf dem Wege zur Entdeckung der endgültigen Gesetze der Natur befinden.

*   *   *

In meiner ersten Geschichte geht es um die allgemeine Relativitätstheorie, Einsteins Theorie der Gravitation. Einstein entwickelte diese Theorie in den Jahren 1907 bis 1915 und veröffentlichte sie in einer Reihe von Aufsätzen in den Jahren 1915 und 1916. Während Newton die Gravitation als Anziehungskraft zwischen allen massereichen Körpern definiert hatte, so beschreibt die allgemeine Relativitätstheorie die Gravitation, ganz kurz gesagt, als einen Effekt der Krümmung der Raumzeit, der sowohl durch Materie als auch durch Energie hervorgerufen wird. Diese revolutionäre Theorie hatte Mitte der zwanziger Jahre allgemeine Anerkennung als zutreffende Theorie der Gravitation gefunden und diesen Anspruch seither behauptet. Wie kam es dazu?

Einstein erkannte 1915 sofort, daß seine Theorie einen alten Widerspruch zwischen bestimmten Beobachtungen des Sonnensystems und der Theorie Newtons löste. Seit 1859 hatte es Schwierigkeiten gegeben, die Bahn des Planeten Merkur mit der Theorie Newtons in Einklang zu bringen. Gäbe es im Universum nichts anderes als die Sonne und einen einzigen Planeten, so würde sich der Planet gemäß der Newtonschen Mechanik und Gravitationstheorie auf einer vollkommenen Ellipse um die Sonne bewegen. Die Orientierung der Ellipse – die Richtung, in die seine Haupt- und Nebenachse weisen – würde sich niemals ändern; es wäre so, als ob die Bahn des Planeten im Raum fixiert sei. Da nun das Sonnensystem einige Planeten enthält, die das Gravitationsfeld der Sonne geringfügig stören, präzessieren die elliptischen Bahnen der Planeten, sie beschreiben also eine langsame Drehung im Raum.[1] Im neunzehnten Jahrhundert erkannte man, daß die Bahn des Planeten Merkur sich in einem Jahrhundert um einen Winkel von etwa 575 Sekunden ändert. (Ein Grad gleich 3600 Sekunden.) Nach der Theorie Newtons würde die Bahn des Merkur dagegen um 532 Sekunden pro Jahrhundert präzessieren, ein Unterschied von dreiundvierzig Sekunden pro Jahrhundert. Man kann dies auch so ausdrücken, daß die elliptische Bahn, nachdem sie einmal die volle Drehung von 360 Grad durchlaufen hat, in 225 000 Jahren wieder ihre ursprüngliche Richtung annehmen wird, wohingegen es nach der Newtonschen Theorie 244 000 Jahre dauern würde – keine sehr dramatische Diskrepanz, sie hatte aber dennoch den Astronomen über ein halbes Jahrhundert lang Kopfzerbrechen bereitet. Als sich Einstein 1915 mit den Konsequenzen seiner neuen Theorie befaßte, stellte er fest, daß sie die um dreiundvierzig Sekunden pro Jahrhundert größere Präzession in der Bahn des Merkur unmittelbar erklärte. (Einer der Effekte, der in Einsteins Theorie zu dieser zusätzlichen Präzession beiträgt, ist das zusätzliche Gravitationsfeld, das von der Energie im Gravitationsfeld selbst erzeugt wird. In Newtons Theorie wird Gravitation nur durch Masse, nicht durch Energie erzeugt, und sie berücksichtigt daher nicht ein solches zusätzliches Gravitationsfeld.) Nachdem es Einstein gelungen war, dies zu klären, war er mehrere Tage lang außer sich vor Freude, wie er sich später erinnerte.

Nach dem Ersten Weltkrieg wurde die allgemeine Relativitätstheorie von den Astronomen einer weiteren experimentellen Prüfung unterzogen; während der Sonnenfinsternis des Jahres 1919 maßen sie die Ablenkung von Lichtstrahlen durch die Sonne. Nach Einsteins Theorie werden die Photonen in einem Lichtstrahl durch Gravitationsfelder genauso abgelenkt, wie ein Komet, der aus weiter Ferne in das Sonnensystem gerät, durch das Gravitationsfeld der Sonne abgelenkt wird und einen Bogen um die Sonne beschreibt, bevor er wieder im Weltraum verschwindet. Licht wird natürlich sehr viel weniger stark abgelenkt als ein Komet, weil es eine größere Geschwindigkeit besitzt, so wie ein schneller Komet weniger stark abgelenkt wird als ein langsamer. Wenn die allgemeine Relativitätstheorie zutraf, mußte ein Lichtstrahl, der nahe an der Sonne vorbeigeht, um 1,75 Bogensekunden abgelenkt werden. (Um diese Ablenkung zu messen, müssen Astronomen eine Sonnenfinsternis abwarten, denn die Lichtstrahlen eines fernen Sterns, deren Ablenkung sie beobachten wollen, laufen dicht am Sonnenrand vorbei, und dort sind Sterne natürlich nur schwer zu erkennen, wenn das Licht der Sonne nicht wie bei einer Finsternis durch den Mond verdeckt ist. Zunächst wird die Stellung mehrerer Sterne sechs Monate vor der Finsternis gemessen, wenn die Sonne sich auf der anderen Seite des Himmels befindet, und wenn dann nach sechs Monaten die Finsternis eintritt, mißt man die Ablenkung des dicht an der Sonne vorbeilaufenden Sternenlichts, die sich darin zeigt, daß die scheinbare Position dieser Sterne am Himmel sich verschiebt.) Um eine Sonnenfinsternis zu beobachten, begaben sich britische Astronomen 1919 auf eine Insel im Atlantik, die im Golf von Guinea liegt, und in eine kleine Stadt im Nordosten Brasiliens. Sie fanden heraus, daß die Ablenkung der Lichtstrahlen von mehreren Sternen unter Berücksichtigung der Meßungenauigkeit exakt Einsteins Vorhersage entsprach. Dies verschaffte der allgemeinen Relativitätstheorie weltweite Anerkennung und machte sie zum Thema von Partygesprächen.

Verstand es sich daher nicht von selbst, daß die allgemeine Relativitätstheorie Newtons Gravitationstheorie verdrängte? Die allgemeine Relativitätstheorie hatte eine alte Anomalie erklärt, das

Übermaß an Präzession der Merkurbahn, und sie hatte einen auffälligen neuen Effekt, die Ablenkung des Lichts durch die Sonne, vorhergesagt. War das nicht mehr als genug?

Die Anomalie der Merkurbahn und die Lichtablenkung spielten natürlich eine Rolle, und zwar eine nicht unwichtige. Doch wie sich in der Geschichte der Wissenschaft (und in der Geschichte überhaupt, wie ich vermute) bei näherem Hinsehen zeigt, liegen die Dinge nicht ganz so einfach wie vermutet.

Nehmen wir den Widerspruch zwischen Newtons Theorie und der beobachteten Bahn des Merkur. War das nicht, auch ohne die allgemeine Relativitätstheorie, ein klarer Beweis, daß mit Newtons Gravitationstheorie etwas nicht stimmte? Nicht unbedingt. Bei einer Theorie wie Newtons Gravitationstheorie, die einen riesigen Anwendungsbereich hat, gibt es immer experimentelle Anomalien. Es gibt keine Theorie, der nicht irgendein Experiment widerspricht. Seit es Newtons Theorie des Sonnensystems gab, haben ihr immer wieder verschiedene astronomische Beobachtungen widersprochen. Zu diesen Diskrepanzen gehörten 1916 nicht nur die Anomalie der Merkurbahn, sondern auch Anomalien in der Bahn des Halleyschen und des Enckeschen Kometen sowie in der Bahn des Mondes. Sie alle verhielten sich nicht, wie es Newtons Theorie erwarten ließ. Dabei berühren, wie wir heute wissen, die Bahnanomalien der Kometen und des Mondes die Grundlagen der Gravitationstheorie nicht im geringsten. Daß der Halleysche und Enckesche Komet sich nicht so verhalten, wie man es aufgrund von Newtons Theorie vorausberechnet hatte, liegt daran, daß man den Druck der Gase, die den rotierenden Kometen entweichen, wenn diese in Sonnennähe aufgeheizt werden, bei den Berechnungen nicht korrekt einbezogen hatte. Ähnlich verhält es sich beim Mond, dessen Bahn sehr kompliziert ist, weil er als ein ziemlich großes Objekt allen möglichen Gezeitenkräften ausgesetzt ist. Daß bei der Anwendung der Theorie Newtons auf diese Phänomene Diskrepanzen auftraten, ist aus heutiger Sicht nicht überraschend. Es gab denn auch verschiedene Vorschläge, wie sich die Anomalie der Merkurbahn im Rahmen der Newtonschen Theorie erklären ließe. Eine zu Beginn unseres Jahrhunderts ernsthaft erwogene Möglichkeit bestand darin, daß das Gravitationsfeld der Sonne geringfügig durch Materie gestört wird, die sich zwischen Merkur und der Sonne befindet.

Eine Diskrepanz, die zwischen Theorie und Experiment auftaucht, meldet sich nicht fahnenschwenkend: »Ich bin eine bedeutsame Anomalie.« Ein Wissenschaftler, der sich am Ende des neunzehnten Jahrhunderts und im ersten Jahrzehnt des zwanzigsten Jahrhunderts die Daten kritisch vornahm, hatte keinen Anhaltspunkt, der ihm sofort verraten hätte, daß irgend etwas an diesen Anomalien des Sonnensystems bedeutsam war. Allein die Theorie konnte Klarheit darüber schaffen, auf welche Beobachtungen es ankam.

Daß Einstein 1915 aus der allgemeinen Relativitätstheorie eine übermäßige Präzession der Merkurbahn ableiten konnte, die dem beobachteten Wert von dreiundvierzig Sekunden pro Jahrhundert genau entsprach, war natürlich ein wichtiger Beweis für seine Theorie. Man hätte, wie ich später begründen werde, diese Tatsache sogar noch ernster nehmen können, als es tatsächlich geschah. Vielleicht lag es daran, daß es eine Vielzahl weiterer möglicher Störungen der Merkurbahn gab; vielleicht lag es an dem Vorurteil, Theorien nicht durch bereits vorhandene Daten zu validieren, vielleicht lag es aber auch nur an der Kriegszeit – jedenfalls machte die Tatsache, daß es Einstein gelungen war, die Präzession des Merkur zu erklären, bei weitem nicht so großen Eindruck wie der Bericht über die Beobachtungen während der Sonnenfinsternis von 1919, die Einsteins Vorhersage über die Lichtablenkung durch die Sonne bestätigten.

Wenden wir uns nun also der Lichtablenkung durch die Sonne zu. Auch nach 1919 haben Astronomen Einsteins Vorhersage verschiedentlich während einer Sonnenfinsternis überprüft, so 1922 in Australien, 1929 in Sumatra, 1936 in der Sowjetunion und 1947 in Brasilien. Tatsächlich wurde in einigen Fällen eine Lichtablenkung beobachtet, die mit Einsteins Theorie übereinstimmte, doch in mehreren Fällen wich die Beobachtung erheblich von Einsteins Vorhersage ab. Ferner wurde, anders als bei der Messung von 1919, die, an einem Dutzend Sternen vorgenommen, eine Meßungenauigkeit von zehn Prozent verzeichnete und mit Einsteins Vorhersage bis auf eine Abweichung von ebenfalls etwa zehn Prozent übereinstimmte, bei mehreren oder späteren Messungen nicht wieder eine so gute Übereinstimmung erreicht, obwohl sehr viel mehr Sterne beobachtet wurden. Es mag sein, daß die Sonnenfinsternis von 1919 für Beobachtungen dieser Art ungewöhnlich günstige

Voraussetzungen bot, doch neige ich gleichwohl zu der Ansicht, daß die beteiligten Astronomen sich bei der Analyse ihrer Meßergebnisse von ihrer Begeisterung für die allgemeine Relativitätstheorie haben mitreißen lassen.

Tatsächlich haben Wissenschaftler damals Einwände gegen die Meßergebnisse von 1919 vorgebracht. Svante Arrhenius erwähnte in einem Gutachten für das Nobelkomitee von 1921 mehrere kritische Stimmen zu den Angaben über die Lichtablenkung.[2] Ich habe einmal in Jerusalem einen älteren Herrn kennengelernt, Professor Samburský, der 1919 ein Kollege Einsteins in Berlin gewesen war. Nach seinem Bericht haben es die Astronomen und Physiker in Berlin bezweifelt, daß es den britischen Astronomen gelungen sein sollte, Einsteins Theorie mit einer solchen Genauigkeit zu überprüfen.

Ich will damit durchaus nicht suggerieren, daß es bei diesen Beobachtungen unredlich zugegangen sei. Man kann sich sehr gut all die Fehlerquellen vorstellen, die einem zu schaffen machen, wenn man die Lichtablenkung durch die Sonne messen will. Man betrachtet einen Stern, der am Himmel dicht bei der Sonnenscheibe zu stehen scheint, während die Sonne vom Mond verdeckt ist. Wenn der Lichtstrahl in den Schatten des Mondes fällt und damit in der Erdatmosphäre aus wärmerer in kühlere Luft übergeht, wird er gebeugt. Man vergleicht die Position des Sterns auf Phototafeln, wobei zwischen den Aufnahmen sechs Monate liegen. Es ist denkbar, daß das Fernrohr bei den Beobachtungen unterschiedlich eingestellt war. Möglich ist auch, daß die Phototafel sich in der Zwischenzeit ausgedehnt oder zusammengezogen hat usw.

Wie bei jedem Experiment bedarf es aller möglichen Fehlerkorrekturen. Der Astronom nimmt diese Korrekturen mit bestem Wissen und Gewissen vor. Wenn man aber das Ergebnis schon kennt, ist man verständlicherweise geneigt, mit diesen Korrekturen so lange fortzufahren, bis man die »richtige« Antwort hat, und dann mit der Suche nach weiteren Fehlerquellen aufzuhören. Tatsächlich ist den Astronomen von 1919 denn auch vorgeworfen worden, sie hätten aus Befangenheit die Daten einer der Phototafeln, die mit Einsteins Vorhersage nicht übereingestimmt hätten, verworfen und das Ergebnis mit einer Brennweitenänderung des Teleskops erklärt.[3] Heute können wir sagen, daß die britischen Astronomen tatsächlich recht hatten, aber ich wäre nicht überrascht, wenn sie die Fehlerkorrektur so lange fortgesetzt hätten, bis das Ergebnis einschließlich all der Korrekturen mit Einsteins Theorie übereingestimmt hätte.

Nach verbreiteter Meinung besteht die eigentliche Bewährungsprobe für eine Theorie im Vergleich ihrer Vorhersagen mit den Ergebnissen von Experimenten. Doch wie wir heute feststellen können, war die Erklärung, die Einstein 1915 für die zuvor gemessene Anomalie in der Bahn des Merkur lieferte, eine sehr viel solidere Bewährungsprobe für die allgemeine Relativitätstheorie als die Bestätigung der von ihm errechneten Lichtablenkung durch die Sonne bei Beobachtungen der Sonnenfinsternis von 1919 oder in späteren Jahren. Für die allgemeine Relativitätstheorie war also eine *rückwirkende Vorhersage*, nämlich die Berechnung der bereits bekannten anomalen Bahnen des Merkur, eine verläßlichere Bewährung der Theorie als eine echte *Vorhersage* eines neuen Effekts, der Lichtablenkung durch Gravitationsfelder.[4]

Die große Bedeutung, die der Vorhersage für die Validierung wissenschaftlicher Theorien beigemessen wird, ist wohl darauf zurückzuführen, daß diejenigen, die sich zu wissenschaftlichen Ergebnissen äußern, dem Theoretiker normalerweise nicht trauen. Der Theoretiker, so befürchtet man, paßt seine Theorie den bereits bekannten experimentellen Tatsachen an, und daher kann es nicht als eine verläßliche Prüfung der Theorie gelten, wenn diese den Tatsachen entspricht.

Einstein war das Übermaß der Präzession der Merkurbahn schon 1907 bekannt, aber wer auch nur ein wenig darüber weiß, wie Einstein die allgemeine Relativitätstheorie entwickelte, und sich in seine Denkweise einzufühlen vermag, kann unmöglich auf den Gedanken kommen, Einstein habe die allgemeine Relativitätstheorie entwickelt, um diese Präzession zu erklären. (Ich komme in Kürze darauf zurück, wie Einsteins Gedankengang tatsächlich verlief.) Oft sollte man gerade einer erfolgreichen *Vorhersage* mißtrauen. Bei einer echten Vorhersage wie im Falle Einsteins bei der Lichtablenkung durch die Sonne kennt der Theoretiker zwar nicht das Ergebnis des Experiments, wenn er die Theorie entwickelt, doch derjenige, der das Experiment durchführt, kennt das theoretische Ergebnis. Das aber kann ebenso zu falschen Ergebnissen führen – und in der Geschichte hat es dazu geführt – wie allzu großes Vertrauen auf erfolgreiche rückwirkende Vorhersagen. Das soll, um es nochmals zu betonen, nicht heißen, daß die Forscher bei ihren Experimenten ihre Daten fälschen. In der Physik hat es, soweit mir bekannt ist, keinen nennenswerten Fall einer direkten Fälschung der Versuchsergebnisse gegeben. Wenn Experimentatoren aber das Ergebnis kennen, das sie theoretisch erreichen sollen, suchen sie verständlicherweise eifrig nach Beobachtungsfehlern, solange sie dieses Resultat nicht erreicht haben, und sobald sie zu diesem Ergebnis gelangen, fällt es ihnen verständlicherweise schwer, die Fehlersuche fortzusetzen. Daß Experimentatoren nicht immer die erwarteten Resultate erreichen, ist ein Zeichen für ihre Charakterstärke.

Die ersten experimentellen Belege für die allgemeine Relativitätstheorie, um die Geschichte bis hierher zusammenzufassen, bestanden letztlich in einer erfolgreichen rückwirkenden Vorhersage, nämlich der Bahnanomalie des Merkur, die wohl nicht so ernst genommen wurde, wie sie es verdient hätte, und einer Vorhersage eines neuen Effekts, der Lichtablenkung durch die Sonne, einer Vorhersage, deren scheinbarer Erfolg riesigen Eindruck machte, die tatsächlich aber nicht so schlüssig war, wie man seinerzeit allgemein annahm, und die zumindest von einigen Wissenschaftlern mit Skepsis aufgenommen wurde.[5] Eine erheblich verbesserte Genauigkeit bei der experimentellen Überprüfung der allgemeinen Relativitätstheorie wurde erst nach dem Zweiten Weltkrieg mit neuen Verfahren der Radarmessung und der Radioastronomie erreicht.[6] Heute kann man feststellen, daß die Vorhersagen der allgemeinen Relativitätstheorie bezüglich der Ablenkung (und auch der Verzögerung) von Licht, das an der Sonne vorbeiläuft, und bezüglich der Bahnbewegung nicht nur des Merkur, sondern auch des Asteroiden Ikarus und anderer natürlicher und künstlicher Himmelskörper mit einem Meßfehler von unter einem Prozent bestätigt worden sind. Aber das war damals noch Zukunftsmusik. Obwohl die ersten experimentellen Belege für die allgemeine Relativitätstheorie dünn waren, wurde Einsteins Theorie in den zwanziger Jahren zur maßgebenden Lehrbuchtheorie der Gravitation und blieb es ungeachtet dessen, daß die Beobachtungen von Sonnenfinsternissen in den zwanziger und dreißiger Jahren bestenfalls fragwürdige Belege für die Theorie erbrachten. Ich lernte die allgemeine Relativitätstheorie in den fünfziger Jahren kennen, noch bevor die moderne Radar- und Radioastronomie neue eindrucksvolle Belege für sie zu liefern begann. Und ich weiß noch, daß es für mich feststand, daß die allgemeine Relativitätstheorie im großen und ganzen zutrifft. Vielleicht waren wir alle nur unkritisch und leichtgläubig, aber ich denke nicht, daß die Sache damit zu erklären ist. Daß die allgemeine Relativitätstheorie allgemein anerkannt wurde, lag, glaube ich, zum großen Teil an der Attraktivität der Theorie selbst, mit einem Wort: an ihrer Schönheit.

Einstein war bei der Entwicklung der allgemeinen Relativitätstheorie einem Gedankengang gefolgt, der von späteren Physikergenerationen, die sich daranmachten, diese Theorie zu verstehen, leicht nachzuvollziehen war und sie jedesmal in den Bann zog, so wie es Einstein selbst ergangen war. Alles begann im Jahre 1905, Einsteins *annus mirabilis*. In jenem Jahr, in dem Einstein auch die Quantentheorie des Lichts und eine Theorie der Bewegung kleiner Teilchen in Flüssigkeiten[7] formulierte, entwickelte er eine neue Auffassung von Raum und Zeit, die wir heute als spezielle Relativitätstheorie kennen. Diese Theorie stimmte mit der anerkannten Theorie der Elektrizität und des Magnetismus, der Maxwellschen Elektrodynamik, nahtlos überein. Nach ihr wird ein Beobachter, der sich mit konstanter Geschwindigkeit bewegt, feststellen, daß Raum- und Zeitintervalle sowie elektrische und magnetische Felder durch seine Bewegung genau in der Weise modifiziert werden, daß die Maxwellschen Gleichungen trotz der Bewegung gültig bleiben (was nicht erstaunlich ist, weil die spezielle Relativitätstheorie gerade entwickelt wurde, um diese Forderung zu erfüllen.) Mit Newtons Gravitationstheorie ließ sich die spezielle Relativitätstheorie aber überhaupt nicht vereinbaren. In Newtons Theorie hängt nämlich die Gravitationskraft zwischen der Sonne und einem Planeten von der Entfernung zwischen den Orten ab, die sie *zur gleichen* Zeit einnehmen; der Gleichzeitigkeit kommt aber in der speziellen Relativitätstheorie keine absolute Bedeutung zu – verschiedene Beobachter werden abhängig von ihren Bewegungen unterschiedlicher Meinung darüber sein, ob ein Ereignis vor, nach oder zur gleichen Zeit wie ein anderes Ereignis stattfindet.

Nun gab es mehrere Möglichkeiten, Newtons Theorie so zu-

rechtzustutzen, daß sie mit der speziellen Relativitätstheorie übereinstimmte, und Einstein hat mindestens eine davon ausprobiert,
bevor er zur allgemeinen Relativitätstheorie gelangte.[8] Was ihn im
Jahre 1907 auf den Weg zu allgemeinen Relativitätstheorie brachte,
war eine bekannte, charakteristische Eigenschaft der Gravitation:
Die Schwerkraft verhält sich proportional zur Masse des Körpers,
auf den sie einwirkt. Einstein überlegte, daß das genauso bei den
sogenannten Inertialkräften der Fall ist, die auf uns einwirken,
wenn wir uns mit einer nicht gleichförmigen Geschwindigkeit bewegen oder die Richtung ändern. Es ist eine Inertialkraft, die die
Passagiere in den Sitz drückt, wenn ein Flugzeug auf der Startbahn
beschleunigt. Die Fliehkraft, die die Erde davor bewahrt, in die
Sonne zu stürzen, ist ebenfalls eine Inertialkraft. All diese Inertialkräfte sind, wie die Gravitationskräfte, der Masse des Körpers, auf
den sie einwirken, proportional. Wir auf der Erde bemerken weder
das Gravitationsfeld der Sonne noch die durch den Umlauf der Erde
um die Sonne erzeugte Fliehkraft, weil beide Kräfte sich gegenseitig
aufheben, doch dieses Gleichgewicht ginge verloren, falls eine Kraft
hinsichtlich der Masse der Objekte, auf die sie einwirkt, proportional wäre und die andere nicht; manche Dinge könnten dann von der
Erde in die Sonne stürzen, andere könnten von der Erde in den
Weltraum hinausgeschleudert werden. Die Tatsache, daß Gravita-
tions- und Inertialkräfte beide der Masse des Körpers, auf den sie
einwirken, proportional sind, aber von keiner sonstigen Eigenschaft des Körpers abhängen, macht es im allgemeinen möglich, an
irgendeiner Stelle in einem Gravitationsfeld ein »frei fallendes Bezugssystem« zu definieren, in dem weder Gravitations- noch Inertialkräfte verspürt werden, weil sie sich für alle Körper vollkommen
im Gleichgewicht befinden. Verspüren wir doch Gravitations- oder
Inertialkräfte, dann befinden wir uns nicht in einem frei fallenden
Bezugssystem. Auf der Erdoberfläche erfahren frei fallende Körper
beispielsweise eine Beschleunigung in Richtung Erdmittelpunkt
von 9,81 Metern pro Sekunde pro Sekunde, und wir verspüren eine
Gravitationskraft, es sei denn, wir erführen dieselbe Abwärtsbe-
schleunigung. Einstein machte nun einen logischen Sprung und
vermutete, daß Gravitations- und Inertialkräfte im Grunde ein und
dasselbe seien. Er nannte dies das Prinzip der Äquivalenz von
Gravitation und Trägheit oder kurz Äquivalenzprinzip. Nach die-

sem Prinzip ist ein Gravitationsfeld vollständig charakterisiert durch die Angabe, welches Bezugssystem sich an einem Punkt in Raum und Zeit im freien Fall befindet.

Einstein suchte nach 1907 fast zehn Jahre lang nach einem geeigneten mathematischen Rahmen für diese Ideen. Schließlich fand er genau, was er brauchte, in einer profunden Analogie zwischen der Rolle der Gravitation in der Physik und jener der Krümmung in der Geometrie. Die Tatsache, daß man durch Wahl eines geeigneten frei fallenden Bezugssystems die Schwerkraft kurzzeitig über einem kleinen Gebiet um irgendeinen Punkt in einem Gravitationsfeld verschwinden lassen kann, entspricht genau der Eigenschaft von gekrümmten Oberflächen. Wir können eine Karte herstellen, die trotz der Krümmung der Oberfläche Entfernungen und Richtungen in der unmittelbaren Nachbarschaft eines beliebig gewählten Punktes korrekt wiedergibt. Bei einer gekrümmten Oberfläche wird keine Karte an allen Stellen die Entfernungen und Richtungen korrekt wiedergeben; jede Karte einer größeren Region ist ein Kompromiß, denn sie verzerrt Entfernungen und Richtungen in der einen oder anderen Weise. Die bei Erdkarten gebräuchliche Mercatorprojektion gibt Entfernungen und Richtungen in Nähe des Äquators leidlich getreu wieder, führt aber in der Nähe der Pole zu schrecklichen Verzerrungen und stellt Grönland um ein Vielfaches größer dar, als es wirklich ist. So ist es auch ein Zeichen dafür, daß man sich in einem Gravitationsfeld befindet, daß es *kein* frei fallendes Bezugssystem gibt, in dem Gravitations- und Inertialwirkungen sich überall gegenseitig aufheben.[9]

Ausgehend von dieser Analogie zwischen Gravitation und Krümmung, gelangte Einstein zu dem Schluß, daß die Gravitation nicht mehr und nicht weniger ist als eine Folge der Krümmung von Raum und Zeit. Um diese Idee umzusetzen, benötigte er eine mathematische Theorie gekrümmter Räume, die über die vertraute Geometrie der zweidimensionalen sphärischen Erdoberfläche hinausging. Einstein war der größte Physiker, den die Welt seit Newton gesehen hat, und er verstand von Mathematik ebensoviel wie die meisten Physiker seiner Zeit, aber er war selbst kein Mathematiker. Schließlich fand er genau, was er brauchte, fertig vor in Gestalt einer Theorie des gekrümmten Raumes, die im neunzehnten Jahrhundert von Riemann und anderen Mathematikern entwickelt worden war.

In ihrer endgültigen Form war die allgemeine Relativitätstheorie nichts als eine Uminterpretation der bestehenden Mathematik gekrümmter Räume im Sinne der Gravitation, wobei eine *Feldgleichung* angab, wie stark die durch eine gegebene Materie und Energie erzeugte Krümmung ist. Bemerkenswerterweise führte die allgemeine Relativitätstheorie für die geringen Dichten und niedrigen Geschwindigkeiten des Sonnensystems zu den gleichen Resultaten wie Newtons Gravitationstheorie, und der Unterschied zwischen beiden Theorien bestand lediglich in winzigen Effekten wie der Präzession von Bahnen und der Ablenkung des Lichts.

Über die Schönheit der allgemeinen Relativitätstheorie werde ich später noch einiges sagen. Im Augenblick hoffe ich, einen ausreichenden Eindruck von der Attraktivität der Ideen vermittelt zu haben. Ich glaube, diese der Idee selbst innewohnende Attraktivität ließ die Physiker auch in den Jahrzehnten, in denen bei wiederholten Beobachtungen von Sonnenfinsternissen immer wieder enttäuschende Ergebnisse zu verzeichnen waren, an der allgemeinen Relativitätstheorie festhalten.

Dieser Eindruck verstärkt sich, wenn wir berücksichtigen, wie die allgemeine Relativitätstheorie in den ersten Jahren, noch *vor* der Beobachtung der Sonnenfinsternis von 1919, aufgenommen wurde. Hier kommt es vor allem darauf an, wie Einstein selbst sie aufnahm. Auf einer Postkarte, die er am 8. Februar 1916, drei Jahre vor der Sonnenfinsternis, an den älteren Theoretiker Arnold Sommerfeld richtete, bemerkte Einstein: »Von der allgemeinen Relativitätstheorie werden Sie überzeugt sein, wenn Sie dieselbe studiert haben. Deshalb verteidige ich sie Ihnen mit keinem Wort.« Es ist mir nicht bekannt, inwieweit die erfolgreiche Berechnung der Präzession der Merkurbahn Einstein im Jahre 1916 in seinem Glauben an die allgemeine Relativitätstheorie bestärkte, aber lange vorher, noch vor dieser Berechnung, muß etwas ihn so sehr darin bestärkt haben, an die Ideen, die der allgemeinen Relativitätstheorie zugrunde liegen, zu glauben, daß er weiter daran arbeitete, und das kann nur die Attraktivität der Ideen selbst gewesen sein.

Wir sollten diese frühe Überzeugung nicht unterschätzen. In der Geschichte der Wissenschaft kommt es immer wieder vor, daß Wissenschaftler gute Ideen haben, die sie aber nicht weiterverfolgen, und Jahre später wird dann (oft von anderen) entdeckt, daß diese Ideen zu bedeutenden Fortschritten führen. Es ist ein verbreiteter Irrtum zu glauben, Wissenschaftler seien notwendigerweise eifrige Verfechter ihrer eigenen Ideen. Ein Wissenschaftler, der auf eine neue Idee kommt, setzt diese sehr oft unbegründeter oder maßloser Kritik aus, denn es würde lange, mühselige Arbeit bedeuten und er müßte, was noch wichtiger ist, andere Forschungen aufgeben, wenn er dieser Idee ernsthaft nachgehen wollte.

Was nun die allgemeine Relativitätstheorie angeht, waren die Physiker durchaus von ihr beeindruckt. Kenner in Deutschland und anderen Ländern, die von dieser Theorie hörten, fanden sie lange vor der Sonnenfinsternis von 1919 vielversprechend und wichtig. Unter ihnen waren nicht nur Arnold Sommerfeld in München, Max Born und David Hilbert in Göttingen und Hendrick Lorentz in Leiden, mit denen Einstein während des Ersten Weltkriegs in Verbindung stand, sondern auch Paul Langevin in Frankreich und Arthur Eddington in England, der die Beobachtung der Sonnenfinsternis von 1919 anregte. Aufschlußreich sind die Nominierungen Einsteins für den Nobelpreis von 1916 an. 1916 nominierte ihn Felix Ehrenhaft wegen seiner Theorie der Brownschen Bewegung sowie wegen der speziellen und allgemeinen Relativitätstheorie. 1917 nominierte ihn Arthur Haas wegen der allgemeinen Relativitätstheorie (und führte als Beweis die erfolgreiche Berechnung der Präzession der Merkurbahn an). Ebenfalls 1917 nominierte Emil Warburg Einstein wegen einer Vielzahl von Beiträgen, darunter die allgemeine Relativitätstheorie. 1918 gingen weitere Nominierungen mit ähnlichen Begründungen ein.

Im Jahre 1919 schließlich, vier Monate vor der Beobachtung der Sonnenfinsternis, nominierte Max Planck, einer der Väter der modernen Physik, Einstein wegen der allgemeinen Relativitätstheorie und bemerkte dazu, daß Einstein »den ersten Schritt über Newton hinaus gemacht« habe.

Dies soll nicht heißen, daß die Weltgemeinschaft der Physiker von Anfang an einhellig und vorbehaltlos von der Gültigkeit der allgemeinen Relativitätstheorie überzeugt gewesen wäre. So hieß es beispielsweise 1919 im Bericht des Nobelkomitees, man solle vor einer Entscheidung über die allgemeine Relativitätstheorie die Sonnenfinsternis vom 29. Mai abwarten, und auch als Einstein schließlich im Jahre 1921 den Nobelpreis zugesprochen erhielt, geschah dies nicht ausdrücklich wegen der speziellen oder der allgemeinen Relativitätstheorie, sondern »in Würdigung seiner Beiträge zur theoretischen Physik und insbesondere seiner Entdeckung des Gesetzes des photoelektrischen Effekts«.

Es ist eigentlich nicht so wichtig, ganz genau festzustellen, wann sich die Physiker zu fünfundsiebzig Prozent, zu neunzig Prozent oder zu neunundneunzig Prozent von der Korrektheit der allgemeinen Relativitätstheorie überzeugen ließen. Für den Fortschritt der Physik kommt es nicht so sehr auf die Entscheidung an, daß eine Theorie wahr ist, sondern vielmehr auf die Entscheidung, daß sie ernst genommen zu werden verdient, daß sie es also verdient, den Studenten vermittelt, in Lehrbüchern dargestellt und vor allem in der eigenen Forschung berücksichtigt zu werden. Die entscheidenden ersten Konvertiten, welche die allgemeine Relativitätstheorie (nach Einstein selbst) für sich gewann, waren in diesem Sinne die britischen Astronomen, die nicht etwa zu der Überzeugung gelangten, daß die allgemeine Relativitätstheorie wahr sei, sondern vielmehr fanden, daß sie hinreichend plausibel und hinreichend schön sei, um es zu rechtfertigen, daß man einen ansehnlichen Teil der eigenen Forschungstätigkeit dafür aufwandte, ihre Vorhersagen zu überprüfen, und die daraufhin Tausende von Meilen reisten, um 1919 die Sonnenfinsternis fern von Großbritannien zu beobachten. Noch früher sogar, noch ehe die allgemeine Relativitätstheorie vollendet und die Präzession der Merkurbahn berechnet war, hatte die Schönheit von Einsteins Ideen Erwin Freundlich vom Königlichen Observatorium in Berlin dazu bewogen, eine von Krupp finanzierte Expedition auf die Krim zu unternehmen, um dort die Sonnenfinsternis von 1914 zu studieren. (Die Beobachtungen wurden durch den Krieg vereitelt, und zu allem Überfluß wurde Freundlich auch noch für kurze Zeit im Ausland interniert.)

Die Rezeption der allgemeinen Relativitätstheorie hing weder allein von experimentellen Daten noch allein von den inneren Vorzügen der Theorie ab, sondern von einem unentwirrbaren Geflecht aus Theorie und Experiment. Ich habe hier den theoretischen Aspekt besonders betont, um der naiven Überbewertung des Experiments entgegenzuwirken. Die alte Auffassung von Francis Bacon, nach der wissenschaftliche Hypothesen aufgrund geduldiger und unvoreingenommener Naturbeobachtung entwickelt werden sollten, ist von Wissenschaftlern und Wissenschaftshistorikern längst aufgegeben worden. Offenkundig hat Einstein nicht dadurch zur allgemeinen Relativitätstheorie gefunden, daß er über astronomische Daten grübelte. Gleichwohl ist die Auffassung von John Stuart Mill, nach der wir unsere Theorien allein durch Beobachtung *überprüfen* können, noch immer weit verbreitet. Maßgebend für die Akzeptanz der allgemeinen Relativitätstheorie war aber, wie wir gesehen haben, ein unentwirrbares Gemisch aus ästhetischen Urteilen und Beobachtungsdaten.

Wenn man es genau nimmt, lag von Anfang an eine ungeheure Menge von Beobachtungsdaten vor, die für die allgemeine Relativitätstheorie sprachen, nämlich Beobachtungen über den Umlauf der Erde um die Sonne, den Umlauf des Mondes um die Erde und all die anderen detaillierten Beobachtungen des Sonnensystems, die auf Tycho Brahe und seine Vorläufer zurückgingen und bereits durch Newtons Theorie erklärt worden waren. Eine sonderbare Art von Beweis, wird man vielleicht auf den ersten Blick finden. Nicht nur, daß wir als Beweis für die allgemeine Relativitätstheorie jetzt eine rückwirkende Vorhersage anführen, eine Berechnung von Planetenbahnen, die zu der Zeit, als die Theorie entwickelt wurde, bereits vermessen waren – wir sprechen jetzt auch noch von astronomischen Beobachtungen, die nicht nur durchgeführt worden waren, bevor Einstein seine Theorie entwickelte, sondern außerdem auch schon eine Erklärung durch eine andere Theorie gefunden hatten, nämlich durch die Theorie Newtons. Wieso konnte eine erfolgreiche Vorhersage beziehungsweise rückwirkende Vorhersage derartiger Beobachtungen als Triumph für die allgemeine Relativitätstheorie gelten?

Um das zu verstehen, müssen wir uns eingehender mit den Theorien Newtons und Einsteins befassen. Tatsächlich hat die Newtonsche Physik praktisch sämtliche beobachteten Bewegungen des Sonnensystems erklärt, mußte dafür aber eine Reihe von ziemlich willkürlichen Annahmen einführen. Nehmen wir zum Beispiel das Gesetz, nach dem die Gravitationskraft, die ein Körper erzeugt, mit dem umgekehrten Quadrat der Entfernung von dem Körper abnimmt. Allzu zwingend ist dieser Kehrwert des Quadrats in Newtons Theorie nicht. Newton entwickelte die Idee dieses Gesetzes, um bekannte Tatsachen über das Sonnensystem zu erklären, etwa Keplers Beziehung zwischen der Größe von Planetenbahnen und der

Dauer eines Planetenumlaufs um die Sonne. Sieht man einmal von diesen Beobachtungstatsachen ab, so hätte man den Kehrwert des Quadrats in Newtons Theorie ohne weiteres durch den Kehrwert der dritten Potenz oder den Kehrwert der Potenz 2,01 ersetzen können, ohne am begrifflichen Schema der Theorie auch nur das geringste zu ändern.[10] Für die Theorie hatte sich nur ein untergeordnetes Detail geändert. Sehr viel weniger willkürlich, sehr viel strenger war dagegen Einsteins Theorie. Soweit es um sich langsam bewegende Körper in schwachen Gravitationsfeldern geht, bei denen man von einer normalen Gravitationskraft sprechen darf, schreibt die allgemeine Relativitätstheorie *zwingend* vor, daß die Kraft proportional zum Kehrwert des Quadrats abnimmt. Die allgemeine Relativitätstheorie kann nicht dahingehend abgeändert werden, daß man ein anderes Verhältnis bekommt, ohne den grundlegenden Annahmen der Theorie Gewalt anzutun.

Auch die Tatsache, daß die auf ein kleines Objekt einwirkende Schwerkraft der Masse des Objekts proportional ist, aber von keiner weiteren Eigenschaft des Objekts abhängt, ist, wie Einstein besonders hervorhob, ein recht willkürlicher Bestandteil von Newtons Theorie. Newton hätte die Gravitationskraft zum Beispiel auch von der Größe, der Gestalt oder der chemischen Zusammensetzung des Körpers abhängig machen können, ohne den begrifflichen Rahmen seiner Theorie zu sprengen. In Einsteins Theorie *muß* die auf ein Objekt einwirkende Schwerkraft sowohl der Masse des Objekts proportional als auch von allen übrigen Eigenschaften dieses Objekts unabhängig sein;* anderenfalls käme für unterschiedliche Körper ein unterschiedliches Verhältnis zwischen Gravitations- und Inertialkräften zustande, und man könnte nicht von einem frei fallenden Bezugssystem sprechen, in dem kein Körper die Auswirkungen der Gravitation verspürt. Damit wäre es nicht mehr möglich, die Gravitation als eine geometrische Auswirkung der Krümmung der Raumzeit zu interpretieren. Einsteins Theorie besaß also eine Strenge, die Newtons Theorie abging, und aus diesem

---

* Genaugenommen ist dies nur für kleine Objekte gültig, die sich langsam bewegen. Bei einem sich schnell bewegenden Objekt hängt die Schwerkraft auch von dessen Impuls ab. Deshalb kann das Gravitationsfeld der Sonne Lichtstrahlen ablenken, die einen Impuls, aber keine Masse haben.

Grunde durfte Einstein überzeugt sein, die normalen Abläufe im Sonnensystem in einer Weise erklärt zu haben, wie es Newton nicht vermocht hatte.

Leider ist es sehr schwierig, exakt zu definieren, was man unter der Strenge physikalischer Theorien zu verstehen hat. Newton und Einstein wußten, bevor sie ihre Theorien formulierten, beide in groben Zügen über die Planetenbewegung Bescheid, und Einstein wußte, daß seine Theorie bezüglich der Gravitationskraft so etwas wie den Kehrwert des Quadrats enthalten mußte, wenn sie an die Erfolge von Newtons Theorie anknüpfen wollte. (Er wußte ferner, daß er letztlich zu einer Gravitationskraft kommen mußte, die der Masse proportional ist.) Wir können erst nachträglich, im Blick auf die ganze Theorie in ihrer endgültigen Formulierung, sagen, daß Einsteins Theorie die Abnahme der Gravitationskraft mit dem Quadrat der Entfernung beziehungsweise die Proportionalität von Gravitationskraft und Masse erklärte, doch ist dieses Urteil eine Frage des Geschmacks und der Intuition – man legt damit genaugenommen fest, daß Einsteins Theorie unerträglich häßlich werden würde, wenn man sie in dem Sinne modifizierte, daß sie eine Alternative zum Kehrwert des Quadrats oder eine Nicht-Proportionalität von Schwerkraft und Masse zuließe. Es sind also wiederum unsere ästhetischen Urteile und unser ganzes Erbe an Theorien mit im Spiel, wenn wir darüber befinden, welche Implikationen sich aus den Beobachtungen ergeben.

*   *   *

In meiner nächsten Geschichte geht es um die Quantenelektrodynamik, die quantenmechanische Theorie der Elektronen und des Lichts. Sie stellt in einem gewissen Sinne das Spiegelbild der ersten Geschichte dar. Die allgemeine Relativitätstheorie galt vierzig Jahre lang ungeachtet der Dürftigkeit der Beweise für sie weithin als die korrekte Theorie der Gravitation, weil die Theorie von unwiderstehlicher Schönheit war. Die Quantenelektrodynamik wurde dagegen schon sehr früh von einer Fülle von Beobachtungsdaten gestützt, und dennoch begegnete man ihr zwanzig Jahre lang mit Mißtrauen, weil sie an einem theoretischen inneren Widerspruch litt, der, so schien es, nur auf häßliche Weise gelöst werden konnte.

Die Quantenmechanik wurde 1926 in einem der ersten Aufsätze zur Quantenmechanik, dem *Drei-Männer-Papier* von Max Born, Werner Heisenberg und Pascual Jordan, auf elektrische und magnetische Felder angewandt. Die drei konnten rechnerisch zeigen, daß Energie und Impuls der elektrischen und magnetischen Felder in einem Lichtstrahl in Bündeln auftreten, die sich wie Teilchen verhalten, und auf diese Weise rechtfertigen, daß Einstein 1905 die Lichtteilchen, die sogenannten Photonen, eingeführt hatte.[11] Das andere Hauptelement der Quantenelektrodynamik lieferte Paul Dirac im Jahre 1928. In ihrer ursprünglichen Form zeigte Diracs Theorie, wie die quantenmechanische Beschreibung von Elektronen im Sinne von Wellenfunktionen sich mit der speziellen Relativitätstheorie in Einklang bringen ließ. Eine der wichtigsten Folgerungen aus Diracs Theorie war, daß es für jede Spezies eines geladenen Teilchens, wie etwa das Elektron, eine andere Spezies geben muß, die die gleiche Masse, aber die entgegengesetzte elektrische Ladung hat und als sein Antiteilchen bezeichnet wird. Das Antiteilchen des Elektrons wurde 1932 entdeckt und wird heute als Positron bezeichnet. In den späten zwanziger und frühen dreißiger Jahren benutzte man die Quantenelektrodynamik zur Berechnung einer Vielzahl physikalischer Prozesse (wie etwa die Streuung eines Photons an einem Elektron, die Streuung eines Elektrons an einem anderen und die Vernichtung beziehungsweise Erzeugung eines Elektrons und eines Positrons), mit Ergebnissen, die im allgemeinen eine glänzende Übereinstimmung zum Experiment zeigten.

Dennoch war man Mitte der dreißiger Jahre weithin der Ansicht, daß man die Quantenelektrodynamik allenfalls als eine Näherung ernst nehmen dürfe, deren Gültigkeit sich nur auf Reaktionen erstreckt, an denen Photonen, Elektronen und Positronen von entsprechend niedriger Energie beteiligt sind. Die Schwierigkeit bestand nicht, wie es in populärwissenschaftlichen Darstellungen der Wissenschaftsgeschichte gemeinhin dargestellt wird, in einem Konflikt zwischen theoretischen Erwartungen und experimentellen Ergebnissen, sondern vielmehr in einem hartnäckigen Widerspruch innerhalb der physikalischen Theorie selbst. Es ging um das Problem der unendlichen Größen.

In der einen oder anderen Form hatten schon Heisenberg und

Pauli sowie der schwedische Physiker Ivar Waller auf dieses Problem aufmerksam gemacht, doch besonders klar und aufsehenerregend wurde es von dem jungen amerikanischen Theoretiker Julius Robert Oppenheimer 1930 in einem Artikel dargestellt. Oppenheimer versuchte, mit Hilfe der Quantenelektrodynamik einen kaum feststellbaren Effekt zu berechnen, der die Energieniveaus von Atomen betrifft. Es kann vorkommen, daß in einem Atom ein Elektron ein Lichtteilchen, ein Photon, emittiert, dann seine Bahn eine Weile fortsetzt und schließlich das Photon wieder absorbiert, wie ein Footballspieler, der seinen eigenen Vorwärtspaß wieder einfängt. Das Photon, das das Atom nicht verläßt, verrät seine Anwesenheit nur indirekt durch seine Auswirkungen auf Eigenschaften des Atoms wie seine Energie und sein magnetisches Feld. (Man nennt solche Photonen virtuell.) Dieser Vorgang löst nach den Regeln der Quantenelektrodynamik eine Veränderung im energetischen Zustand des Atoms aus, die sich dadurch berechnen läßt, daß man eine unendliche Anzahl von Beiträgen addiert, wobei auf jeden möglichen Wert der Energie, die dem virtuellen Photon zugeschrieben werden kann, ein Beitrag kommt und der Energie des Photons keine Grenze gesetzt wird.[12] Oppenheimer entdeckte bei seiner Berechnung, daß die Summe, da sie Beiträge von Photonen mit unbegrenzt hoher Energie enthält, unendlich ist und zu einer unendlichen Veränderung in der Energie des Atoms führt.* Weil hohe Energie kurzen Wellenlängen entspricht und ultraviolettes Licht eine kürzere Wellenlänge hat als sichtbares Licht, bezeichnete man das Auftreten dieser unendlichen Größe als Ultraviolettkatastrophe.

Während der dreißiger und in den frühen vierziger Jahren waren sich die Physiker darüber einig, daß das Auftreten der Ultraviolettkatastrophe in Oppenheimers Berechnung und ähnlichen Berechnungen zeigen würde, daß bei Teilchen mit Energien von mehr als einigen Millionen Volt der bestehenden Theorie der Elektronen und Photonen einfach nicht zu trauen sei. Oppenheimer selbst vertrat diese Ansicht zuallererst. Dies hing auch damit zusammen,

---

* Nicht jede Summe einer unendlichen Anzahl von Dingen ist unendlich. So ist die Summe $1 + \frac{1}{2} + \frac{1}{3} + \frac{1}{4} + \ldots$ in der Tat unendlich, doch die Summe $1 + \frac{1}{2} + \frac{1}{4} + \frac{1}{8} + \ldots$ hat den ganz und gar endlichen Wert 2.

daß Oppenheimer führend in der Erforschung der Höhenstrahlung war, jener hochenergetischen Teilchen, die aus dem Weltall in die Erdatmosphäre eindringen, und daß seine Forschungen darauf hindeuteten, daß bei der Wechselwirkung dieser Höhenstrahlungsteilchen mit der Atmosphäre etwas Merkwürdiges passierte. Tatsächlich geschah dort Merkwürdiges, doch von einem Versagen der Quantentheorie der Elektronen und Photonen konnte keine Rede sein; es schien vielmehr, als würden Teilchen neuer Art erzeugt werden, jene Teilchen, die man heute Myonen nennt. Doch selbst nach der Entdeckung von Myonen im Jahre 1937, mit der diese Frage geklärt wurde, blieb man der Meinung, daß die Anwendung der Quantenelektrodynamik auf Elektronen und Photonen von hoher Energie nicht funktioniere.

Man hätte das Problem der unendlichen Größen mit roher Gewalt lösen und einfach festlegen können, daß eine Emission und Absorption von Photonen durch Elektronen nur bis zu einem Grenzwert der Energie möglich sei. Die Erfolge, welche die Quantenelektrodynamik in den dreißiger Jahren bei der Erklärung der Wechselwirkungen von Elektronen und Photonen verzeichnete, betrafen Photonen von niedriger Energie, und so hätte man diese Erfolge dadurch bewahren können, daß man den Grenzwert der Photonenenergie als hinreichend hoch annahm, zum Beispiel mit zehn Millionen Volt. Setzt man der Energie der virtuellen Photonen eine solche Grenze, so sagte die Quantenelektrodynamik eine sehr geringe Veränderung der Energie von Atomen voraus. Nun hatte damals noch niemand die Energie von Atomen so exakt gemessen, um entscheiden zu können, ob diese winzige Energieveränderung tatsächlich vorlag, und deshalb konnte von einer Nichtübereinstimmung mit dem Experiment keine Rede sein. (Man begegnete der Quantenelektrodynamik sogar mit einem solchen Pessimismus, daß niemand auch nur versuchte, die zu erwartende Energieveränderung zu berechnen.) Das Schwierige dieser Lösung des Problems der unendlichen Größen bestand nicht darin, daß sie im Experiment versagte, sondern daß sie zu willkürlich erschien und zu unattraktiv für eine nähere Beschäftigung.

In der physikalischen Literatur der dreißiger und vierziger Jahre findet man eine Fülle weiterer möglicher Lösungen für das Problem der unerwünschten unendlichen Größen, darunter sogar Theorien, in denen die durch Emission und Reabsorption hochenergetischer Photonen verursachte unendliche Größe aufgehoben wird durch andere Prozesse mit negativer Wahrscheinlichkeit. Natürlich ist die negative Wahrscheinlichkeit ein sinnloses Konzept; daran, daß sie überhaupt in die Physik eingeführt wurde, läßt sich ablesen, wie groß die Verzweiflung über das Problem der unendlichen Größen war.

In den späten vierziger Jahren ergab sich schließlich eine Lösung für das Problem der unendlichen Größen, die sehr viel naheliegender und nicht so revolutionär erschien.[13] Die Entscheidung brachte ein berühmt gewordenes Treffen, das Anfang Juni 1947 im »Ram's Head Inn« auf Shelter Island, vor der Küste von Long Island gelegen, stattfand. Man hatte es organisiert, um Physiker zusammenzubringen, die nach den Kriegsjahren bereit waren, noch einmal neu über die Grundprobleme der Physik nachzudenken. Es wurde zum wichtigsten physikalischen Treffen seit der Solvay-Konferenz in Brüssel, auf der Einstein und Bohr fünfzehn Jahre zuvor über die Zukunft der Quantenmechanik gestritten hatten.

Unter den Teilnehmern auf Shelter Island war Willis Lamb, ein junger Physiker an der Columbia-Universität. Lamb war es kurz zuvor gelungen, mit Hilfe der während des Krieges entwickelten Mikrowellen-Radartechnik genau jenen Effekt zu messen, den Oppenheimer 1930 zu berechnen versucht hatte, nämlich eine Änderung in der Energie des Wasserstoffatoms, die auf Emission und Reabsorption von Photonen beruhte. Sie wird seither als Lamb-Verschiebung bezeichnet.[14] Die Messung allein änderte noch nichts am Problem der unendlichen Größen, zwang aber die Physiker, sich wieder ernsthaft mit diesem Problem auseinanderzusetzen, um den gemessenen Wert der Lamb-Verschiebung zu erklären. Die Lösung, die sie fanden, sollte den weiteren Gang der Physik bestimmen.

Einige der Theoretiker, die an der Shelter-Island-Konferenz teilnahmen, hatten vorher schon von Lambs Resultat gehört und sich Gedanken darüber gemacht, wie man ungeachtet des Problems der unendlichen Größen mit Hilfe der Prinzipien der Quantenelektrodynamik die Lamb-Verschiebung berechnen könnte. Sie verwiesen darauf, daß die auf der Emission und Reabsorption von Photonen beruhende Änderung in der Energie eines Atoms in Wirklichkeit nicht beobachtbar sei; beobachtbar sei nur die Gesamtenergie des Atoms, die man erhält, indem man zu dieser Energieänderung die 1928 von Dirac berechnete Energie addiert. Diese Gesamtenergie beruht auf der *nackten Masse* und der *nackten Ladung* des Elektrons, jener Masse und Ladung, die in den Gleichungen der Theorie auftritt, bevor wir beginnen, uns über Photonenemissionen und -reabsorptionen Gedanken zu machen. Nun werden aber von freien Elektronen ebenso wie von Elektronen in Atomen ständig Photonen emittiert und reabsorbiert, die die Masse und die elektrische Ladung des Elektrons beeinflussen, und folglich sind die nackte Masse und die nackte Ladung nicht identisch mit der gemessenen Masse und Ladung des Elektrons, die man in Elementarteilchentabellen angegeben findet. Um die beobachteten (und natürlich endlichen) Werte der Masse und Ladung des Elektrons erklären zu können, müssen nackte Masse und nackte Ladung unendlich sein. Die Gesamtenergie des Atoms ist somit die Summe zweier Terme, die beide unendlich sind: der nackten Energie, die unendlich ist, weil sie auf der unendlichen nackten Masse und Ladung beruht, und der von Oppenheimer errechneten Energieänderung, die unendlich ist, weil sie Beiträge von virtuellen Photonen von unbegrenzter Energie enthält. Es stellte sich die Frage, ob es möglich sei, daß diese beiden unendlichen Größen sich gegenseitig aufheben, so daß eine endliche Gesamtenergie übrigbleibt.

Auf den ersten Blick schien die Antwort ein entmutigendes Nein zu sein. Doch Oppenheimer hatte bei seiner Berechnung etwas unberücksichtigt gelassen. Die Energieänderung erhält Beiträge nicht nur von Prozessen, in denen ein Elektron ein Photon emittiert und dann ein Photon reabsorbiert, sondern auch von Prozessen, bei denen aus dem leeren Raum spontan ein Positron, ein Photon und ein zweites Elektron erzeugt werden können, wobei das Photon dann bei der Vernichtung des Positrons und des ursprünglichen Elektrons absorbiert wird. Dieser bizarre Prozeß *muß* in die Berechnung aufgenommen werden, damit die Energie des Atoms in der Weise von seiner Geschwindigkeit abhängt, wie es die spezielle Relativitätstheorie verlangt. (Dies ist ein Beispiel für das lange zuvor von Dirac gefundene Resultat, daß eine quantenmechanische Theorie des Elektrons mit der speziellen Relativitätstheorie nur dann im Einklang ist, wenn die Theorie auch das Positron, das

Antiteilchen des Elektrons, enthält.) Unter den Theoretikern auf Shelter Island war auch Victor Weißkopf, der schon 1936 die aus diesem Positronerzeugungsprozeß resultierende Energieänderung berechnet und herausgefunden hatte, daß sie die von Oppenheimer gefundene unendliche Größe nahezu aufhebt.[*] Es war nicht schwer, darauf zu kommen, daß bei Berücksichtigung des Positronerzeugungsprozesses *und* der Differenz zwischen der nackten Masse und Ladung des Elektrons und deren Beobachtungswerten die unendlichen Größen in den Energieänderungen gänzlich aufgehoben werden würden.

Zwar waren Oppenheimer und Weißkopf bei dem Treffen auf Shelter Island dabei, doch der erste Theoretiker, der die Lamb-Verschiebung berechnete, war Hans Bethe, der schon durch seine kernphysikalischen Forschungen berühmt war und in den dreißiger Jahren die Ketten aufeinanderfolgender Kernreaktionen beschrieben hatte, die die Sterne zum Leuchten bringen. Bethe griff die Ideen, die auf Shelter Island diskutiert worden waren, auf und entwickelte während der Heimfahrt im Zug eine grobe Berechnung der Energieverschiebung, die Lamb gemessen hatte. Wirklich brauchbare Verfahren, um die Positronen und andere Effekte der speziellen Relativitätstheorie in diese Art von Berechnung einzubeziehen, standen ihm noch nicht zur Verfügung, und so ähnelte das, was er während der Zugfahrt erhielt, ziemlich genau dem, was Oppenheimer siebzehn Jahre zuvor erreicht hatte. Mit einem Unterschied: Als Bethe auf eine unendliche Größe stieß, warf er die Beiträge zur Energieverschiebung, die auf der Emission und Absorption von Photonen hoher Energie beruhen, einfach hinaus (Bethe setzte die Grenze der Photonenenergien ziemlich willkürlich bei der Energie an, die in der Masse des Elektrons enthalten ist) und erhielt so ein endliches Resultat, das recht gut mit Lambs Messung übereinstimmte. Diese Berechnung hätte Oppenheimer auch schon 1930 machen können, doch bedurfte es offenbar erst der Dringlichkeit einer erklärungsbedürftigen Messung und der Ermutigung

---

[*] Um es ein wenig genauer zu sagen, sorgt die Einbeziehung der Positronerzeugung dafür, daß die Summe der Energien sich nicht wie $1 + 2 + 3 + 4\ldots$ verhält, sondern wie $1 + \frac{1}{2} + \frac{1}{3} + \ldots$ Beide Summen sind zwar unendlich, doch nicht im gleichen Maße. Deshalb kann man schließlich trotzdem mit ihnen rechnen.

durch die Ideen, die auf Shelter Island in der Luft lagen, damit jemand die Berechnung zu Ende führte.

Bald darauf unternahmen Physiker genauere Berechnungen der Lamb-Verschiebung unter Einbeziehung von Positronen und anderen relativistischen Effekten.[15] Die Bedeutung dieser Berechnungen beruhte nicht so sehr auf dem genaueren Resultat, das sie erzielten, sondern darauf, daß das Problem der unendlichen Größen gebändigt worden war; wie sich herausstellte, hoben sich die unendlichen Größen auf, ohne daß man die Beiträge von hochenergetischen virtuellen Photonen willkürlich hinauswerfen mußte.

Wie Nietzsche sagt: »Was uns nicht umbringt, macht uns stärker.«[16] Die Quantenelektrodynamik war von dem Problem der unendlichen Größen fast umgebracht worden, wurde aber gerettet durch die Idee, die unendlichen Größen durch eine Neudefinition oder »Renormierung« der Elektronenmasse und -ladung zum Verschwinden zu bringen. Damit aber das Problem der unendlichen Größen auf diese Weise gelöst werden kann, dürfen die unendlichen Größen nur auf eine bestimmte, sehr begrenzte Weise in Berechnungen auftreten, was nur in einer begrenzten Klasse von besonders einfachen Quantenfeldtheorien der Fall ist. Man nennt solche Theorien *renormierbar*. Die einfachste Version der Quantenelektrodynamik ist in diesem Sinne renormierbar, doch jede geringste Änderung in dieser Theorie würde diese Eigenschaft zunichte machen und zu einer Theorie mit unendlichen Größen führen, die nicht durch eine Neudefinition der Konstanten der Theorie zum Verschwinden gebracht werden könnten. Diese Theorie war also nicht nur mathematisch befriedigend und in Übereinstimmung mit dem Experiment, sondern schien in sich eine Erklärung dafür zu enthalten, warum sie so war, wie sie war; jede geringste Änderung einer Theorie würde nicht nur zu einer Nichtübereinstimmung mit dem Experiment führen, sondern zu Ergebnissen, die völlig absurd wären – unendliche Antworten auf vollkommen vernünftige Fragen.

Die 1948 durchgeführten Berechnungen der Lamb-Verschiebung waren immer noch ungeheuer kompliziert, denn wenn die Positronen jetzt auch berücksichtigt waren, so wurde die Lamb-Verschiebung doch als eine Summe von Beiträgen beschrieben, die im einzelnen die spezielle Relativitätstheorie verletzten, und nur das Endergebnis war im Einklang mit der Relativitätstheorie. Unterdessen waren Richard Feynman, Julian Schwinger und Sin-Itiro Tomonaga unabhängig voneinander dabei, sehr viel einfachere Rechenverfahren zu entwickeln, die bei jedem Schritt mit der Relativitätstheorie im Einklang stehen. Mit diesen Verfahren führten sie weitere Berechnungen durch, die teilweise spektakulär mit dem Experiment übereinstimmten. So hat zum Beispiel das Elektron ein winziges magnetisches Feld, das erstmals 1928 von Dirac auf der Grundlage seiner relativistischen Quantentheorie des Elektrons berechnet worden war. Unmittelbar nach der Shelter-Island-Konferenz veröffentlichte Schwinger die Ergebnisse einer approximativen Berechnung der Veränderung in der Stärke des magnetischen Feldes des Elektrons, die verursacht wird durch Prozesse, bei denen virtuelle Photonen emittiert und reabsorbiert werden. Diese Berechnung ist seither ständig verbessert worden, mit dem aktuellen Ergebnis, daß das magnetische Feld des Elektrons durch Emissionen, Reabsorptionen von Photonen und ähnliche Effekte gegenüber der alten Dirac-Vorhersage, in der diese Photonenemissionen und -reabsorptionen ignoriert worden waren, um einen Faktor 1,00115965214 (mit einer Ungenauigkeit von etwa 3 in der letzten Ziffer) größer wird.[17] Fast zur gleichen Zeit, in der Schwinger seine Berechnung durchführte, ergaben Experimente von I. I. Rabi und seiner Gruppe an der Columbia-Universität, daß das magnetische Feld des Elektrons tatsächlich ein wenig größer ist als der alte Dirac-Wert, und zwar fast genau um den von Schwinger errechneten Betrag. Nach einer neueren Messung ist das magnetische Feld des Elektrons gegenüber dem Dirac-Wert um einen Faktor 1,001159652188 größer, mit einer Ungenauigkeit von etwa 4 in der letzten Ziffer. Die hier ermittelte numerische Übereinstimmung zwischen Theorie und Experiment gehört zum Eindrucksvollsten in der gesamten Naturwissenschaft.

Es ist nach derartigen Erfolgen nicht erstaunlich, daß die Quantenelektrodynamik in ihrer einfachen, renormierbaren Version allgemeine Anerkennung als die korrekte Theorie der Photonen und Elektronen gefunden hat. Doch ungeachtet des experimentellen Erfolges der Theorie und trotz der Tatsache, daß die unendlichen Größen in dieser Theorie bei geschickter Handhabung alle verschwinden, sorgt schon der Umstand, daß überhaupt unendliche Größen vorkommen, für Unbehagen an der Quantenelektrodynamik und ähnlichen Theorien. Besonders Dirac hat immer wieder davon gesprochen, daß mit der Renormierung die unendlichen Größen unter den Teppich gekehrt würden. Ich war in diesem Punkt anderer Meinung als Dirac und habe darüber mit ihm auf Konferenzen in Coral Gables und am Bodensee diskutiert. Daß die Differenz zwischen der nackten Ladung beziehungsweise der nackten Masse des Elektrons und den gemessenen Werten berücksichtigt wird, ist nicht bloß ein Trick, den man sich einfallen läßt, um die unendlichen Größen loszuwerden; wir müßten dies auch dann tun, wenn alles endlich wäre. Es handelt sich durchaus nicht um ein willkürliches oder Ad-hoc-Verfahren; es geht einfach darum, korrekt anzugeben, was wir bei Labormessungen der Masse und Ladung des Elektrons tatsächlich messen. Für mich war eine unendliche Größe in der nackten Masse und Ladung nichts Schlimmes, solange sich unter dem Strich ergibt, daß die physikalischen Größen endlich, eindeutig und in Übereinstimmung mit dem Experiment sind.[18] Ich fand, daß eine Theorie, die so spektakuläre Erfolge erzielte wie die Quantenelektrodynamik, im großen und ganzen korrekt sein muß, auch wenn wir sie vielleicht nicht ganz richtig formuliert haben. Dirac ließ sich jedoch von diesen Argumenten nicht beeindrucken. Seine Haltung zur Quantenelektrodynamik, mit der ich nicht übereinstimme, ist aber wohl nicht bloß auf Sturheit zurückzuführen; die Forderung nach einer vollkommen endlichen Theorie ähnelt einer Vielzahl von anderen ästhetischen Urteilen, um die theoretische Physiker nicht herumkommen.

* * *

Meine dritte Geschichte handelt von der Entwicklung und schließlichen Akzeptanz der modernen Theorie der schwachen Kraft. Diese Kraft ist im Alltagsleben nicht so bedeutsam wie die elektrische, die magnetische oder die Gravitationskraft, sie spielt aber eine wesentliche Rolle in den Ketten von Kernreaktionen, die im Zentrum der Sterne Energie erzeugen und die verschiedenen chemischen Elemente hervorbringen.

Die schwache Kraft trat erstmals bei der Entdeckung der Radioaktivität durch Henri Becquerel im Jahre 1896 in Erscheinung. In den dreißiger Jahren unseres Jahrhunderts erkannte man dann, daß bei der spezifischen Art von Radioaktivität, die Becquerel entdeckte, dem sogenannten Beta-Zerfall, die schwache Kraft ein Neutron im Kern veranlaßt, sich in ein Proton zu verwandeln, gleichzeitig ein Elektron und ein weiteres Teilchen, das man heute als Antineutrino bezeichnet, erzeugt und sie aus dem Kern ausspuckt. Keine andere Kraft kann dies bewirken. Die starke Kraft, die die Protonen und Neutronen im Kern zusammenhält, und die elektromagnetische Kraft, die die Protonen im Kern auseinanderzutreiben versucht, können an der Identität dieser Teilchen nichts ändern, und die Gravitationskraft tut mit Sicherheit nichts dergleichen, und so liefert die Beobachtung von Neutronen, die zu Protonen werden, oder von Protonen, die zu Neutronen werden, einen Beweis für eine neue Art von Kraft in der Natur. Die schwache Kraft ist, wie schon der Name andeutet, schwächer als die elektromagnetische und die starke Kraft. Dies zeigt sich beispielsweise daran, daß der nukleare Beta-Zerfall so langsam verläuft; die schnellsten nuklearen Beta-Zerfälle dauern durchschnittlich etwa eine Hundertstelsekunde, und das ist quälend lange im Vergleich zur typischen Dauer von Prozessen, die von der starken Kraft hervorgerufen werden und ungefähr eine Million-Million-Million-Millionstelsekunde dauern.

Den ersten entscheidenden Schritt zu einer Theorie dieser neuen Kraft unternahm 1933 Enrico Fermi. In seiner Theorie übt die schwache Kraft keine Fernwirkung aus wie die Gravitation, die elektrische oder die magnetische Kraft; sie verwandelt vielmehr ein Neutron in ein Proton und erzeugt zugleich ein Elektron und ein Antineutrino, und dies alles an ein und demselben Punkt im Raum. Ein Vierteljahrhundert lang war man dann bemüht, die Fermi-Theorie experimentell nachzuweisen. Eine der Hauptschwierigkeiten bestand in der Frage, wie die schwache Kraft von der relativen Orientierung der Spins der beteiligten Teilchen abhängt. Dies wurde 1957 geklärt und die Fermi-Theorie der schwachen Kraft in ihre endgültige Form gebracht.[19]

Nach diesem Durchbruch von 1957 konnte man sagen, daß unser Verständnis der schwachen Kraft keine Anomalien enthielt. Nun hatten wir eine Theorie, die alles, was wir experimentell über die schwache Kraft in Erfahrung bringen konnten, zu erklären vermochte, und doch fanden die meisten Physiker die Theorie äußerst unbefriedigend, und viele von uns waren eifrig am Werk, um in die Theorie Ordnung zu bringen und sie plausibel zu machen.

Die Schwächen der Fermi-Theorie waren nicht experimenteller, sondern theoretischer Art. In bezug auf den nuklearen Beta-Zerfall funktionierte die Theorie gut, doch wenn man sie auf exotischere Prozesse anwandte, führte sie zu unsinnigen Resultaten. Die Theoretiker stellten völlig vernünftige Fragen wie die nach der Wahrscheinlichkeit der Streuung eines Neutrinos an einem Antineutrino, und wenn sie dann (unter Berücksichtigung der Emission und Reabsorption eines Neutrons und eines Antiprotons) die Berechnung durchführten, kam ein unendliches Ergebnis heraus. Entsprechende Experimente wurden natürlich nicht gemacht, aber die Berechnung führte zu Resultaten, die mit keinem experimentellen Resultat übereinstimmen konnten. In den frühen dreißiger Jahren waren Oppenheimer und andere, wie wir gesehen haben, in der Theorie der elektromagnetischen Kraft auf derartige unendliche Größen gestoßen, doch in den späten vierziger Jahren fanden Theoretiker, daß all diese unendlichen Größen in der Quantenelektrodynamik verschwinden würden, wenn man die Masse und die elektrische Ladung des Elektrons entsprechend definierte oder »renormierte«. Je mehr man über die schwache Kraft herausfand, desto deutlicher wurde, daß die unendlichen Größen in Fermis Theorie der schwachen Kraft auf diese Weise nicht verschwinden würden – die Theorie war nicht renormierbar.

Der andere Haken an der Theorie der schwachen Kraft war, daß sie eine große Zahl willkürlicher Elemente enthielt. Die grundlegende Form der schwachen Kraft war mehr oder weniger direkt aus Experimenten abgeleitet worden und hätte, ohne irgendwelche bekannten physikalischen Prinzipien zu verletzen, auch ganz anders aussehen können.

Ich hatte mich seit meinen höheren Studiensemestern dann und wann mit der Theorie der schwachen Kraft befaßt, doch 1967 arbeitete ich an der starken Kraft, die innerhalb der Atomkerne die Neutronen und Protonen zusammenhält. Ich wollte eine Theorie der starken Kraft entwickeln, die auf einer Analogie zur Quantenelektrodynamik basierte.[20] Ich dachte, daß der Unterschied zwischen der starken Kraft und der elektromagnetischen Kraft vielleicht mit einem Phänomen erklärt werden könne, das man als *gebrochene Symmetrie* bezeichnet und das ich später erläutern werde. Doch es klappte nicht. Die Theorie, die ich entwickelte, hatte mit den starken Kräften, wie wir sie aus Experimenten kannten, nicht die geringste Ähnlichkeit. Da fiel mir plötzlich ein, daß diese Ideen, die sich im Hinblick auf die starke Kraft als völlig unbrauchbar erwiesen hatten, für eine Theorie der schwachen Kraft eine sehr leistungsfähige mathematische Grundlage abgab. Ich sah, daß eine der Quantenelektrodynamik entsprechende Theorie der schwachen Kraft möglich war. So wie die elektromagnetische Kraft zwischen entfernten geladenen Teilchen durch den Austausch von Photonen hervorgerufen wird, so würde eine schwache Kraft nicht auf einmal an einem einzigen Punkt im Raum (wie in der Fermi-Theorie) wirken, sondern durch den Austausch von photonenartigen Teilchen zwischen Teilchen an unterschiedlichen Orten hervorgerufen werden. Diese neuen, photonenartigen Teilchen konnten nicht masselos sein wie das Photon (sonst wären sie schon lange entdeckt worden), doch wurden sie in die Theorie auf eine Weise eingeführt, die der Art und Weise, in der das Photon in der Quantenelektrodynamik auftritt, so ähnlich war, daß ich glaubte, die Theorie sei vielleicht im selben Sinne wie die Quantenelektrodynamik renormierbar, so daß sich die in der Theorie vorkommenden unendlichen Größen durch eine andere Definition der Massen und weiterer, in der Theorie vorkommender Größen beseitigen ließen. Außerdem würde die Theorie durch die ihr zugrundeliegenden Prinzipien sehr zwingend sein und die Willkürlichkeit früherer Theorien weitgehend vermeiden.

Um diese Theorie zu konkretisieren, entwickelte ich die Gleichungen für die Wechselwirkungen der Teilchen, und zwar in der Weise, daß die Fermi-Theorie hierbei eine Näherung für den Bereich niedriger Energien darstellte. Dabei zeigte sich, obwohl ich daran zunächst gar nicht gedacht hatte, daß diese Theorie nicht bloß eine Theorie der schwachen Kraft war, basierend auf einer Analogie zur elektromagnetischen Kraft, sondern eine einheitliche Theorie der schwachen *und* der elektromagnetischen Kraft, eine Theorie, die darlegte, daß diese beiden Kräfte nur unterschiedliche Aspekte einer, wie man später sagte, *elektroschwachen* Kraft waren. Es zeigte sich, daß das Photon, das fundamentale Teilchen, dessen Emission und Absorption elektromagnetische Kraft erzeugt, zusammen mit den anderen photonenartigen Teilchen, welche die Theorie vorhersagte, eine eng verbundene Familie bildete; diese anderen Teilchen waren die elektrisch geladenen W-Teilchen, deren Austausch die schwache Kraft des Beta-Zerfalls erzeugt, und ein neutrales Teilchen, das ich Z nannte und auf das ich noch zurückkommen werde. In Spekulationen über die schwache Kraft waren die W-Teilchen seit langem ein Thema; das W steht für »weak« (»schwach«). Für ihren neuen Bruder wählte ich den Buchstaben Z, weil das Teilchen keine (»zero«) elektrische Ladung hat und außerdem, weil Z der letzte Buchstabe des Alphabets ist, in der Hoffnung, dies sei das letzte Mitglied der Familie. Eine im wesentlichen identische Theorie entwickelte 1968 unabhängig von mir der in Triest tätige pakistanische Physiker Abdus Salam. Teilaspekte dieser Theorie waren zuvor von Salam und John Ward und noch früher von Sheldon Glashow, meinem Klassenkameraden auf der High School und Kommilitonen an der Cornell-Universität, erarbeitet worden.

Ich war über diese Vereinheitlichung der schwachen und der elektromagnetischen Kraft sehr froh. Man ist immer bestrebt, mehr und mehr Dinge mit immer weniger Ideen zu erklären, auch wenn mir anfangs sicherlich nicht klar gewesen ist, daß dies mein Ziel war. Doch für irgendwelche experimentellen Anomalien in der Physik der schwachen Kraft lieferte diese Theorie 1967 absolut keine Erklärungen. Von den vorliegenden experimentellen Ergebnissen erklärte diese Theorie nichts, was nicht auch schon vorher von der Fermi-Theorie erklärt worden wäre. So fand die neue elektroschwache Theorie denn auch zunächst fast keine Beachtung. Daß andere Physiker sich nicht für die Theorie interessierten, lag aber wohl nicht nur an den mangelnden experimentellen Beweisen. Ebenso bedeutsam war ein rein theoretischer Grund: ihre innere Konsistenz.

Salam wie auch ich hatten geäußert, daß diese Theorie das Problem der unendlichen Größen in der schwachen Kraft beseitigen würde. Wir waren aber nicht so klug, das auch zu beweisen. 1971 erhielt ich einen Vorabdruck von einem jungen Studenten der Universität Utrecht namens Gerard 't Hooft, in dem dieser zu zeigen behauptete, daß diese Theorie das Problem der unendlichen Größen tatsächlich gelöst habe: In Berechnungen von beobachtbaren Größen würden, genau wie in der Quantenelektrodynamik, die unendlichen Größen tatsächlich verschwinden.

Anfangs war ich von 't Hoofts Arbeit nicht überzeugt. Ich hatte nie von ihm gehört, und er benutzte eine von Feynman entwickelte mathematische Methode, der ich früher mißtraut hatte. Bald darauf hörte ich, daß der Theoretiker Ben Lee die Ideen 't Hoofts aufgegriffen hatte und versuchte, mit konventionelleren mathematischen Methoden zu den gleichen Ergebnissen zu gelangen. Ich kannte Ben Lee und hatte großen Respekt vor ihm – wenn er 't Hoofts Arbeit ernst nahm, würde ich es auch tun. (Ben wurde später mein bester Freund und Mitarbeiter in der Physik. 1977 fiel er einem tragischen Verkehrsunfall zum Opfer.) Ich schaute mir daraufhin genauer 't Hoofts Ansatz an und erkannte, daß er tatsächlich den Schlüssel zu dem Beweis gefunden hatte, daß die unendlichen Größen verschwinden würden.

Nach der Arbeit von 't Hooft geriet die elektroschwache Theorie, auch wenn es noch immer nicht die geringste Spur neuer experimenteller Belege für sie gab, allmählich auf die Tagesordnung der physikalischen Forschung. In diesem Fall kann man über das Interesse an einer wissenschaftlichen Theorie ziemlich genaue Aussagen machen, denn zufällig hat das Institute for Scientific Information (ISI) eine Zusammenstellung veröffentlicht, aus der die Häufigkeit der Zitierungen meiner ersten Arbeit für die elektroschwache Theorie hervorgeht, ein Beispiel dafür, wie durch eine Untersuchung der Zitierhäufigkeit Erkenntnisse über die Geschichte der Wissenschaft gefördert werden können. Geschrieben wurde der Aufsatz 1967. 1967 wurde er keinmal zitiert.[21] 1968 und 1969 wurde er wiederum keinmal zitiert. (In dieser Zeit waren Salam und ich jeweils bemüht, das zu beweisen, was 't Hooft schließlich bewies, daß nämlich die Theorie frei war von unendlichen Größen.) 1970 wurde er einmal zitiert. (Von wem, weiß ich nicht.) Im Jahre 1971, dem Jahr der Arbeit von 't Hooft, wurde mein Aufsatz von 1967 dreimal zitiert, darunter einmal von 't Hooft. 1972, immer noch ohne irgendwelche neuen experimentellen Belege, wurde er plötzlich fünfundsechzigmal zitiert. 1973 wurde er einhundertfünfundsechzigmal zitiert, und die Anzahl der Zitierungen wuchs stetig bis

1980, als meine Arbeit dreihundertdreißigmal zitiert wurde. Wie aus einer kürzlich veröffentlichten Studie des ISI hervorgeht, war dieser Aufsatz der am häufigsten zitierte Artikel über Elementarteilchenphysik in den letzten fünfzig Jahren.[22]

Der Durchbruch, den Physiker, angeregt von dieser Theorie, erzielten, bestand in der Einsicht, daß die Theorie eine interne Schwierigkeit der Teilchenphysik gelöst hatte: das Problem der unendlichen Größen in den schwachen Kräften. In den Jahren 1971 und 1972 gab es noch nicht den geringsten experimentellen Beweis dafür, daß diese Theorie besser war als die alte Fermi-Theorie.

Doch dann folgten allmählich die experimentellen Beweise. Der Austausch des Z-Teilchens würde zu einer neuen Art von schwacher Kraft führen, einem *schwachen neutralen Strom*, der sich in der Streuung von Neutrinostrahlen an den Kernen gewöhnlicher Atome zeigen würde. (Man wählt den Ausdruck »neutraler Strom«, weil bei diesen Prozessen keine elektrische Ladung zwischen den Kernen und anderen Teilchen ausgetauscht wird.) Experimente, bei denen man nach dieser Art von Neutrinostreuung suchte, wurden am CERN-Forschungszentrum (dieses Kürzel hat die ursprüngliche Bezeichnung des gesamteuropäischen Instituts in Genf – Centre Européen de Recherches Nucléaires – verdrängt) und bei Fermilab (außerhalb Chicagos) in Gang gesetzt. Dazu bedurfte es eines erheblichen Anstoßes. Dreißig bis vierzig Physiker waren jeweils beteiligt. Solche Experimente macht man nur, wenn man eine brauchbare Vorstellung davon hat, was dabei herauskommen soll. Die Entdeckung schwacher neutraler Ströme wurde erstmals 1973 bei CERN und nach einigem Zögern auch bei Fermilab bekanntgegeben. Nachdem Fermilab und CERN sich 1974 über die Existenz der neutralen Ströme einig waren, setzte sich in der wissenschaftlichen Welt allgemein die Auffassung durch, das die elektroschwache Theorie korrekt war. Die Stockholmer Zeitung *Dagens Nyheter* teilte 1975 sogar mit, daß Salam und ich in jenem Jahr den Nobelpreis für Physik erhalten würden. (Was nicht geschah.)

Man könnte fragen, warum die elektroschwache Theorie so rasch und allgemein als gültig anerkannt wurde. Gewiß, die neutralen Ströme waren vorhergesagt worden, und dann hatte man sie gefunden. Ist das nicht der normale Weg, auf dem eine Theorie begründet wird? Ich glaube, so einfach darf man die Sache nicht sehen.

Zunächst einmal waren neutrale Ströme in Spekulationen über schwache Kraft nichts Neues. In den Modellen der schwachen Kraft, die sowohl Glashow als auch Salam und Ward in den frühen sechziger Jahren entwickelt hatten, wurden neutrale Ströme postuliert und sogar in den meisten Details korrekt beschrieben (außer daß die Stärke unbestimmt war). Das Z-Teilchen war schon in diesen frühen Arbeiten aufgetaucht; Glashow hatte es B, Salam und Ward hatten es X genannt. Man kann sogar noch weiter zurückgehen. Ich habe die Theorie der neutralen Ströme einmal auf einen Aufsatz von George Gamow und Edward Teller aus dem Jahre 1937 datiert, in dem die Existenz schwacher neutraler Ströme mit einer recht plausiblen Begründung vorhergesagt wurde. Es hatte in den sechziger Jahren sogar schon experimentelle Beweise für neutrale Ströme gegeben, doch hatte man nicht an sie geglaubt; die Experimentatoren, die Beweise für diese schwache Kraft fanden, bezeichneten diese immer wieder als »Hintergrund«. Der Unterschied im Jahre 1973 bestand darin, daß nun eine Theorie da war, die jene gewisse Unwiderstehlichkeit besaß, jene innere Konsistenz und Strenge, die den Physikern den Eindruck vermittelte, daß sie mit ihrer eigenen wissenschaftlichen Arbeit besser vorankommen würden, wenn sie von der Richtigkeit der Theorie ausgingen, als wenn sie warten würden, daß sie verschwindet.

Eine gewisse experimentelle Bestätigung genoß die elektroschwache Theorie auch schon vor der Entdeckung der neutralen Ströme, denn sie enthielt eine zutreffende »rückwirkende Vorhersage« all der Eigenschaften der schwachen Kraft, die zuvor durch Fermis Theorie erklärt worden waren, wie auch all der Eigenschaften der elektromagnetischen Kräfte, die früher von der Quantenelektrodynamik beschrieben worden waren. Hier könnte man wiederum wie im Fall der allgemeinen Relativitätstheorie fragen, warum eine rückwirkende Vorhersage als Erfolg gelten soll, wenn das, was erklärt wird, von einer früheren Theorie schon erklärt worden ist. Fermis Theorie hatte die Eigenschaft der schwachen Kraft beschrieben und sich dabei auf eine Reihe von willkürlichen Elementen berufen, die im gleichen Sinne willkürlich waren, wie es das Gesetz vom Kehrwert des Quadrats in Newtons Theorie der Gravitation war. Die elektroschwache Theorie klärte diese Elemente (beispielsweise die Abhängigkeit der schwachen Kraft von den Spins der beteiligten Teilchen) auf zwingende Weise. Präzise kann man sich über derartige Urteile allerdings nicht äußern – es ist eine Sache des Geschmacks und der Erfahrung.

1976, drei Jahre nach der Entdeckung der neutralen Ströme, kam es plötzlich zu einer Krise. An der Existenz der neutralen Ströme wurde nicht länger gezweifelt, doch deuteten Experimente im Jahre 1976 darauf hin, daß diese Kräfte einige der Eigenschaften, welche die Theorie vorhersagte, offenbar nicht besaßen. Diese Anomalie zeigte sich bei Experimenten, die man in Seattle und Oxford mit polarisiertem Licht in Wismutdampf durchführte. Seit den Untersuchungen von Jean-Baptiste Biot im Jahre 1815 weiß man, daß polarisiertes Licht, welches man durch bestimmte Zuckerlösungen schickt, eine Drehung seiner Polarisationsebene nach rechts oder links erfährt. Wird das Licht beispielsweise durch Lösungen des gewöhnlichen Zuckers D-Glukose geschickt, so dreht die Polarisationsebene nach rechts, schickt man es durch Lösungen von L-Glukose, so dreht sie nach links. Dies liegt daran, daß ein D-Glukosemolekül nicht seinem Spiegelbild, einem L-Glukosemolekül, entspricht, so wie ein linkshändiger Handschuh sich von einem rechtshändigen Handschuh unterscheidet (anders als ein Hut oder eine Krawatte, die genauso aussieht, gleichgültig, ob man sie direkt oder im Spiegel betrachtet). Schickt man polarisiertes Licht durch ein Gas, das aus einzelnen Atomen wie etwa denen des Wismut besteht, so würde man normalerweise eine solche Drehung erwarten. Die elektroschwache Theorie sagte jedoch bei der schwachen Kraft zwischen Elektronen und Atomkernen eine Asymmetrie zwischen links und rechts voraus, die, durch den Austausch von Z-Teilchen verursacht, solchen Atomen eine Art »Händigkeit« verleihen würde, wie sie ein Handschuh oder ein Zuckermolekül besitzt. (Man rechnete damit, daß dieser Effekt aufgrund einer Besonderheit der Energieniveaus seiner Atome bei Wismut besonders stark ist.) Die Asymmetrie zwischen links und rechts im Wismutatom würde, wie Berechnungen zeigten, bewirken, daß die Polarisationsebene des durch Wismutdampf geschickten Lichts langsam nach links drehen würde. Eine solche Drehung konnten die Experimentatoren in Oxford und

Seattle zu ihrer Überraschung nicht feststellen, und sie gaben an, daß eine solche Drehung, falls sie stattfände, sehr viel langsamer ablaufen würde als vorhergesagt.

Das schlug ein wie eine Bombe. Aus diesen Experimenten schien hervorzugehen, daß die Theorie, die Salam und ich in den Jahren 1967 und 1968 unabhängig voneinander ausgearbeitet hatten, in ihren Details nicht stimmen konnte. Ich war jedoch nicht bereit, die Grundideen der elektroschwachen Theorie aufzugeben. Seit 't Hoofts Arbeit aus dem Jahre 1971 war es meine feste Überzeugung, daß diese Theorie im großen und ganzen korrekt war, nur stellte die Version, die Salam und ich vorgetragen hatten, eine besonders einfache Möglichkeit dar. Die Familie, zu der das Photon und die W- und Z-Teilchen gehörten, konnte zum Beispiel noch weitere Mitglieder haben, oder es konnte noch andere mit dem Elektron und dem Neutrino verwandte Teilchen geben. Pierre Duhem und W. Van Quine hatten vor langer Zeit dargelegt, daß es nicht möglich sei, eine wissenschaftliche Theorie vollkommen durch experimentelle Daten zu widerlegen, weil immer die Möglichkeit bestehen würde, durch Manipulation der Theorie oder der Hilfsannahmen Übereinstimmung zwischen Theorie und Experiment herzustellen. Irgendwann muß man dann einfach entscheiden, ob die knifflige Argumentation, zu der man genötigt ist, um nicht mit dem Experiment in Widerspruch zu geraten, so abstoßend ist, daß man sie nicht mehr akzeptieren kann.

Nach den Experimenten von Oxford und Seattle machten sich denn auch viele von uns Theoretikern an die Arbeit, um nach einer geringfügigen Modifikation der elektroschwachen Theorie zu suchen, die erklären würde, warum die Kräfte der neutralen Ströme nicht die erwartete Asymmetrie zwischen rechts und links aufwiesen. Anfangs hielten wir es für möglich, eine Übereinstimmung mit allen Daten dadurch zu erreichen, daß wir die Theorie einfach ein bißchen umständlicher und häßlicher machten. Einmal kam Ben Lee sogar nach Palo Alto geflogen, wo ich mich damals aufhielt, und ich weiß noch, daß ich auf einen seit langem geplanten Ausflug in den Yosemite-Nationalpark verzichtete, um zusammen mit ihm nach einer Modifikation zu suchen, die die elektroschwache Theorie in Übereinstimmung mit den neuesten Daten bringen würde (irreführende Hinweise auf andere Diskrepanzen aufgrund von

Hochenergie-Neutrinoreaktionen waren dabei eingeschlossen). Aber es klappte offensichtlich nicht.

Eines der Probleme bestand darin, daß Experimente bei CERN und Fermilab bereits eine Fülle von Daten bezüglich der Streuung von Neutrinos an Protonen und Neutronen ergeben hatten, die fast alle die ursprüngliche Version der elektroschwachen Theorie zu bestätigen schienen. Es war schwer vorstellbar, daß eine andere Theorie sowohl diese Daten erklären als auch mit den Wismut-Resultaten übereinstimmen würde, und zwar auf eine natürliche, zwanglose Weise, also ohne zahlreiche Komplikationen einführen zu müssen, die speziell auf diese Daten zugeschnitten waren. Wieder in Harvard, entwickelte ich kurz darauf zusammen mit Howard Georgi eine allgemeine Beweisführung, die es für unmöglich erklärte, die elektroschwache Theorie auf eine natürliche, zwanglose Weise mit den aus Oxford und Seattle kommenden Daten sowie auch mit den älteren Daten über Neutrinoreaktionen in Übereinstimmung zu bringen. Dies hielt einige Theoretiker natürlich nicht davon ab, sehr unnatürliche, gekünstelte Theorien zu konstruieren (in Boston sprach man in diesem Zusammenhang vom »Begehen einer unnatürlichen Tat«), womit sie die älteste Regel des wissenschaftlichen Fortschritts befolgten, nach der es besser ist, irgend etwas zu tun, als gar nichts zu tun.

1978 wurde dann bei einem neuen Experiment in Stanford die schwache Kraft zwischen Elektronen und Atomkernen auf eine ganz andere Art gemessen, nicht mit Hilfe der Elektronen in den Wismutatomen, sondern anhand der Streuung eines Strahls von Elektronen aus dem Hochenergiebeschleuniger in Stanford an den Kernen von Deuterium. (Es hatte nichts Besonderes auf sich, daß man Deuterium nahm – es stellte bloß eine leicht verfügbare Quelle von Protonen und Neutronen dar.) Diesmal fanden die Experimentatoren die erwartete Asymmetrie zwischen rechts und links. Die Asymmetrie zeigte sich bei diesem Experiment in der unterschiedlichen Anzahl der Elektronen, die nach links beziehungsweise nach rechts gestreut wurden. (Um die Richtung festzulegen, sagt man vereinbarungsgemäß, daß ein bewegtes Teilchen nach rechts streut, wenn die Finger der rechten Hand in die Streurichtung weisen, während der Daumen in die Bewegungsrichtung zeigt, beziehungsweise nach links, wenn dies für die Finger der linken Hand gilt.) Die

Messung ergab einen Unterschied in der Streuung von etwa eins zu zehntausend, und genau das hatte die Theorie vorhergesagt.

Mit einemmal kamen die Teilchenphysiker überall zu dem voreiligen Schluß, daß die ursprüngliche Version der elektroschwachen Theorie doch die richtige sei. Und dies, obwohl noch immer zwei Experimente den Vorhersagen der Theorie bezüglich der Kraft zwischen Elektronen und Kernen widersprachen, während nur eines sie bestätigte, aber in einem ganz anderen Kontext. Woran lag es, daß, kaum hatte dieses eine Experiment stattgefunden und Übereinstimmung mit der elektroschwachen Theorie ergeben, sich die Physiker generell darin einig waren, daß die Theorie doch die richtige sein müsse? Einer der Gründe war sicherlich, daß wir alle erleichtert waren, uns nicht mit einer der gekünstelten, unnatürlichen Varianten der ursprünglichen elektroschwachen Theorie befassen zu müssen. Die Physiker nahmen das ästhetische Kriterium der Natürlichkeit zu Hilfe, um widersprüchliche experimentelle Daten gegeneinander abzuwägen.

Auch in der Folgezeit ist die elektroschwache Theorie experimentell getestet worden. Das Stanford-Experiment wurde nicht wiederholt, doch mehrere Gruppen von Atomphysikern haben nicht nur in Wismut, sondern auch in anderen Atomen wie Thallium und Cäsium nach Links-rechts-Asymmetrien gesucht. (Noch vor dem Stanford-Experiment hatte eine Gruppe in Nowosibirsk die Beobachtung der erwarteten Asymmetrie in Wismut gemeldet, was aber vor den Stanford-Resultaten nicht sonderlich beachtet worden war, wohl auch, weil die sowjetische Experimentalphysik im Westen nicht gerade wegen ihrer Sorgfalt berühmt war.) Es hat neue Experimente in Berkeley und Paris gegeben, und die Physiker in Oxford und Seattle haben ihre Experimente wiederholt.[23] Sowohl unter Experimentalphysikern als auch unter Theoretikern ist man sich heute allgemein einig, daß der vorhergesagte Effekt der Links-rechts-Asymmetrie tatsächlich existiert und sowohl in Atomen als auch bei der Streuung hochenergetischer Elektronen, die man am Stanford-Beschleuniger untersuchte, in etwa die erwartete Stärke aufweist. Die eindrucksvollsten Tests der elektroschwachen Theorie fanden ohne Zweifel unter der Leitung von Carlo Rubbia am CERN statt. Dort wurden 1983 die W-Teilchen und 1984 das Z-Teilchen entdeckt, Teilchen, deren Existenz und Eigenschaften die elektroschwache Theorie in ihrer ursprünglichen Version korrekt vorausgesagt hatte.

Wenn ich auf diese Ereignisse zurückblicke, tut es mir ein wenig leid, daß ich so viel Zeit darauf verwendet habe, die elektroschwache Theorie zurechtzubiegen, um sie mit den Oxford-Seattle-Daten in Übereinstimmung zu bringen. Ich wünschte, ich wäre 1977 wie geplant in den Yosemite-Park gefahren – ich habe ihn noch immer nicht gesehen. Das Ganze ist eine hübsche Illustration einer Maxime, die Eddington zugeschrieben wird: Man sollte niemals einem Experiment glauben, bevor es nicht durch die Theorie bestätigt worden ist.

Ich möchte bei Ihnen nicht den Eindruck hinterlassen, daß das Verhältnis von Experiment und Theorie und der Fortschritt der Wissenschaft sich immer in der Weise verhalten, wie es hier beschrieben wurde. Ich habe die Bedeutung der Theorie hervorgehoben, weil ich einer verbreiteten, allzu empiristischen Einstellung entgegenwirken möchte. Wenn man die Geschichte der wichtigen physikalischen Experimente betrachtet, stellt man fest, daß das Experiment eine sehr unterschiedliche Rolle gespielt hat und das Verhältnis zwischen Theorie und Experiment oft sehr verschieden ausgefallen ist. Eine Aussage darüber, wie Theorie und Experiment sich zueinander verhalten *könnten*, wird nach meinem Eindruck in den meisten Fällen zutreffen, doch eine Aussage darüber, wie Theorie und Experiment sich zueinander verhalten *müssen*, wird in den meisten Fällen falsch sein.

Die Suche nach schwachen Neutralstromkräften am CERN und am Fermilab ist ein Beispiel für jene Art von Experimenten, die man durchführt, um noch nicht allgemein anerkannte theoretische Ansätze zu testen. Mal werden die Ideen des Theoretikers durch diese Experimente bestätigt, mal werden sie widerlegt. Vor einigen Jahren sagten Frank Wilczek und ich unabhängig voneinander eine neue Teilchenart vorher.[24] Wir verständigten uns darauf, dieses Teilchen »Axion« zu nennen, wußten jedoch nicht, daß dies auch eine Waschmittelmarke war. Die Experimentatoren suchten nach dem »Axion« und fanden es nicht, zumindest nicht mit den von uns vorhergesagten Eigenschaften. Entweder ist unsere Idee unzutreffend, oder sie bedarf der Modifikation.[25] Tatsächlich erhielt ich von einer Gruppe von Physikern, die in Aspen zusammengekommen war, vor einiger Zeit die Nachricht: »Wir haben es gefunden!« – allerdings klebte die Mitteilung an einem Karton des Waschmittels.

Es gibt auch Experimente, deren Ergebnis uns völlig überrascht und das von keinem Theoretiker vorhergesagt worden ist. Zu dieser Kategorie gehören die Experimente, bei denen die Röntgenstrahlen und die sogenannten seltsamen Teilchen entdeckt wurden, hierher gehört aber auch die Entdeckung der anomalen Präzession der Bahn des Planeten Merkur. Diese Experimente dürften den Experimentatoren und den Journalisten die größte Freude bereiten.

Es gibt ferner Experimente, die uns *beinahe* völlig überraschen, bei denen man Effekte findet, die als Möglichkeit diskutiert worden waren, aber lediglich als logische Möglichkeit, ohne daß es einen zwingenden Grund gegeben hätte, sie zu erwarten. Hierher gehören die Experimente, bei denen die Verletzung der sogenannten Zeitumkehr-Symmetrie entdeckt wurde, sowie jene, bei denen neue Teilchen gefunden wurden, etwa das »bottom«-Quark und eine sehr schwere Elektronensorte, das sogenannte Tau-Lepton.

Es gibt zudem eine interessante Klasse von Experimenten, bei denen Effekte gefunden wurden, die zwar von Theoretikern vorhergesagt worden waren, deren Entdeckung aber dennoch Zufall war, weil die Experimentatoren von der Vorhersage nichts wußten, entweder weil die Theoretiker selbst nicht genügend an ihre Theorie glaubten, um sie den Experimentatoren anzuzeigen, oder weil die Kanäle der wissenschaftlichen Verständigung zu sehr gestört waren. Zu diesen Experimenten gehören die Entdeckung eines universalen Hintergrundrauschens, das vom Urknall übrig geblieben ist,[26] und die Entdeckung des Positrons.

Des weiteren gibt es Experimente, die durchgeführt werden, obwohl man die Antwort kennt und die theoretische Vorhersage so entschieden ist, daß die Theorie nicht ernsthaft angezweifelt wird, weil die Phänomene selbst so hinreißend sind und so viele Möglichkeiten für weitere Experimente bieten, daß man einfach weitermachen und diese Dinge herausfinden muß. Zu dieser Kategorie würde ich die Entdeckung des Antiprotons und des Neutrinos sowie die aktuellere Entdeckung der W- und der Z-Teilchen rechnen. Hierher gehört die Suche nach diversen exotischen Effekten, die von der allgemeinen Relativitätstheorie vorhergesagt werden, zum Beispiel die Gravitationsstrahlung.

Schließlich kann man sich eine Kategorie von Experimenten vorstellen, die vollkommen anerkannte Theorien, Theorien, die zum gängigen Konsens der Physik geworden sind, *widerlegen. In den letzten hundert Jahren finde ich kein Beispiel für diese Kategorie.* Gewiß wurde in etlichen Fällen festgestellt, daß Theorien einen engeren Anwendungsbereich haben, als man ursprünglich gedacht hatte. Newtons Theorie der Bewegung gilt nicht für hohe Geschwindigkeiten. Die Parität, die Symmetrie zwischen rechts und links, gilt nicht für die schwachen Kräfte usw. In diesem Jahrhundert ist es jedoch noch nicht vorgekommen, daß eine von den Physikern allgemein als gültig anerkannte Theorie sich als ein bloßer *Irrtum* entpuppt hätte, so wie sich etwa Ptolemäus' Epizyklentheorie der Planetenbewegung oder die Theorie, nach der Wärme ein als kalorisch bezeichnetes Fluidum sei, als Irrtümer herausgestellt haben. Dabei wurde der Konsens über physikalische Theorien in diesem Jahrhundert, wie wir am Beispiel der allgemeinen Relativitätstheorie und der elektroschwachen Theorie gesehen haben, oft auf der Grundlage ästhetischer Urteile erreicht, bevor die experimentellen Belege für diese Theorien wirklich zwingend wurden. Hier ist nach meinem Eindruck der bemerkenswert hochentwickelte Schönheitssinn des Physikers in Verbindung mit dem – und bisweilen sogar im Widerspruch zum – Gewicht der experimentellen Beweise wirksam.

Der Weg der wissenschaftlichen Entdeckung und Validierung, so wie ich ihn hier beschrieben habe, scheint ein ziemliches Durcheinander zu sein. In dieser Hinsicht besteht eine eindeutige Parallele zwischen der Kriegsgeschichte und der Geschichte der Wissenschaft. Auf beiden Gebieten ist versucht worden, systematische Regeln für die Erhöhung der eigenen Erfolgschancen zu entwickeln, also eine Wissenschaft vom Krieg und eine Wissenschaft von der Wissenschaft zu schaffen. Dies könnte daran liegen, daß man in der Wissenschaftsgeschichte wie in der Militärgeschichte weit besser als in der politischen, der Kultur- oder der Wirtschaftsgeschichte zwischen Sieg und Niederlage klar unterscheiden kann. Über die Ursachen und Folgen des amerikanischen Bürgerkriegs kann man endlos streiten, doch daran, daß Meades Armee bei Gettysburg Lees Armee geschlagen hat, ist nicht zu rütteln. Ebensowenig ist daran zu rütteln, daß Kopernikus' Darstellung des Sonnensystems der des Ptolemäus überlegen ist und daß Darwins Auffassung der Evolution der von Lamarck überlegen ist.

Auch wenn sie nicht versuchen, eine Kriegswissenschaft zu formulieren, stellen Militärhistoriker es oft so dar, als ob Generäle Schlachten deshalb verlieren, weil sie wohlbegründete Regeln der Militärwissenschaft nicht befolgen. Ziemlich abschätzig werden zum Beispiel George McClellan und Ambrose Burnside dargestellt, zwei Generäle der Unionsarmee im amerikanischen Bürgerkrieg. McClellan macht man zum Vorwurf, er sei nicht bereit gewesen, sich mit dem Feind, Lees Armee von Nordvirginia, auf einen Kampf einzulassen. Burnside wirft man vor, er habe bei einem unüberlegten Angriff auf einen gut verschanzten Gegner bei Fredricksburg das Leben seiner Soldaten sinnlos aufs Spiel gesetzt. Sie werden feststellen, daß man McClellan rügt, nicht wie Burnside gehandelt zu haben, und Burnside wiederum rügt, nicht wie McClellan vorgegangen zu sein. Beide, Burnside und McClellan, haben als Generäle große Fehler gemacht, aber nicht, weil sie es unterließen, wohlbegründete Regeln der Militärwissenschaft zu befolgen.

Die besten Militärhistoriker geben zu, daß es in der Tat schwierig ist, Regeln für die Strategie festzulegen. Sie sprechen nicht von einer Kriegswissenschaft, sondern vielmehr von militärischen Verhaltensweisen, die nicht gelehrt und nicht präzise formuliert werden können, die aber dennoch bisweilen auf die eine oder andere Weise helfen, Schlachten zu gewinnen. Das nennen sie Kriegskunst.[27] In diesem Sinne sollte man, wie ich meine, nicht auf eine Wissenschaft von der Wissenschaft hoffen, auf die Formulierung definitiver Regeln dafür, wie Wissenschaftler sich verhalten oder verhalten sollten, sondern man sollte es bei einer Darstellung jener Art von Verhalten belassen, das historisch zum wissenschaftlichen Fortschritt geführt hat, kurz: bei einer Kunst der Wissenschaft.

VI. | Schöne Theorien

Wenn meine schauende Seele eine Stunde
Bei einer goldenen Wolke oder Blume verweilte
Und in diesen geringeren Herrlichkeiten
Einen Abglanz der Ewigkeit erspähte.

Henry Vaughn, *The Retreate*

Paul Dirac kam im Jahre 1974 zu einem Vortrag über sein Wirken als einer der Begründer der modernen Quantenelektrodynamik nach Harvard. Gegen Ende seines Vortrags wandte er sich an unsere Doktoranden und riet ihnen, sich nur um die Schönheit ihrer Gleichungen und nicht darum zu kümmern, was diese bedeuten. Für Studenten war es wohl kein geeigneter Ratschlag, doch zieht sich die Suche nach Schönheit in der Physik durch das ganze Wirken Diracs und prägt sogar einen Großteil der Geschichte der Physik.[1]

Oft ist es nur Schwärmerei, wenn die Bedeutung der Schönheit in der Wissenschaft hervorgehoben wird. Ich möchte dieses Kapitel nicht dazu benutzen, noch ein paar Nettigkeiten über die Schönheit hinzuzufügen. Vielmehr möchte ich etwas näher auf das Wesen der Schönheit in physikalischen Theorien eingehen, möchte wissen, warum unser Schönheitssinn uns manchmal weiterhilft und manchmal nicht, und schließlich frage ich, inwiefern es ein Hinweis darauf ist, daß wir einer endgültigen Theorie näherkommen, wenn unser Schönheitssinn uns leitet.

Wenn ein Physiker sagt, eine Theorie sei schön, so meint er nicht genau dasselbe, wie wenn er sagen würde, ein bestimmtes Gemälde, Musikstück oder Gedicht sei schön. Es ist nicht bloß ein persönlicher Ausdruck ästhetischen Vergnügens; es kommt eher dem nahe, was ein Pferdetrainer meint, wenn er ein Rennpferd betrachtet und sagt, es sei ein schönes Pferd. Natürlich drückt der Pferdetrainer eine persönliche Meinung aus, aber es ist eine Meinung über eine objektive Tatsache, daß dies nämlich nach Kriterien, die der Trainer nicht leicht in Worte fassen könnte, die Art von Pferd ist, die Rennen gewinnt.

Es kann natürlich sein, daß verschiedene Pferdetrainer ein Pferd unterschiedlich beurteilen. Darauf beruht der ganze Reiz des Rennsports. Das ästhetische Empfinden des Pferdetrainers ist jedoch ein Mittel zu einem objektiven Zweck, nämlich dem, Pferde auszuwählen, die Rennen gewinnen werden. Auch der Schönheitssinn des Physikers soll einem Zweck dienen, er soll dem Physiker helfen, Ideen auszuwählen, die uns helfen, die Natur zu erklären. Physiker können genau wie Pferdetrainer in ihrem Urteil recht haben oder auch irren, doch urteilen sie nicht bloß zu ihrem Vergnügen. Gewiß macht es ihnen oft auch Vergnügen, aber das ist nicht der einzige Zweck ihres ästhetischen Urteils.

Dieser Vergleich wirft mehr Fragen auf, als er beantwortet. Zunächst: Was *ist* eine schöne Theorie? Welche Merkmale physikalischer Theorien vermitteln uns einen Eindruck von Schönheit? Schwieriger ist die Frage: Warum funktioniert der Schönheitssinn des Physikers, wenn er tatsächlich funktioniert? Die Geschichten, die im vorigen Kapitel erzählt wurden, illustrieren die ziemlich sonderbare Tatsache, daß etwas so Persönliches und Subjektives wie unser Schönheitssinn uns nicht nur hilft, physikalische Theorien zu erfinden, sondern auch die Gültigkeit von Theorien zu beurteilen. Warum sind wir mit einem solchen ästhetischen Urteilsvermögen gesegnet? Der Versuch, diese Frage zu beantworten, wirft eine weitere Frage auf, die noch schwieriger ist, wenngleich sie vielleicht trivial klingt: Was möchte der Physiker eigentlich erreichen?

Was ist eine schöne Theorie? Der Direktor eines großen amerikanischen Kunstmuseums hat sich einmal darüber entrüstet, daß ich im Zusammenhang mit der Physik das Wort »Schönheit« gebrauchte. Er sagte, in seinem Bereich würden die Fachleute dieses Wort nicht mehr benutzen, weil sie eingesehen hätten, daß man es unmöglich definieren kann. Der Physiker und Mathematiker Henri Poincaré räumte vor langer Zeit ein: »Es mag sehr schwierig sein, mathematische Schönheit zu definieren, aber das gilt ebenso für Schönheit überhaupt.«

Ich werde nicht versuchen, Schönheit zu definieren, sowenig ich versuchen würde, Liebe oder Furcht zu definieren. Diese Dinge definiert man nicht; man erkennt sie, wenn man sie empfindet. Nachträglich mag man bisweilen imstande sein, ein wenig zu ihrer Charakterisierung zu sagen, und darum will ich mich hier bemühen.

Unter der Schönheit einer physikalischen Theorie verstehe ich bestimmt nicht nur die mechanische Schönheit ihrer auf dem Papier abgedruckten Symbole. Der metaphysische Dichter Thomas Traherne gab sich Mühe, mit seinen Gedichten hübsche Muster auf der Buchseite zu erzeugen, aber das gehört nicht zum Geschäft der Physik. Ich sollte die Art von Schönheit, über die ich hier rede, ebenfalls von jener Eigenschaft unterscheiden, die Mathematiker und Physiker gelegentlich Eleganz nennen. Ein eleganter Beweis oder eine elegante Berechnung ist eine, die ein eindrucksvolles Resultat mit einem Minimum an unnötiger Komplikation erreicht. Es ist für die Schönheit einer Theorie unerheblich, daß ihre Gleichungen elegante Lösungen vorweisen. Die Gleichungen der allgemeinen Relativitätstheorie sind, außer in den einfachsten Bereichen, ungemein schwierig zu lösen, doch tut dies der Schönheit der Theorie selbst keinen Abbruch. Von Einstein wird berichtet, er solle gesagt haben, daß die Wissenschaftler alle Fragen der Eleganz besser den Schneidern überlassen sollten.

Einfachheit ist ein Bestandteil dessen, was ich unter Schönheit verstehe, aber es geht um eine Einfachheit der Ideen, nicht um eine mechanische Einfachheit, die man durch Abzählen der Gleichungen oder Symbole messen kann. Sowohl Einsteins als auch Newtons Theorie der Gravitation enthält Gleichungen, die uns verraten, welche Gravitationskräfte von einer gegebenen Menge Materie erzeugt werden. Newtons Theorie umfaßt (den drei Raumdimensionen entsprechend) drei dieser Gleichungen, Einsteins Theorie vierzehn.[2] Dies allein kann noch nicht als ein ästhetischer Vorzug von Newtons Theorie gegenüber der Einsteins gelten. Tatsächlich ist Einsteins Theorie die schönere, auch wegen der Einfachheit seiner zentralen Idee bezüglich der Äquivalenz von Gravitation und Trägheit. In diesem Urteil waren sich die Wissenschaftler mehr oder weniger einig, und es war, wie wir gesehen haben, weitgehend dafür verantwortlich, daß Einsteins Theorie frühzeitig Anerkennung fand.

An der Schönheit einer physikalischen Theorie ist neben der

Einfachheit ein weiteres Merkmal beteiligt: das Gefühl der Zwangsläufigkeit, das die Theorie uns vermitteln kann. Wenn man einem Musikstück oder dem Vortrag eines Sonetts lauscht, empfindet man bisweilen ein starkes ästhetisches Vergnügen an dem von dem Werk vermittelten Eindruck. Nichts daran dürfe geändert werden, nicht einen Ton, nicht ein Wort möchte man anders gesetzt sehen. Bei Raffaels »Heiliger Familie« ist die Anordnung der Figuren auf der Leinwand vollkommen. Dies mag von allen Gemälden der Welt nicht Ihr Lieblingsbild sein, doch wenn Sie es betrachten, finden Sie nichts, von dem Sie wünschten, Raffael hätte es anders gemacht. Dies trifft zum Teil (und nie mehr als zum Teil) auch auf die allgemeine Relativitätstheorie zu. Wenn man die allgemeinen physikalischen Prinzipien kennt, von denen Einstein ausging, versteht man, daß Einstein zu keiner nennenswert davon abweichenden Theorie der Gravitation hätte kommen können. Wie Einstein über die allgemeine Relativitätstheorie sagte: »Der Hauptreiz der Theorie liegt in ihrer logischen Geschlossenheit. Wenn eine einzige aus ihr geschlossene Konsequenz sich als unzutreffend erweist, muß sie verlassen werden; eine Modifikation erscheint ohne Zerstörung des ganzen Gebäudes unmöglich.«[3]

Dies gilt nicht im gleichen Maße für Newtons Theorie der Gravitation. Newton hätte, falls die astronomischen Daten dies erfordert hätten, für die Abnahme der Gravitationskraft mit der Entfernung statt des Kehrwertes des Quadrats auch den Kehrwert der dritten Potenz annehmen können, während Einstein den Kehrwert der dritten Potenz nicht in seine Theorie hätte einbauen können, ohne deren begriffliche Grundlage zu zerstören. Die vierzehn Gleichungen Einsteins besitzen somit eine Zwangsläufigkeit und folglich auch Schönheit, derer die drei Gleichungen Newtons entbehren. Das hat Einstein, glaube ich, gemeint, als er jenen Teil der Gleichungen, die in seiner allgemeinen Relativitätstheorie das Gravitationsfeld behandeln, als schön und wie aus Marmor bezeichnete, im Gegensatz zu dem anderen Teil der Gleichungen, der sich auf die Materie bezieht, von dem er sagte, er sei immer noch häßlich, wie aus rohem Holz. Die Art, wie das Gravitationsfeld in Einsteins Gleichungen auftritt, hat etwas beinahe Zwangsläufiges, doch warum die Materie in der Form erscheint, in der sie auftritt, wird in der allgemeinen Relativitätstheorie nicht erklärt.

Dem Eindruck der Zwangsläufigkeit begegnen wir (wiederum nur zum Teil) auch in unserem modernen Standardmodell der starken und elektroschwachen Kraft, die auf Elementarteilchen einwirkt. Der Eindruck der Notwendigkeit und Einfachheit beruht bei der allgemeinen Relativitätstheorie wie beim Standardmodell auf einem gemeinsamen Merkmal: Sie gehorchen *Symmetrieprinzipien*.

Ein Symmetrieprinzip besagt lediglich, daß etwas sein Aussehen nicht verändert, auch wenn man den Blickpunkt wechselt. Die einfachste aller Symmetrien ist die ungefähre bilaterale Symmetrie des menschlichen Gesichts. Es sieht, da die beiden Hälften sich kaum unterscheiden, gleich aus, ob wir es nun unmittelbar oder unter Vertauschung von links und rechts im Spiegel betrachten. Filmregisseure benutzen immer wieder den Trick, die Zuschauer plötzlich merken zu lassen, daß das Gesicht der Schauspielerin, das sie soeben gesehen haben, im Spiegel gezeigt wurde; die Überraschung wäre dahin, wenn die Menschen beide Augen nur in einer Gesichtshälfte hätten wie die Flundern – und immer in derselben Hälfte.

Einige Dinge haben weiterreichende Symmetrien als das menschliche Gesicht. Ein Würfel sieht aus sechs verschiedenen Richtungen, die alle im rechten Winkel aufeinanderstehen, sowie bei Umkehrung von links und rechts immer gleich aus. Ideale Kristalle sehen nicht nur aus verschiedenen Richtungen gleich aus, sondern auch dann, wenn wir unseren Blickpunkt innerhalb des Kristalls um bestimmte Winkel in verschiedenen Richtungen verändern. Eine Kugel sieht aus jeder Richtung gleich aus. Der leere Raum sieht aus allen Richtungen und von jeder Position her gleich aus.

Symmetrien wie diese haben seit Jahrtausenden die Künstler und Wissenschaftler amüsiert und fasziniert, doch in der Wissenschaft haben sie im Grunde keine wesentliche Rolle gespielt. Wir wissen vieles über das Salz, und die Tatsache, daß es ein kubischer Kristall ist und daher von sechs verschiedenen Blickpunkten aus gleich aussieht, gehört nicht zu den wichtigsten. Die bilaterale Symmetrie ist bestimmt nicht das Interessanteste am menschlichen Gesicht. Worauf es in der Natur wirklich ankommt, sind nicht die Symmetrien von *Dingen*, sondern die Symmetrien von *Gesetzen*.

Symmetrie der Naturgesetze bedeutet, daß sich bei bestimmten Änderungen des Blickpunkts, von dem aus wir die Naturphänomene beobachten, an den Naturgesetzen, die wir entdecken, nichts ändert.

Oft bezeichnet man solche Symmetrien als Prinzipien der *Invarianz*. So haben die Naturgesetze, die wir entdecken, die gleiche Form, unabhängig von der Lage unserer Laboratorien; ob wir uns bei der Richtungsmessung an der Nord-, der Nordost-, der Aufwärts- oder einer sonstigen Richtung orientieren, spielt keine Rolle. Den Naturphilosophen des Altertums und des Mittelalters war das keineswegs so klar; im Alltagsleben besteht offensichtlich ein Unterschied zwischen aufwärts, abwärts und horizontalen Richtungen. Erst mit der Geburt der modernen Wissenschaft im siebzehnten Jahrhundert wurde deutlich, daß zwischen unten und oben oder nordwärts nur deshalb ein Unterschied zu bestehen scheint, weil sich unter uns zufällig eine große Masse befindet, die Erde, und nicht etwa (wie Aristoteles meinte) deshalb, weil die natürliche Position von schweren Dingen unten und von leichten oben ist. Diese Symmetrie bedeutet indes nicht, daß oben dasselbe ist wie unten; Beobachter, die Entfernungen aufwärts oder abwärts von der Erdoberfläche messen, werden Vorgänge wie den Fall eines Apfels unterschiedlich beschreiben, doch werden sie die gleichen Gesetze entdecken, etwa das Gesetz, daß Äpfel von großen Massen wie der Erde angezogen werden.

Auch der Ort, an dem unsere Laboratorien sich befinden, ändert nichts an der Form der Naturgesetze; für unsere Ergebnisse spielt es keine Rolle, ob wir unsere Experimente in Texas, in der Schweiz oder auf einem Planeten auf der anderen Seite der Milchstraße durchführen. Gleichgültig, wie wir unsere Uhren stellen, auf die Form der Naturgesetze hat das keinen Einfluß; ob wir die Ereignisse von der Hedschra, der Geburt Christi oder dem Anfang des Universums an datieren, spielt keine Rolle. Das heißt nicht, daß sich mit der Zeit nichts ändert oder daß Texas dasselbe wäre wie die Schweiz, sondern nur, daß die an unterschiedlichen Orten und zu unterschiedlichen Zeiten entdeckten Gesetze die gleichen sind. Ohne diese Symmetrien müßte all das, was die Wissenschaft leistet, in jedem neuen Laboratorium und in jedem Moment, der vergeht, wiederholt werden.

Jedes Symmetrieprinzip ist zugleich ein Prinzip der Einfachheit. Würden nämlich die Naturgestze zwischen Richtungen wie oben, unten oder Norden unterscheiden, so müßten wir etwas in unsere Gleichungen einfügen, um der Lokalisierung unserer Laboratorien

Rechnung zu tragen, und dementsprechend wären sie weniger einfach. Schon in der Schreibweise, die von Mathematikern und Physikern benutzt wird, um unsere Gleichungen möglichst einfach und kompakt zu gestalten, ist implizit die Annahme enthalten, daß alle Richtungen im Raum gleichwertig sind.

In der klassischen Physik sind diese Symmetrien der Naturgesetze schon bedeutsam, doch noch größer ist ihre Bedeutung in der Quantenmechanik. Wodurch unterscheidet sich zum Beispiel ein Elektron von einem anderen? Nur durch seine Energie, seinen Impuls und seinen Spin; von diesen Eigenschaften abgesehen, ist jedes Elektron im Universum jedem anderen gleich. All diese Eigenschaften eines Elektrons sind nichts als Größen, die die Art und Weise charakterisieren, in der die quantenmechanische Wellenfunktion des Elektrons auf Symmetrietransformationen reagiert: auf eine Änderung der Art und Weise, wie wir unsere Uhren stellen, oder der Lage beziehungsweise Ausrichtung unseres Laboratoriums.* Damit büßt die Materie ihre zentrale Rolle in der Physik

---

* Die Frequenz, mit der die Wellenfunktion eines Systems in einem Zustand von bestimmter Energie schwingt, ist zum Beispiel gegeben durch die Energie, geteilt durch eine Naturkonstante, die Plancksche Konstante. Dieses System erscheint zwei Beobachtern, deren Uhren um eine Sekunde verschieden gehen, genau gleich; wenn beide aber das System in dem Augenblick beobachten, da der Zeiger ihrer Uhr genau auf zwölf Uhr mittags zeigt, beobachten sie, daß die Schwingung sich in einer anderen Phase befindet; weil ihre Uhren unterschiedlich gestellt sind, beobachten sie das System tatsächlich zu verschiedenen Zeitpunkten, so daß der eine Beobachter beispielsweise einen Wellenberg, der andere ein Wellental sieht. Die Phase ist genau um die Anzahl von Schwingungen (oder Teilen von Schwingungen) verschieden, die in einer Sekunde ablaufen; anders gesagt: um die Frequenz der Schwingung, ausgedrückt in Schwingungen pro Sekunde, und damit um die Energie, geteilt durch die Plancksche Konstante. In der heutigen Quantenmechanik *definieren* wir die Energie eines Systems als die Phasenänderung (in Schwingungen oder Teilen von Schwingungen) der Wellenfunktion des Systems zu einer gegebenen *Uhrzeit*, wenn wir den Gang unserer Uhren um eine Sekunde verstellen. Die Plancksche Konstante ist daran nur deshalb beteiligt, weil die Energie traditionell in Einheiten wie Kalorien oder Kilowattstunden oder Elektronenvolt gemessen wird, die vor der Einführung der Quantenmechanik festgelegt wurden; die Plancksche Konstante ist einfach der Umrechnungsfaktor zwischen diesen älteren Systemen von Maßeinheiten und der naturgegebenen quantenmechanischen Energieeinheit, die mit Schwingungen pro Sekunde festgelegt ist. Es kann gezeigt werden, daß eine so definierte Energie alle Eigenschaften hat, die wir normalerweise mit Energie verbinden, einschließlich ihrer Erhaltung; die Invarianz der Naturgesetze unter der Symmetrietransformation des Neustellens unserer Uhren ist sogar der Grund, *warum* es so etwas wie Energie gibt. Die Impulskomponente eines Systems in einer beliebig gewählten Richtung wird

ein: Alles, was übrig bleibt, sind Symmetrieprinzipien und verschiedene Verhaltensmöglichkeiten von Wellenfunktionen unter Symmetrietransformationen.

Es gibt Symmetrien der Raumzeit, die nicht so leicht einzusehen sind wie diese einfachen Translationen oder Rotationen. Auch für Beobachter, die sich mit verschiedenen konstanten Geschwindigkeiten bewegen, scheinen die Naturgesetze die gleiche Form anzunehmen; es spielt keine Rolle, ob wir unsere Experimente hier im Sonnensystem durchführen, das mit Hunderten von Kilometern pro Sekunde um das Zentrum der Milchstraße herumsaust, oder in einer fernen Galaxie, die sich mit Zehntausenden von Kilometern pro Sekunde von unserer Galaxie entfernt. Dieses letztere Symmetrieprinzip wird gelegentlich als Relativitätsprinzip bezeichnet. Es besteht weithin der Eindruck, dieses Prinzip sei von Einstein erfunden worden, doch gibt es ein Relativitätsprinzip auch in Newtons Theorie der Mechanik; der Unterschied besteht nur darin, wie in beiden Theorien die Geschwindigkeit des Beobachters die Beobachtungen von Orten und Zeiten beeinflußt. Newton hielt freilich seine Version des Relativitätsprinzips für naturgegeben, während Einstein seine Version ausdrücklich so gestaltete, daß sie übereinstimmte mit der experimentellen Tatsache, daß die Lichtgeschwindigkeit jedem Beobachter, gleichgültig, wie schnell er sich bewegt, gleich erscheint. Die Betonung der Symmetrie als einer Frage der Physik in Einsteins Aufsatz von 1905 über die spezielle Relativitätstheorie markiert insofern den Beginn der modernen Einstellung zu Symmetrieprinzipien.

---

ganz ähnlich definiert als die Phasenänderung der Wellenfunktion, wenn wir die Orte, von denen aus gemessen wird, um einen Zentimeter in dieser Richtung verschieben, wiederum mal die Plancksche Konstante. Die Größe des Drehimpulses eines Systems um eine Achse ist definiert als die Phasenänderung der Wellenfunktion, wenn wir das Bezugssystem, das wir zur Messung der Richtungen benutzen, um eine volle Umdrehung um diese Achse rotieren lassen, multipliziert mit der Planckschen Konstanten. Impuls und Drehimpuls sind somit das, was sie sind, aufgrund der Symmetrie der Naturgesetze unter Änderungen in dem Bezugssystem, das wir zur Messung von Orten oder Richtungen im Raum benutzen. (Bei der Aufzählung der Eigenschaften von Elektronen führe ich die Position nicht an, weil Position und Impuls komplementäre Eigenschaften sind; wir können den Zustand eines Elektrons durch seine Position *oder* seinen Impuls, nicht aber durch beide zusammen beschreiben.)

Was den Einfluß der Bewegung von Beobachtern auf die Beobachtung raumzeitlicher Positionen betrifft, so besteht der wichtigste Unterschied zwischen der Newtonschen und der Einsteinschen Physik darin, daß der Aussage, zwei entfernt voneinander ablaufende Vorgänge seien gleichzeitig, in der speziellen Relativitätstheorie keine absolute Bedeutung zukommt. Einem Beobachter mag es scheinen, daß zwei Uhren im gleichen Moment zwölf schlagen; ein anderer Beobachter, der sich gegenüber dem ersten bewegt, findet, daß eine Uhr vor oder nach der anderen zwölf schlägt. Wie schon oben dargelegt, macht dies Newtons Theorie der Gravitation und jede gleichartige Theorie der Kraft unvereinbar mit der speziellen Relativitätstheorie. Newtons Theorie sagt uns, daß die Gravitationskraft, welche die Sonne in einem beliebigen Moment auf die Erde ausübt, davon abhängt, wo sich die Masse der Sonne im gleichen Moment befindet, doch für wen ist dies der gleiche Augenblick?

Man kann dieses Problem zwanglos umgehen, wenn man die alte Newtonsche Idee der augenblicklichen Fernwirkung aufgibt und durch ein Bild ersetzt, in dem die Kraft auf *Feldern* beruht. In diesem Bild zieht die Sonne nicht unmittelbar die Erde an; sie erzeugt vielmehr ein Feld, das Gravitationsfeld, das wiederum eine Kraft auf die Erde ausübt. Es könnte scheinen, als werde hier eine Unterscheidung getroffen, ohne daß ein Unterschied vorliegt, doch besteht ein entscheidender Unterschied: Wenn auf der Sonne eine Sonnenfackel ausbricht, beeinflußt sie zunächst das Gravitationsfeld nur in der Nähe der Sonne, diese winzige Änderung des Feldes pflanzt sich dann mit Lichtgeschwindigkeit durch den Raum fort, wie die Wellen, die sich von dem Punkt, wo ein Stein ins Wasser gefallen ist, ausbreiten, und erreicht erst nach rund acht Minuten die Erde. Alle Beobachter, die sich mit einer konstanten Geschwindigkeit bewegen, stimmen in dieser Beschreibung überein, weil sich in der speziellen Relativitätstheorie alle derartigen Beobachter über die Geschwindigkeit des Lichts einig sind. In der gleichen Weise erzeugt ein elektrisch geladener Körper ein Feld, das elektromagnetische Feld, das auf andere geladene Körper elektrische und magnetische Kräfte ausübt. Wird ein elektrisch geladener Körper plötzlich bewegt, so ändert sich das elektromagnetische Feld zunächst nur in der Nähe dieses Körpers, und die Veränderungen dieses Feldes pflanzen sich dann mit Lichtgeschwindigkeit fort. In diesem Fall sind die Veränderungen des elektromagnetischen Feldes sogar gleichbedeutend mit dem, was wir als Licht bezeichnen, auch wenn es oft Licht von einer so kurzen oder so langen Wellenlänge ist, daß wir es nicht sehen können.

Im Rahmen der Physik vor Einführung der Quantenmechanik vertrug sich Einsteins spezielle Relativitätstheorie gut mit einem dualistischen Bild der Natur: Es gibt Teilchen wie die Elektronen, Protonen und Neutronen in normalen Atomen, und es gibt Felder wie das Gravitations- oder das elektromagnetische Feld. Die Quantenmechanik führte zu einem sehr viel einheitlicheren Bild. Energie und Impuls eines Feldes wie des elektromagnetischen treten, quantenmechanisch betrachtet, in Bündeln auf, den Photonen, die sich genau wie Teilchen verhalten, wenn auch wie Teilchen, die zufällig keine Masse besitzen. Auch im Gravitationsfeld treten die Energie und der Impuls in Bündeln auf, den Gravitonen, die sich ebenfalls genau wie Teilchen ohne Masse verhalten.[4] In einem umfangreichen Kraftfeld wie dem Gravitationsfeld der Sonne bemerken wir keine individuellen Gravitonen, weil sie vor allem so zahlreich sind.

Werner Heisenberg und Wolfgang Pauli erklärten (aufbauend auf früheren Arbeiten von Max Born, Werner Heisenberg, Pascual Jordan und Eugene Wigner) in einer Reihe von Aufsätzen im Jahre 1929, daß massereiche Teilchen wie das Elektron auch als Bündel von Energie und Impulsen in unterschiedlichen Feldern wie etwa dem Elektronenfeld verstanden werden könnten. So wie die elektromagnetische Kraft zwischen zwei Elektronen in der Quantenmechanik auf dem Austausch von Photonen beruht, so beruht die Kraft zwischen Photonen und Elektronen auf dem Austausch von Elektronen. Die Unterscheidung zwischen Materie und Kraft verschwindet weitgehend; jedes Teilchen kann die Rolle eines Testkörpers spielen, auf den Kräfte einwirken, und es kann durch seinen Austausch andere Kräfte erzeugen. Heute wird allgemein anerkannt, daß die Prinzipien der speziellen Relativitätstheorie und der Quantenmechanik nur durch die Quantentheorie der Felder oder etwas sehr Ähnliches miteinander verbunden werden können. Dies ist genau die Art von logischer Strenge, die einer wirklich fundamentalen Theorie ihre Schönheit verleiht: Quantenmechanik und spezielle Relativitätstheorie sind nahezu unvereinbar, und ihre Verschmelzung in der Quantenfeldtheorie erlegt den möglichen Wechselwirkungen zwischen Teilchen starke Beschränkungen auf.

Alle bisher erwähnten Symmetrien beschränken lediglich die Arten von Kraft und Materie, die eine Theorie enthalten kann – sie setzen noch nicht die Existenz einer bestimmten Art von Materie oder Kraft voraus. In diesem Jahrhundert und besonders in den letzten Jahrzehnten sind Symmetrieprinzipien zu neuer Bedeutung gelangt: Es gibt Symmetrieprinzipien, welche die Existenz aller bekannten Naturkräfte geradezu diktieren.

Nach dem grundlegenden Symmetrieprinzip der allgemeinen Relativitätstheorie sind *alle* Bezugssysteme gleichwertig: Nicht nur für Beobachter, die sich mit einer konstanten Geschwindigkeit bewegen, sondern für alle Beobachter sind, unabhängig von der Beschleunigung oder Rotation ihrer Laboratorien, die Naturgesetze gleich. Angenommen, wir verlegen unsere physikalische Versuchsanordnung aus der Stille eines Universitätslaboratoriums und führen unsere Experimente auf einem gleichmäßig rotierenden Karussell durch. Statt Richtungen relativ zum Norden zu messen, würden wir sie mit Bezug auf die Pferde messen, die auf der rotierenden Plattform befestigt sind. Die Naturgesetze werden sich auf den ersten Blick ganz anders darstellen. Beobachter auf einem rotierenden Karussell beobachten eine Fliehkraft, die unbefestigte Gegenstände an den äußeren Rand des Karussells zieht. Falls sie auf dem Karussell geboren wurden und aufgewachsen sind und nicht wissen, daß sie sich auf einer rotierenden Plattform befinden, werden sie die Natur mit Hilfe von Gesetzen der Mechanik beschreiben, die diese Fliehkraft enthalten, von Gesetzen, die ganz anders zu sein scheinen als jene, die wir anderen entdecken.

Die Tatsache, daß die Naturgesetze zwischen stationären und rotierenden Bezugssystemen zu unterscheiden scheinen, machte schon Isaac Newton zu schaffen und hat auch spätere Forscher beunruhigt. Der Wiener Physiker und Philosoph Ernst Mach wies in den achtziger Jahren des vorigen Jahrhunderts den Weg zu einer möglichen Neuinterpretation. Mach betonte, daß es außer der Fliehkraft noch etwas gebe, das das rotierende Karussell und konventionelle Laboratorien auszeichnet. Aus der Sicht eines Astronomen auf dem Karussell scheinen die Sonne, die Sterne, die Galaxien, ja die gesamte Materie des Universums sich um den Zenit zu drehen. Wir würden sagen, das liege daran, daß das Karussell rotiert, doch ein auf dem Karussell aufgewachsener Astronom, der selbstverständlich das Karussell als sein Bezugssystem verwendet, würde darauf pochen, daß der Rest des Universums sich um ihn dreht. Mach fragte, ob diese große scheinbare Zirkulation der Materie für die Fliehkraft verantwortlich gemacht werden könne. Wenn ja, dann könnten die auf dem Karussell entdeckten Naturgesetze tatsächlich identisch sein mit jenen, die man in konventionelleren Laboratorien findet; der scheinbare Unterschied würde einfach aus der unterschiedlichen Umgebung herrühren, welche die Beobachter in ihren verschiedenen Laboratorien sehen.

Machs Hinweis wurde von Einstein aufgegriffen und in seiner allgemeinen Relativitätstheorie konkretisiert. In dieser Theorie üben die fernen Sterne tatsächlich einen Einfluß aus, der das Phänomen der Fliehkraft auf einem rotierenden Karussell erzeugt: Es ist die Schwerkraft. Nichts dergleichen geschieht natürlich in Newtons Theorie der Gravitation, in der es nur um eine einfache Anziehung zwischen allen Massen geht. Die allgemeine Relativitätstheorie ist komplizierter; die Zirkulation der Materie des Universums um den Zenit, wie sie die Beobachter auf dem Karussell sehen, erzeugt ein Feld, das ein wenig dem magnetischen Feld gleicht, wie es die Zirkulation von Strom in den Spulen eines Elektromagneten erzeugt. Dieses »gravitomagnetische« Feld ruft im Karussell-Bezugssystem jene Effekte hervor, die in konventionelleren Bezugssystemen der Fliehkraft zugeschrieben werden. Anders als bei der Newtonschen Mechanik sind die Gleichungen der allgemeinen Relativitätstheorie im Karussell-Laboratorium und in konventionellen Laboratorien genau dieselben; der Unterschied zwischen dem, was in diesen Laboratorien beobachtet wird, beruht ausschließlich auf der jeweils unterschiedlichen Umwelt – einem Universum, das sich um den Zenit dreht, und einem anderen, das dies nicht tut. Gäbe es die Gravitation jedoch nicht, so wäre diese Umdeutung der Fliehkraft unmöglich, und die Fliehkraft, die man auf einem Karussell spürt, würde uns erlauben, zwischen dem Karussell und konventionelleren Laboratorien zu unterscheiden, und damit jede mögliche Äquivalenz zwischen rotierenden und nichtrotierenden Laboratorien ausschließen. *Die Symmetrie zwischen verschiedenen Bezugssystemen erfordert somit die Existenz der Gravitation.*

Die Symmetrie, die der elektroschwachen Theorie zugrunde liegt, ist ein wenig esoterischer. Bei ihr geht es nicht um Veränderungen unseres Standpunkts in Raum und Zeit, sondern um Änderungen unserer Perspektive bezüglich der Identität der verschiedenen Arten von Elementarteilchen. So wie es möglich ist, daß ein Teilchen sich in einem quantenmechanischen Zustand befindet, in dem es weder definitiv *hier* noch *dort* ist oder in dem es weder definitiv im Uhrzeigersinn noch gegen den Uhrzeigersinn kreist, so ist es dank der Wunder der Quantenmechanik ebenfalls möglich, daß ein Teilchen sich in einem Zustand befindet, in dem es weder definitiv ein Elektron noch definitiv ein Neutrino ist, solange wir nicht eine Eigenschaft messen, welche die beiden unterscheiden würde wie etwa die elektrische Ladung. In der elektroschwachen Theorie ändert sich nichts an der Form der Naturgesetze, wenn wir die Elektronen und Neutrinos überall in unseren Gleichungen durch solche gemischten Zustände ersetzen, die weder Elektronen noch Neutrinos sind. Da verschiedene andere Teilchenarten mit den Elektronen und Neutrinos in Wechselwirkung stehen, müssen sich gleichzeitig Familien von Teilchenarten vermischen, so etwa *up*-Quarks mit *down*-Quarks und die Photonen mit ihren Geschwistern, den positiv und negativ geladenen *W*-Teilchen und den neutralen *Z*-Teilchen.[5] Dies ist die Symmetrie, welche die elektromagnetischen Kräfte, die durch einen Austausch von Photonen gebildet werden, mit den schwachen Kernkräften verbindet, die durch den Austausch der *W*- und *Z*-Teilchen erzeugt werden. Das Photon und die *W*- und *Z*-Teilchen erscheinen in der elektroschwachen Theorie als Bündel der Energie von vier Feldern, Feldern, die von dieser Symmetrie der elektroschwachen Theorie in der gleichen Weise gefordert werden wie das Gravitationsfeld von den Symmetrien der allgemeinen Relativitätstheorie.

Symmetrien von der Art, wie sie der elektroschwachen Theorie zugrunde liegen, nennt man *innere Symmetrien*, weil wir uns vorstellen können, daß sie nicht so sehr mit der Position oder der Bewegung der Teilchen, sondern vielmehr mit ihrer inneren Natur zu tun haben. Mit inneren Symmetrien sind wir nicht so vertraut wie mit jenen Symmetrien, die auf den gewöhnlichen Raum und die gewöhnliche Zeit einwirken und beispielsweise für die allgemeine Relativitätstheorie maßgebend sind. Man kann sich das so vorstellen, daß jedes Teilchen eine kleine Anzeigeskala mit den Markierungen »Elektron«, »Neutrino«, »Photon« oder »W« und einen Zeiger besitzt, der auf eine dieser Markierungen oder auf eine Stelle dazwischen weist. Die innere Symmetrie besagt, daß sich an der Form der Naturgesetze nichts ändert, wenn wir die Markierungen auf diesen Skalen in bestimmter Weise rotieren lassen.

Bei der Art von Symmetrie, die die elektroschwachen Kräfte bestimmt, können wir die Anzeigeskalen für Teilchen mit unterschiedlichen Zeiten und Positionen auch in unterschiedlicher Weise rotieren lassen. Dies entspricht weitgehend der Symmetrie, die der allgemeinen Relativitätstheorie zugrunde liegt, nach der es uns erlaubt ist, unser Laboratorium nicht nur um einen bestimmten Winkel, sondern auch in einer mit der Zeit wachsenden Schnelligkeit rotieren zu lassen, indem wir es auf ein Karussell verlegen. Die Invarianz der Naturgesetze unter einer Gruppe solcher orts- und zeitabhängigen inneren Symmetrietransformationen bezeichnet man als *lokale* Symmetrie (weil der Effekt der Symmetrietransformationen von der Lokalisierung in Raum und Zeit abhängt) oder (aus rein historischen Gründen) als *Eich*symmetrie.[6] Die lokale Symmetrie zwischen unterschiedlichen Bezugssystemen in Raum und Zeit macht die Gravitation notwendig, und entsprechend macht eine zweite lokale Symmetrie zwischen Elektronen und Neutrinos (sowie zwischen *up*- und *down*-Quarks usw.) die Existenz der Photonen-, *W*- und *Z*-Felder erforderlich.

Es gibt noch eine dritte exakte lokale Symmetrie, die mit jener internen Eigenschaft von Quarks zusammenhängt, die unter der ausgefallenen Bezeichnung *Farbe* läuft.[7] Es gibt, wie wir gesehen haben, verschiedene Arten von Quarks, so die *up*- und die *down*-Quarks, aus denen die in allen gewöhnlichen Atomkernen vorkommenden Protonen und Neutronen bestehen. Diese Arten von Quarks kommen außerdem in drei verschiedenen Farben vor, die von den Physikern zumeist mit Rot, Weiß und Blau angegeben werden. Mit der gewöhnlichen Farbe hat das natürlich nichts zu tun; es ist nur eine Kennzeichnung zur Unterscheidung verschiedener Unterarten von Quarks. In der Natur besteht, soweit wir wissen, eine exakte Symmetrie zwischen den verschiedenen Farben; die Kraft zwischen einem roten und einem weißen Quark ist die gleiche wie zwischen einem weißen und einem blauen Quark, und die Kraft zwischen zwei roten Quarks ist die gleiche wie zwischen zwei blauen Quarks. Diese Symmetrie geht aber über den bloßen Austausch von Farben hinaus. In der Quantenmechanik können wir Zustände eines einzelnen Quarks betrachten, das weder definitiv rot noch definitiv weiß noch definitiv blau ist. An der Form der Naturgesetze ändert sich überhaupt nichts, wenn wir rote, weiße und blaue Quarks durch Quarks in drei entsprechend gemischten Zuständen (zum Beispiel purpurrot, blaßrot und lavendel) ersetzen. Wiederum in Analogie zur allgemeinen Relativitätstheorie macht die Tatsache, daß die Naturgesetze unverändert bleiben, auch wenn die Mischungen von Ort zu Ort und von Zeit zu Zeit verschieden sind, die Aufnahme einer Familie von Feldern in die Theorie erforderlich, die analog zum Gravitationsfeld mit Quarks in Wechselwirkung stehen. Es gibt acht dieser Felder; man bezeichnet sie als Gluonenfelder, weil die starken Kräfte, die sie erzeugen, die Quarks innerhalb der Protonen und der Neutronen aneinanderbinden (englisch: »glue«). Unsere moderne Theorie dieser Kräfte, die *Quantenchromodynamik*, ist nichts anderes als die Theorie der Quarks und Gluonen, welche diese lokale Farbsymmetrie berücksichtigt. Das Standardmodell der Elementarteilchen besteht aus der elektroschwachen Theorie in Verbindung mit der Quantenchromodynamik.

Ich habe davon gesprochen, daß Symmetrieprinzipien den Theorien eine gewisse Strenge verleihen. Man könnte das als Nachteil werten und der Meinung sein, daß der Physiker Theorien anstrebt, die eine Vielzahl von Phänomenen zu beschreiben vermögen, und daher möglichst flexible Theorien entdecken möchte, Theorien, die unter einem breiten Spektrum denkbarer Umstände plausibel sind. Das trifft in vielen Wissenschaftsbereichen zu, nicht aber auf diesem fundamentalen Gebiet der Physik. Was wir aufspüren wollen, ist etwas Universales, etwas, das die physikalischen Phänomene des gesamten Universums bestimmt, etwas, das wir die Naturgesetze nennen. Wir möchten keineswegs eine Theorie entdecken, die alle vorstellbaren Arten von Kräften zwischen den Teilchen der Natur zu beschreiben vermag. Wir wünschen uns vielmehr eine Theorie, die uns erlauben wird, in aller Strenge allein jene Kräfte zu beschreiben, die tatsächlich existieren: die Gravitation, die elektroschwache und die starke Kraft. Diese Art Strenge in unseren physikali-

schen Theorien ist Bestandteil dessen, was wir als Schönheit empfinden.

Es sind nicht nur Symmetrieprinzipien, die unseren Theorien
Strenge verleihen. Allein auf der Basis von Symmetrieprinzipien
würden wir nicht zu der elektroschwachen Theorie oder zur Quantenchromodynamik gelangen, es sei denn als Sonderfall einer sehr
viel breiteren Klasse von Theorien, in die man eine unbegrenzte
Zahl von Konstanten mit jedem beliebigen Wert einfügen könnte.
Wir konnten unser einfaches Standardmodell aus der Vielzahl anderer, komplizierterer Theorien, die ebenfalls den Symmetrieprinzipien genügen, nur dank der zusätzlichen Bedingung auswählen,
daß unendliche Größen, die bei Anwendung der Theorie in Berechnungen auftreten, verschwinden sollten. (Die Theorie muß also
»renormierbar« sein.[8]) Diese Bedingung zwingt den Gleichungen
der Theorie ein hohes Maß von Einfachheit auf, und sie trägt
zusammen mit den verschiedenen lokalen Symmetrien erheblich
dazu bei, unserem Standardmodell der Elementarteilchen eine eindeutige Gestalt zu geben.

Die Schönheit, die wir in physikalischen Theorien wie der allgemeinen Relativitätstheorie oder in dem Standardmodell finden,
ähnelt sehr jener Schönheit, die manchen Kunstwerken durch das
von ihnen vermittelte Gefühl der Zwangsläufigkeit verliehen wird –
jenen Kunstwerken, bei denen man das Gefühl hat, nicht ein Ton,
nicht ein Pinselstrich und nicht eine Zeile dürften geändert werden.
Dieses Gefühl der Zwangsläufigkeit ist jedoch wie in der Musik, der
Malerei oder der Dichtung eine Frage des Geschmacks und der
Erfahrung und läßt sich nicht in Formeln pressen.

Alle zwei Jahre veröffentlicht das Lawrence Berkeley Laboratory
eine Broschüre, in der die Eigenschaften der bis dahin bekannten
Elementarteilchen aufgelistet werden. Wenn ich sage, es sei das
grundlegende Prinzip der Natur, daß die Elementarteilchen die in
dieser Broschüre aufgeführten Eigenschaften besitzen, dann trifft es
gewiß zu, daß die bekannten Eigenschaften der Elementarteilchen
notwendig aus diesem grundlegenden Prinzip folgen. Dieses Prinzip
hat sogar Vorhersagekraft: Jedes neue Elektron oder Proton, das in
unseren Laboratorien erzeugt wird, wird genau die Masse und
Ladung haben, die in der Broschüre bereits angegeben ist. Das
Prinzip selbst ist aber so häßlich, daß man nicht den Eindruck hat,

mit ihm sei ein Fortschritt erreicht worden. Seine Häßlichkeit beruht darauf, daß ihm Einfachheit und Notwendigkeit abgehen – die Broschüre enthält Tausende von Zahlen, von denen jede geändert werden könnte, ohne daß die übrigen Informationen dadurch unsinnig werden würden. Es gibt keine logische Formel, die es erlauben würde, eindeutig zwischen einer schönen erklärenden Theorie und einer bloßen Aufzählung von Daten zu unterscheiden, doch erkennen wir den Unterschied, wenn wir ihn sehen – wir verlangen von unseren Prinzipien eine gewisse Einfachheit und Strenge, bevor wir bereit sind, sie ernst zu nehmen. Unser ästhetisches Urteil ist somit nicht nur ein Mittel zum Zweck, wissenschaftliche Erklärungen zu finden und ihre Gültigkeit zu beurteilen – *es ist Bestandteil dessen, was wir unter einer Erklärung verstehen.*

Bisweilen machen andere Wissenschaftler sich über die Elementarteilchenphysiker lustig, weil es inzwischen so viele sogenannte Elementarteilchen gibt, daß wir die Berkeley-Broschüre ständig in der Tasche haben müssen, damit sie uns an all die Teilchen erinnert, die inzwischen entdeckt worden sind. Das Wesentliche ist jedoch nicht die bloße Anzahl der Teilchen. Sparsam ist die Natur, wie Abdus Salam gesagt hat, nicht mit Teilchen oder Kräften, sondern mit Prinzipien. Wesentlich ist eine Reihe von einfachen und ökonomischen Prinzipien, die uns erklären, warum die Teilchen so sind, wie wir es beobachten. Daß uns eine solche umfassende Theorie noch nicht zur Verfügung steht, ist in der Tat ärgerlich. Wenn wir sie dann aber haben, wird es nicht so sehr darauf ankommen, wie viele Arten von Teilchen oder Kräften sie beschreibt, sondern darauf, daß die Beschreibung schön ist und mit unausweichlicher Konsequenz aus einfachen Prinzipien folgt.

Diese Schönheit, die wir in physikalischen Theorien finden, ist von sehr begrenzter Art. Sie ist, soweit ich es in Worte zu fassen vermocht habe, die Schönheit der Einfachheit und der Zwangsläufigkeit – die Schönheit der vollkommenen Struktur, die Schönheit, die darin liegt, daß alles zueinander paßt und nichts austauschbar ist, die Schönheit der logischen Strenge. Es ist eine karge, klassische Schönheit, wie wir sie in den griechischen Tragödien finden. Doch ist dies nicht die einzige Art von Schönheit, die in den Künsten wohnt. Ein Stück von Shakespeare besitzt diese Schönheit nicht, jedenfalls nicht im gleichen Umfang wie einige seiner

Sonette. In vielen Shakespeare-Inszenierungen werden große Textteile gestrichen. In der mit Laurence Olivier verfilmten Version des *Hamlet* sagt dieser nicht: »O welch ein Schurk' und niedrer Sklav' ich bin!« Dennoch ist die Aufführung gelungen, weil Shakespeares Stücke keine kargen, perfekten Gebilde sind wie die allgemeine Relativitätstheorie oder *Oedipus Rex*; es sind vielmehr vielschichtige, große Kompositionen, in deren Buntheit sich die Komplexität des Lebens widerspiegelt. Das ist ein Bestandteil der Schönheit seiner Stücke, einer Schönheit, die nach meinem Geschmack von höherem Rang ist als die Schönheit eines Stückes von Sophokles oder die der allgemeinen Relativitätstheorie. Shakespeare hat seine größten Momente dort, wo er bewußt vom Vorbild der griechischen Tragödie abweicht und einen unbedeutenden, komischen Mann aus dem Volk – einen Pförtner, Gärtner, Feigenverkäufer oder Totengräber – auftreten läßt, kurz bevor seine Hauptpersonen ihrem Schicksal begegnen. Für die Künste wäre die Schönheit der theoretischen Physik wohl ein recht ungeeignetes Vorbild, doch uns vermittelt sie, so wie sie ist, Freude und Orientierung.

Noch in einer weiteren Hinsicht scheint mir die theoretische Physik ein schlechtes Vorbild für die Künste zu sein. Unsere Theorien sind sehr esoterisch – das ist unvermeidlich, weil wir gezwungen sind, diese Theorien in einer Sprache zu entwickeln, der Sprache der Mathematik, die nicht zum allgemeinen Rüstzeug des gebildeten Publikums gehört. Den meisten Physikern ist es gar nicht recht, daß unsere Theorien so esoterisch sind. Auf der anderen Seite habe ich gelegentlich Künstler reden hören, die sich damit brüsteten, daß ihr Werk nur einer kleinen Schar von Kennern zugänglich sei, und die diese Einstellung mit dem Hinweis auf physikalische Theorien rechtfertigten wie die allgemeine Relativitätstheorie, die auch nur von Eingeweihten zu verstehen sei. Es mag Künstlern wie Physikern nicht immer gelingen, sich dem allgemeinen Publikum verständlich zu machen, doch Esoterik um ihrer selbst willen ist einfach albern.

Wir suchen nach Theorien, die schön sind und ihre Schönheit einer Strenge verdanken, die ihnen von einfachen zugrundeliegenden Prinzipien auferlegt wird, doch kann eine Theorie nicht einfach dadurch geschaffen werden, daß man sie mathematisch aus einer Reihe von vorherbestimmten Prinzipien ableitet. Oft werden un-

sere Prinzipien ad hoc entwickelt, manchmal gerade deshalb, weil
sie zu jener Strenge führen, die wir uns wünschen. Einer der
Gründe, warum Einstein über seine Idee mit der Äquivalenz von
Gravitation und Trägheit so entzückt war, wird zweifellos der
gewesen sein, daß dieses Prinzip zu nur einer ziemlich strengen
Theorie der Gravitation führte und nicht zu einer unendlichen
Vielfalt möglicher Theorien der Gravitation. Aus einer gegebenen
Menge wohlformulierter physikalischer Prinzipien die Folgerungen
herzuleiten, kann schwierig oder einfach sein, aber das gehört zu
den Dingen, die Physiker in den höheren Semestern lernen und die
ihnen im allgemeinen Spaß machen. Die Aufstellung *neuer* physikalischer Prinzipien ist dagegen quälend und kann offensichtlich nicht
gelehrt werden.

Die Schönheit physikalischer Theorien verkörpert sich in strengen mathematischen Gebilden, die auf einfachen zugrundeliegenden Prinzipien beruhen, und es ist sonderbar, daß die Gebilde, die
diese Art von Schönheit besitzen, auch dann überleben können,
wenn die zugrundeliegenden Prinzipien sich als falsch erweisen. Ein
treffendes Beispiel ist Diracs Theorie des Elektrons. Dirac versuchte
1928, Schrödingers Version der Quantenmechanik im Sinne von
Teilchenwellen umzuformulieren, um sie mit der speziellen Relativitätstheorie in Einklang zu bringen. Dirac gelangte dabei zu den
Schlußfolgerungen, daß das Elektron einen bestimmten Spin haben
müsse und daß das Universum voll sei von nichtbeobachtbaren
Elektronen mit negativer Energie, deren *Abwesenheit* an einem
bestimmten Punkt im Laboratorium beobachtet werden würde als
Anwesenheit eines Elektrons mit der entgegengesetzten Ladung,
also eines Antiteilchens des Elektrons. Seine Theorie gewann unge-
heures Ansehen, als 1932 in der Höhenstrahlung gerade ein solches
Antiteilchen des Elektrons entdeckt wurde, jenes Teilchen, das wir
heute Positron nennen. Diracs Theorie war ein wichtiger Baustein
jener Version der Quantenelektrodynamik, die in den dreißiger und
vierziger Jahren entwickelt und mit großem Erfolg angewandt
wurde. Heute wissen wir jedoch, daß Diracs Auffassung weitgehend falsch war. Der geeignetste Rahmen für die Vereinigung von
Quantenmechanik und spezieller Relativitätstheorie ist nicht jene
relativistische Version von Schrödingers Wellenmechanik, nach der
Dirac suchte, sondern der allgemeinere Formalismus, den wir als

Quantenfeldtheorie bezeichnen und der 1929 von Heisenberg und Pauli vorgetragen wurde. In der Quantenfeldtheorie ist nicht nur das Photon ein Bündel der Energie eines Feldes, des elektromagnetischen Feldes; auch die Elektronen und Positronen sind Bündel der Energie des Elektronenfeldes, und alle übrigen Elementarteilchen sind Bündel der Energie verschiedener weiterer Felder. Da die Vorgänge nur Elektronen, Positronen und/oder Photonen einschlossen, erbrachte Diracs Theorie per Zufall die gleichen Resultate wie die Quantenfeldtheorie. Die Quantenfeldtheorie ist jedoch allgemeiner – sie vermag auch Vorgänge wie den nuklearen Beta-Zerfall zu erklären, der mit Diracs Theorie nicht verstanden werden kann.[9] Die Quantenfeldtheorie fordert nicht, daß Teilchen einen bestimmten Spin haben müßten. Das Elektron hat zufällig den Spin, den Diracs Theorie forderte, doch gibt es andere Teilchen mit anderen Spins, und diese anderen Teilchen haben Antiteilchen, und das hat nichts zu tun mit den negativen Energien, über die Dirac spekulierte.[10] Der *mathematische Formalismus* von Diracs Theorie hat sich jedoch als wesentlicher Bestandteil der Quantenfeldtheorie erhalten und gehört zu den obligatorischen Dingen, die jeder Fortgeschrittenenkurs in höherer Quantenmechanik lernen muß. Die formale Struktur von Diracs Theorie hat somit den Tod der Prinzipien einer relativistischen Wellenmechanik, von denen Dirac sich zu dieser Theorie führen ließ, überlebt.

Die mathematischen Strukturen, die von Physikern in Übereinstimmung mit physikalischen Prinzipien entwickelt werden, besitzen also eine eigentümliche Übertragbarkeit. Sie können von einer begrifflichen Umgebung auf eine andere transferiert werden und vielen verschiedenen Zwecken dienen, wie die vielseitigen Knochen in Ihren Schultern, die bei einem anderen Wesen das Verbindungsstück zwischen Flügel und Körper eines Vogels oder zwischen der Schwimmflosse und dem Körper eines Delphins wären. Wir gelangen zu diesen schönen Strukturen durch physikalische Prinzipien, doch die Schönheit bleibt manchmal erhalten, während die Prinzipien untergehen.

Eine mögliche Erklärung dafür lieferte Niels Bohr im Jahre 1922.[11] Im Zusammenhang mit Überlegungen zur Zukunft seiner früheren Theorie des Atomaufbaus äußerte er, daß die Mathematik nur über eine begrenzte Zahl von Formen verfüge, die wir der

Natur überstülpen könnten, und es könne einem passieren, daß man durch die Formulierung völlig falscher Konzepte die richtigen Formen findet. Tatsächlich hatte Bohr, was die Zukunft seiner eigenen Theorie betraf, recht; ihre zugrundeliegenden Prinzipien sind aufgegeben worden, doch ihre Sprache und Rechenmethoden benutzen wir noch immer.

Gerade in der Anwendung der reinen Mathematik auf die Physik zeigt sich in verblüffender Weise die Wirksamkeit ästhetischer Urteile. Es ist zu einem Gemeinplatz geworden, daß Mathematiker sich in ihrer Arbeit von dem Wunsch treiben lassen, Formalismen von abstrakter Schönheit zu konstruieren. Der englische Mathematiker G. H. Hardy hat erklärt: »Mathematische Strukturen müssen – wie die der Maler oder Dichter – schön sein. Die Ideen müssen wie die Farben oder Worte harmonisch aufeinander abgestimmt sein. Schönheit ist das erste Kriterium. Für häßliche Mathematik ist auf die Dauer kein Platz.«[12] Und dennoch erweisen sich mathematische Strukturen, die von den Mathematikern eingestandenermaßen entwickelt wurden, weil sie nach einer Art Schönheit streben, später oft als außerordentlich wertvoll für den Physiker.

Kehren wir, um das zu verdeutlichen, noch einmal zum Beispiel der nichteuklidischen Geometrie und der allgemeinen Relativitätstheorie zurück. Nach Euklid haben die Mathematiker zwei Jahrtausende lang herauszufinden versucht, ob die verschiedenen Annahmen, die der Geometrie Euklids zugrunde liegen, logisch voneinander unabhängig waren. Falls die Postulate nicht voneinander unabhängig waren, falls eines von ihnen sich aus den anderen herleiten ließ, könnte auf die unnötigen Postulate verzichtet werden, und man würde zu einer ökonomischeren und damit schöneren Formulierung der Geometrie gelangen. Zu Beginn des neunzehnten Jahrhunderts wurden diese Bemühungen einer Entscheidung zugeführt, denn Carl Friedrich Gauß und andere entwickelten eine nichteuklidische Geometrie für einen gekrümmten Raum,[13] die alle Postulate Euklids außer dem fünften erfüllte.[14] Euklids fünftes Postulat war demnach in der Tat von den anderen Postulaten logisch unabhängig. Entwickelt wurde die neue Geometrie, um einen uralten Streit über die Grundlagen der Geometrie zu klären, und nicht, weil irgend jemand daran gedacht hätte, sie auf die reale Welt anzuwenden.

Die nichteuklidische Geometrie wurde dann von einem der größten Mathematiker, Georg Friedrich Bernhard Riemann, zu einer allgemeinen Theorie gekrümmter Räume von zwei, drei oder beliebig vielen Dimensionen erweitert. Die Mathematiker fuhren fort, sich mit der Riemannschen Geometrie zu befassen, weil sie so schön war, ohne an physikalische Anwendungen zu denken. Ihre Schönheit war wiederum weitgehend die Schönheit des Zwangsläufigen. Wenn man einmal anfängt, über gekrümmte Räume nachzudenken, gelangt man nahezu unausweichlich zur Einführung von mathematischen Größen (»Metrik«, »affine Verbindungen«, »Krümmungstensoren« usw.), welche die Bausteine der Riemannschen Geometrie sind. Als Einstein die allgemeine Relativitätstheorie zu entwickeln begann, wurde ihm klar, daß man seine Vorstellungen über die Symmetrie, die verschiedene Bezugssysteme miteinander verknüpft, auch in der Weise ausdrücken konnte, daß man die Gravitation der Krümmung der Raumzeit zuschrieb. Er fragte Marcel Großmann, einen Freund, ob es eine mathematische Theorie gekrümmter Räume gebe – nicht bloß gekrümmter zweidimensionaler Oberflächen im gewohnten euklidischen dreidimensionalen Raum, sondern von gekrümmten dreidimensionalen Räumen oder gar von gekrümmten vierdimensionalen Raumzeiten. Großmann konnte Einstein die erfreuliche Mitteilung machen, daß ein solcher mathematischer Formalismus tatsächlich existierte, nämlich derjenige, den Riemann und andere entwickelt hatten, und er machte ihn mit dieser mathematischen Methode vertraut, die Einstein dann in die allgemeine Relativitätstheorie einarbeitete. Einstein brauchte sich nur des vorhandenen mathematischen Formalismus zu bedienen, den Gauß, Riemann und andere Vertreter der Differentialgeometrie im neunzehnten Jahrhundert geschaffen hatten, freilich ohne daran zu denken, daß ihre Arbeit jemals auf die physikalischen Theorien der Gravitation Anwendung finden würde.

Ein noch seltsameres Beispiel liefert die Geschichte der inneren Symmetrieprinzipien. Innere Symmetrieprinzipien in der Physik zwingen der Gesamtheit der möglichen Teilchen eine Art von Familienstruktur auf. Das erste Beispiel einer solchen Familie, das man erkannte, waren die beiden Teilchen, aus denen gewöhnliche Atomkerne bestehen: das Proton und das Neutron. Protonen und Neutronen haben fast die gleiche Masse, und so war es nach der

Entdeckung des Neutrons durch James Chadwick im Jahre 1932 eine naheliegende Annahme, daß die starke Kraft (die zur Masse des Neutrons und des Protons beiträgt) einer einfachen Symmetrie gehorchen würde: Die Gleichungen für diese Kraft müßten ihre Form beibehalten, wenn man überall in ihnen die Rolle der Neutronen und Protonen verkehrte. Daraus ließ sich unter anderem folgern, daß die starke Kraft zwischen zwei Neutronen die gleiche ist wie zwischen zwei Protonen, doch ließ sich daraus nichts ableiten über die Kraft zwischen einem Proton und einem Neutron. Man war daher ziemlich überrascht, als Experimente im Jahre 1936 zeigten, daß die Kraft zwischen zwei Protonen etwa gleich stark ist wie die Kraft zwischen einem Proton und einem Neutron.[15] Aus dieser Beobachtung erwuchs die Vorstellung von einer Symmetrie, die über die bloße Vertauschung von Protonen und Neutronen hinausgeht, einer Symmetrie unter stetigen Transformationen, die Protonen und Neutronen in Teilchen verwandeln, die bei einer beliebigen Wahrscheinlichkeit, ein Proton oder Neutron zu sein, Mischungen von Protonen und Neutronen darstellen.

Diese Symmetrietransformationen wirken auf das Teilchenkennzeichen (die Quantenzahl), das Protonen und Neutronen unterscheidet, mathematisch in der gleichen Weise ein, wie gewöhnliche Rotationen in drei Dimensionen auf die Spins von Teilchen wie Protonen, Neutronen oder Elektronen einwirken.[16] Dieses Beispiel hatten viele Physiker vor Augen, wenn sie bis in die sechziger Jahre hinein stillschweigend annahmen, daß die inneren Symmetrietransformationen, welche die Naturgesetze unverändert lassen, die Form von Rotationen in einem inneren Raum von zwei, drei oder mehr Dimensionen haben müßten, entsprechend den Rotationen, die Protonen und Neutronen ineinander überführen. Die damals verfügbaren Lehrbücher über die Anwendung von Symmetrieprinzipien auf die Physik (darunter die klassischen Arbeiten von Hermann Weyl und Eugene Wigner) enthielten kaum einen Hinweis auf andere mathematische Möglichkeiten. Ein erweitertes Bild der Möglichkeiten innerer Symmetrien wurde der theoretischen Physik erst aufgenötigt, als man in den späten fünfziger Jahren in der Höhenstrahlung und dann in Beschleunigern wie dem Bevatron in Berkeley eine Fülle neuer Teilchen entdeckte. Diese Teilchen schienen Familien zu bilden, die umfangreicher waren als das bloße Zwillingspaar aus Proton und Neutron. Man fand zum Beispiel, daß das Neutron und das Proton eine starke Familienähnlichkeit mit sechs anderen Teilchen von gleichem Spin und ähnlicher Masse aufwiesen, den sogenannten Hyperonen. Auf was für einer inneren Symmetrie konnte eine solche ausgedehnte Verwandtschaftsgruppe beruhen?

Um 1960 herum begannen Physiker, die sich mit dieser Frage befaßten, die mathematische Forschungsliteratur zu Rate zu ziehen. Es war für sie eine freudige Überraschung, daß die Mathematiker gewissermaßen schon alle möglichen Symmetrien katalogisiert hatten. Die vollständige Menge der Transformationen, die etwas unverändert läßt, sei es nun ein bestimmtes Objekt oder seien es die Naturgesetze, bildet eine mathematische Struktur, die man als *Gruppe* bezeichnet,[17] und den allgemeinen mathematischen Kalkül der Symmetrietransformationen bezeichnet man als *Gruppentheorie*. Die Folge der Familientypen, die eine bestimmte Symmetrie der Naturgesetze zulassen, wird vollständig von der mathematischen Struktur der Symmetriegruppe diktiert.

Jene Gruppen von Transformationen, die stetig wirken, wie etwa Rotationen im normalen Raum oder die Mischung von Elektronen und Neutrinos in der elektroschwachen Theorie, nennt man *Lie-Gruppen*, nach dem norwegischen Mathematiker Sophus Lie. Der französische Mathematiker Élie Cartan hatte 1894 in seiner Dissertation eine Liste aller »einfachen« Lie-Gruppen aufgestellt, aus denen durch Kombination ihrer Transformationen alle anderen aufgebaut werden konnten.[18] 1960 entdeckten Gell-Mann und der israelische Physiker Yuval Ne'eman unabhängig voneinander, daß eine dieser einfachen Lie-Gruppen, man bezeichnet sie als SU (3), genau die richtige war, um der Masse der Elementarteilchen eine Familienstruktur aufzuzwingen, die weitgehend der experimentell gefundenen entsprach. Gell-Mann entlehnte dafür einen Ausdruck aus dem Buddhismus und nannte dieses Symmetrieprinzip den achtfachen Weg, weil die besser bekannten Teilchen Familien von jeweils acht Mitgliedern bildeten, so etwa das Neutron, das Proton und ihre sechs Geschwister. Nicht alle Familien waren damals vollständig; um eine Familie aus zehn Teilchen, die den Neutronen, Protonen und Hyperonen ähneln, aber einen dreimal so großen Spin haben, zu vervollständigen, fehlte ein Teilchen, das man bis dahin nicht kannte. Es war einer der großen Erfolge der neuen SU-(3)-Symmetrie, daß dieses vorhergesagte Teilchen 1964 in Brookhaven entdeckt wurde und tatsächlich die von Gell-Mann geschätzte Masse besaß.

Den Anstoß zur Entwicklung der Gruppentheorie gab im frühen neunzehnten Jahrhundert Evariste Galois in seinem Beweis, daß es für die Lösung bestimmter algebraischer Gleichungen (von Gleichungen, die fünfte oder höhere Potenzen der Unbekannten enthalten) keine allgemeinen Formeln gibt.[19] Weder Galois noch Lie oder Cartan hatte die geringste Vorstellung von den Anwendungsmöglichkeiten, welche die Gruppentheorie in der Physik finden sollte.

Daß Mathematiker durch ihren Sinn für mathematische Schönheit dazu gebracht werden, formale Strukturen zu entwickeln, die Physiker später brauchbar finden, obwohl der Mathematiker an ein solches Ziel nicht gedacht hat, ist sehr merkwürdig. In einem berühmten Essay mit dem Titel *The Unreasonable Effectiveness of Mathematics* bezeichnet der Physiker Eugene Wigner dieses Phänomen als »unverhältnismäßige Effektivität der Mathematik«.[20] Daß Mathematiker imstande sind, die in den Theorien der Physiker benötigten mathematischen Formalismen zu antizipieren, ist für die meisten Physiker etwas ganz Unheimliches. Es ist so, als hätte Neil Armstrong, als er 1969 als erster seinen Fuß auf den Mond setzte, im Staub der Mondoberfläche die Fußspuren von Jules Verne vorgefunden.

Wie kommt nun ein Physiker zu dem Schönheitssinn, der ihm – manchmal ungeachtet anderslautender experimenteller Ergebnisse – hilft, nicht nur Theorien der realen Welt zu entdecken, sondern auch die Gültigkeit physikalischer Theorien zu beurteilen? Und wie kann der Schönheitssinn eines Mathematikers zu Strukturen führen, die Jahrzehnte oder Jahrhunderte später für Physiker von Nutzen sind, obwohl der Mathematiker vielleicht gar nicht an physikalischen Anwendungen interessiert war?

Es gibt dafür, wie mir scheint, drei plausible Erklärungen, von denen zwei fast in allen Wissenschaften anwendbar sind, während die dritte sich auf die grundlegendsten Bereiche der Physik beschränkt. Die erste Erklärung lautet, daß das Universum selbst als eine vom Zufall gesteuerte, ineffiziente, aber langfristig dennoch effektive Lernmaschine auf uns einwirkt. So wie sich durch eine endlose Serie von Zufallsereignissen die Atome von Kohlenstoff, Stickstoff, Sauerstoff und Wasserstoff zu primitiven Lebensformen verbanden, die sich später zu Einzellern, Fischen und Menschen entwickelten, so hat sich auch unsere Sicht des Universums nach und nach durch eine natürliche Selektion der Ideen entwikkelt. Durch zahllose Fehlstarts ist uns eingebleut worden, daß die Natur eben so ist, wie sie ist, und wir haben sie als schön zu sehen gelernt.

Das wird, so vermute ich, auch die allgemeine Erklärung dafür sein, warum der Schönheitssinn des Pferdetrainers von Nutzen ist, da er hilft, zu beurteilen, welches Pferd Rennen gewinnen kann. Nach etlichen Jahren auf der Rennbahn hat der Rennpferdtrainer viele Pferde als Gewinner und Verlierer gesehen und gelernt, bestimmte optische Anhaltspunkte mit der Erwartung zu verknüpfen, daß ein Pferd gewinnen wird, auch wenn er dies nicht unbedingt explizit in Worte fassen kann.

Zu den Dingen, die die Geschichte der Wissenschaft zu einer so ungemein faszinierenden Sache machen, gehört unter anderem, die allmähliche Erziehung unserer Spezies zu jener Schönheit zu verfolgen, die sie in der Natur erwarten kann. Ich habe einmal die in den dreißiger Jahren entstandene Literatur hinsichtlich des ersten inneren Symmetrieprinzips in der Kernphysik durchforstet, jener Symmetrie zwischen Neutronen und Protonen, die ich oben erwähnt habe, denn ich wollte den Forschungsbericht aufspüren, in dem dieses Symmetrieprinzip zum erstenmal so dargestellt worden ist, wie man es heute darstellen würde, nämlich als eine grundlegende Tatsache der Kernphysik, die unabhängig von jeder detaillierten Theorie der Kernkräfte in sich Geltung hat. Ich konnte keinen derartigen Artikel finden. Wie es scheint, gehörte es sich in den dreißiger Jahren einfach nicht, Aufsätze über Symmetrieprinzipien zu schreiben. Es gehörte sich, Aufsätze über Kernkräfte zu publizieren. Stellte sich heraus, daß die Kräfte eine gewisse Symmetrie aufwiesen, um so besser, denn wenn man die Proton-Neutron-Kraft kannte, brauchte man die Proton-Proton-Kraft nicht zu erraten. Das Symmetrieprinzip selbst galt dagegen, wenn ich es richtig sehe, nicht als ein Merkmal, das eine Theorie legitimieren und sie zu einer schönen Theorie machen würde. Symmetrieprinzipien galten als mathematische Tricks; die eigentliche Aufgabe der

Physiker bestand darin, die dynamischen Einzelheiten der von uns beobachteten Kräfte zu berechnen.

Unsere Einstellung hat sich gewandelt. Sollten Experimentatoren heute irgendwelche neuen Teilchen entdecken, die Familien der einen oder anderen Art wie das Proton-Neutron-Dublett bilden würden, so kämen mit der Post schlagartig Hunderte von Vorabdrucken theoretischer Artikel ins Haus, in denen darüber spekuliert werden würde, welcher Art die Symmetrie ist, die dieser Familienstruktur zugrunde liegt, und sollte eine neue Art von Kraft entdeckt werden, so würden wir alle anfangen, über die Symmetrie zu spekulieren, die die Existenz dieser Kraft vorschreibt. Offensichtlich sind wir durch das Universum verändert worden, das als Lernmaschine agiert und uns einen Schönheitssinn aufgezwungen hat, mit dem unsere Spezies nicht von Haus aus begabt war.

Sogar Mathematiker leben in dem realen Universum und reagieren auf seine Lektionen. Seit zwei Jahrtausenden wird Euklids Geometrie den Schulkindern als ein nahezu perfektes Beispiel abstrakten deduktiven Denkens beigebracht, doch in diesem Jahrhundert haben wir aus der allgemeinen Relativitätstheorie gelernt, daß die euklidische Geometrie nur deshalb so gut funktioniert, weil das Gravitationsfeld auf der Erdoberfläche ziemlich schwach ist, so daß der Raum, in dem wir leben, keine merkliche Krümmung aufweist. Euklid verhielt sich, als er seine Postulate formulierte, praktisch wie ein Physiker, der seine Lebenserfahrung in den schwachen Gravitationsfeldern des hellenistischen Alexandria nutzte, um eine Theorie des ungekrümmten Raumes aufzustellen. Davon, wie begrenzt und kontingent seine Geometrie war, wußte er nichts. Tatsächlich haben wir erst relativ spät gelernt, zwischen der reinen Mathematik und der Wissenschaft, auf die sie angewandt wird, zu unterscheiden. Der Lucasianische Lehrstuhl in Cambridge, den Newton und Dirac innehatten, war (und ist immer noch) offiziell ein Lehrstuhl für Mathematik, nicht für Physik. Erst mit der Entwicklung eines strengen und abstrakten mathematischen Stils durch Augustin-Louis Cauchy und andere im frühen neunzehnten Jahrhundert wurde die Unabhängigkeit ihrer Arbeit von Erfahrung und Alltagsverstand zum Ideal der Mathematiker.[21]

Der zweite Grund, warum wir erwarten, daß wissenschaftliche

Theorien schön sind, ist einfach der, daß Wissenschaftler dazu neigen, sich Probleme auszusuchen, die wahrscheinlich schöne Lösungen haben. Dies könnte auch auf unseren Freund, den Rennpferdtrainer, zutreffen. Er trainiert Pferde dafür, Rennen zu gewinnen; er hat zu erkennen gelernt, welche Pferde wahrscheinlich gewinnen werden, und diese Pferde nennt er schön. Wenn Sie ihn aber beiseite nehmen und ihm versprechen, seine Worte nicht weiterzugeben, wird er Ihnen vielleicht gestehen, daß er den Job, Pferde dafür zu trainieren, daß sie Rennen gewinnen, überhaupt nur aufgenommen habe, weil die Pferde, die er trainiere, so schöne Tiere seien.

Ein geeignetes Beispiel auf dem Gebiet der Physik bietet das Phänomen des glatten Phasenübergangs, bei dem beispielsweise der Magnetismus verschwindet, wenn man einen eisernen Permanentmagneten auf eine Temperatur von über siebenhundertsiebzig Grad Celsius, über seinen sogenannten Curie-Punkt, erhitzt.* Da es sich hier um einen glatten Übergang handelt, geht die Magnetisierung eines Stücks Eisen allmählich gegen null, wenn die Temperatur sich dem Curie-Punkt nähert. Das Überraschende an solchen Phasenübergängen ist, *wie* die Magnetisierung gegen null geht. Aufgrund der Abschätzung verschiedener Energien in einem Magneten waren Physiker zu der Vermutung gelangt, daß die Magnetisierung sich bei einer Temperatur knapp unterhalb des Curie-Punktes proportional zur Quadratwurzel der Differenz zwischen dem Curie-Punkt und dieser Temperatur verhielte. Experimentell wurde jedoch beobachtet, daß die Magnetisierung proportional zur Potenz 0,37 dieser Differenz ist. Die Abhängigkeit der Magnetisierung von der Temperatur liegt also irgendwo zwischen einer Proportionalität zur Quadratwurzel (der Potenz 0,5) und der Kubik-

---

* Was ich als »glatte« Phasenübergänge bezeichne, wird oft auch »Phasenübergänge zweiter Art« genannt. Dadurch sollen sie unterschieden werden von »Phasenübergängen erster Art« wie dem Sieden von Wasser bei einhundert Grad Celsius oder dem Schmelzen von Eis bei null Grad Celsius, bei denen sich die Eigenschaften des Materials diskontinuierlich ändern. Es erfordert eine gewisse Energie (die sogenannte latente Wärme), um Eis von null Grad in Wasser gleicher Temperatur oder Wasser von einhundert Grad in Wasserdampf gleicher Temperatur umzuwandeln, aber es erfordert keine zusätzliche Energie, um den Magnetismus aus einem Stück Eisen zu entfernen, wenn die Temperatur genau am Curie-Punkt ist.

wurzel (der Potenz 0,33), der Differenz zwischen dem Curie-Punkt und der Temperatur.

Potenzen wie dieses 0,37 nennt man *kritische Exponenten*, gelegentlich mit dem Adjektiv »nichtklassisch« oder »anomal« versehen, weil sie nicht den Erwartungen entsprechen. Andere Größen verhalten sich bei diesem Prozeß und bei anderen Phasenübergängen ähnlich, in manchen Fällen mit genau denselben kritischen Exponenten. Anders als die Schwarzen Löcher oder die Expansion des Universums ist dies an sich kein berühmtes Phänomen, doch haben sich einige der begabtesten theoretischen Physiker der Welt mit dem Problem der kritischen Exponenten befaßt, bis es schließlich im Jahre 1972 von Kenneth Wilson und Michael Fisher, die damals beide an der Cornell-Universität tätig waren, gelöst wurde. Dabei hätte man meinen sollen, die exakte Berechnung des Curie-Punktes selbst sei praktisch bedeutsamer gewesen. Warum also haben führende Vertreter der Festkörpertheorie dem Problem der kritischen Exponenten einen solchen Vorrang eingeräumt?

Ich vermute, daß das Problem der kritischen Exponenten soviel Aufmerksamkeit erregt hat, weil die Physiker glaubten, es werde wahrscheinlich eine schöne Lösung haben. Auf eine schöne Lösung deutete vor allem die Universalität des Phänomens hin, die Tatsache, daß bei ganz verschiedenen Problemen die gleichen kritischen Exponenten auftauchten, daneben aber auch die Tatsache, daß Physiker immer wieder entdeckt und sich daran gewöhnt haben, daß die wesentlichsten Eigenschaften physikalischer Phänomene sich in Gesetzen niederschlagen, die physikalische Größen mit Potenzen anderer Größen verknüpfen, so etwa im Gravitationsgesetz die Kraft mit dem Kehrwert des Quadrats der Entfernung. Tatsächlich besitzt die Theorie der kritischen Exponenten eine Einfachheit und Zwangsläufigkeit, die sie zu einer der schönsten Theorien der ganzen Physik machten. Im Unterschied dazu ist die Berechnung der präzisen Temperaturen von Phasenübergängen ein vertracktes Problem, bei dessen Lösung komplizierte Einzelheiten des Eisens oder sonst einer Substanz, die den Phasenübergang durchmacht, berücksichtigt werden müssen, und deshalb wird es entweder studiert, weil es von praktischer Bedeutung ist, oder weil man nichts Besseres zu tun hat.

In manchen Fällen haben sich die anfänglichen Hoffnungen der

Wissenschaftler auf eine schöne Theorie als Fehlschlag erwiesen. Ein treffendes Beispiel liefert der genetische Code. Francis Crick schildert in seiner Autobiographie, wie sich nach der Entdeckung der Doppelhelixstruktur der DNA durch ihn und James Watson die Aufmerksamkeit der Molekularbiologen darauf richtete, den Code zu entschlüsseln, mittels dessen die Zelle die Sequenz der chemischen Bausteine auf den beiden Strängen der DNA interpretiert und als Anweisung für den Aufbau entsprechender Proteinmoleküle nutzt.[22] Man wußte, daß Proteine aus Ketten von Aminosäuren aufgebaut sind, daß es nur zwanzig Aminosäuren gibt, die in praktisch allen Pflanzen und Tieren eine Rolle spielen, daß die Information für die Auswahl der jeweils nächsten Aminosäure in einem Proteinmolekül in der Kombination dreier hintereinanderliegender Paare von Basen steckt, chemischen Bausteinen, von denen es nur vier verschiedene Arten gibt. Der genetische Code interpretiert also drei aufeinanderfolgende Kombinationen aus jeweils vier möglichen Basenpaaren (vergleichbar mit drei Karten, die nacheinander aus einem Kartenspiel gezogen werden, das nur die vier Farben zeigt, aber keine Zahlen und Bilder), um zu bestimmen, welche von zwanzig möglichen Aminosäuren als nächste an das Protein angehängt wird. Die Molekularbiologen haben sich alle möglichen eleganten Prinzipien ausgedacht, die diesen Code bestimmen könnten, daß beispielsweise in der Kombination von drei Basenpaaren keine überflüssige Information enthalten ist und daß jede nicht zur Spezifizierung einer Aminosäure benötigte Information für die Fehlererkennung benutzt wird, vergleichbar den zusätzlichen Bits, die zwischen Computern hin und her geschickt werden, um die Genauigkeit der Übertragung zu prüfen. Die Antwort, die man dann in den frühen sechziger Jahren fand, fiel ganz anders aus. Der genetische Code ist ein ziemliches Chaos; einige Aminosäuren werden durch mehr als ein Triplett von Basenpaaren bestimmt, und einige Tripletts produzieren überhaupt nichts.[23] Der genetische Code ist nicht so übel wie ein Zufallscode, was darauf hindeutet, daß die Evolution ihn ein wenig verbessert hat, doch könnte jeder Fernmeldeingenieur einen besseren Code entwerfen. Die Ursache liegt natürlich darin, daß der genetische Code *nicht* entworfen wurde; er entwickelte sich über eine Reihe von Zufallsereignissen, als das Leben auf der Erde begann, und er wurde mehr oder weniger in dieser Form von allen späteren Organismen ererbt. Natürlich ist der genetische Code so wichtig für uns, daß wir ihn studieren, gleichgültig, ob er schön ist oder nicht, aber es ist schon ein wenig enttäuschend, daß er sich nicht als schön erwiesen hat.

Manchmal, wenn unser Schönheitssinn uns im Stich läßt, liegt es daran, daß wir den grundlegenden Charakter dessen, was wir zu erklären versuchen, überschätzt haben. Ein berühmtes Beispiel ist die Arbeit des jungen Johannes Kepler über die Größe der Planetenbahnen.

Kepler hatte Kenntnis von einer der schönsten Folgerungen aus der griechischen Mathematik, von den sogenannten platonischen Körpern. Es handelt sich dabei um dreidimensionale, von ebenen Flächen begrenzte Objekte, die in allen Ecken, Seiten und Kanten exakt übereinstimmen. Ein offenkundiges Beispiel ist der Würfel. Die Griechen entdeckten, daß es insgesamt nur fünf solcher platonischen Körper gibt: den Würfel, den Tetraeder, eine aus drei Ecken gebildete Pyramide, den Oktaeder, das zwölfseitige Dodekaeder, den aus acht Flächen gebildeten Oktaeder und den von zwanzig Flächen begrenzten Ikosaeder. (Sie heißen platonische Körper, weil Platon im *Timaios* eine direkte Entsprechung zwischen ihnen und den vermeintlichen fünf Elementen behauptete, eine Ansicht, die dann von Aristoteles angegriffen wurde.) Die platonischen Körper bieten ein vorzügliches Beispiel mathematischer Schönheit; diese Entdeckung hat dieselbe Art von Schönheit wie der Cartan-Katalog aller möglichen stetigen Symmetrieprinzipien.

Kepler behauptete in seinem *Mysterium cosmographicum*, daß die Existenz von nur fünf platonischen Körpern erkläre, warum es (abgesehen von der Erde) nur fünf Planeten gebe: Merkur, Venus, Mars, Jupiter und Saturn. (Uranus, Neptun und Pluto wurden erst später entdeckt.) Jedem dieser fünf Planeten ordnete Kepler einen der platonischen Körper zu, und er stellte die Vermutung auf, daß der Radius der jeweiligen Planetenbahn sich proportional zum Radius des entsprechenden platonischen Körpers verhalte, wenn man die Körper in der richtigen Reihenfolge ineinanderschachtelte. Kepler schrieb, er habe die Unregelmäßigkeiten der Planetenbewegung so lange bearbeitet, bis sie am Ende den Gesetzen der Natur angepaßt worden seien.[24]

Ein heutiger Wissenschaftler wird es vielleicht skandalös finden, daß einer der Begründer der modernen Wissenschaft sich ein derart phantastisches Modell des Sonnensystems ausgedacht hat. Skandalös ist das nicht nur, weil Keplers Schema nicht mit den Beobachtungen des Sonnensystems übereinstimmte, sondern vielmehr, weil wir wissen, daß diese Art von Spekulation dem Sonnensystem nicht angemessen ist. Aber Kepler war kein Dummkopf. Seine spekulativen Überlegungen zum Sonnensystem ähneln sehr dem Theoretisieren heutiger Elementarteilchenphysiker. Wir stellen keine Verbindung zu den platonischen Körpern her, glauben aber zum Beispiel an eine Entsprechung zwischen verschiedenen möglichen Arten von Kräften und verschiedenen Mitgliedern des Cartan-Katalogs aller möglichen Symmetrien. Nicht in der Aufstellung derartiger Vermutungen irrte Kepler, sondern in der Annahme (die die meisten Philosophen vor ihm geteilt hatten), daß die Planeten wichtig seien.

In einem gewissen Sinne sind die Planeten natürlich schon wichtig. Auf einem von ihnen leben wir. Ihre Existenz ist jedoch nicht in einem fundamentalen Sinne in den Naturgesetzen enthalten. Heute wissen wir, daß die Planeten und ihre Bahnen auf eine Folge von historischen Zufällen zurückgehen und daß die physikalische Theorie uns zwar erklären kann, welche Bahnen stabil sind und welche eher chaotisch werden, daß jedoch kein Anlaß besteht, irgendwelche mathematisch einfachen und schönen Beziehungen zwischen den Größen der einzelnen Planetenbahnen zu erwarten.

Erst dort, wo wir wirklich grundlegende Probleme studieren, erwarten wir, schöne Antworten zu finden. Wir glauben, daß wir, wenn wir fragen, warum die Welt gerade so ist, wie wir sie vorfinden, und dann weiterfragen, warum diese Antwort gerade so ausfällt, am Ende dieser Kette von Erklärungen auf einige wenige einfache Prinzipien von unwiderstehlicher Schönheit stoßen werden. Einer der Gründe für diese Überzeugung ist unsere historische Erfahrung, die uns lehrt, daß wir bei einem Blick unter die Oberfläche der Dinge mehr und mehr Schönheit finden. Platon und die Neuplatoniker lehrten, daß die Schönheit, die wir in der Natur sehen, ein Reflex der Schönheit des Höchsten, des *nous* sei. Auch wir sehen in der Schönheit gegenwärtiger Theorien eine Vorwegnahme, eine Vorahnung der Schönheit der endgültigen Theorie. Jedenfalls würden wir keine Theorie als endgültig akzeptieren, wenn sie nicht schön ist.

Gewiß haben wir noch kein sicheres Gespür dafür, wo wir uns in unserer Arbeit auf unseren Schönheitssinn verlassen dürfen, doch in der Elementarteilchenphysik scheinen ästhetische Urteile sich immer besser zu bewähren. Ich verstehe das als einen Hinweis darauf, daß wir uns in der richtigen Richtung bewegen und vielleicht nicht allzu weit von unserem Ziel entfernt sind.

VII. | Wider die Philosophie

Als ich noch jung war, hört ich treu und zahm
der Frommen und Gelehrten Diskussion
um Gott und Welt – das Ende, das es nahm:
ich ging zur selben Tür hinaus, durch die ich kam.

Die Rubaijat des Omar Khaijam

Da subjektive und oft vage ästhetische Urteile den Physikern vielfach weiterhelfen, könnte man vielleicht erwarten, daß auch die
Philosophie, aus der sich schließlich unsere gesamte Wissenschaft
entwickelt hat, uns Unterstützung bieten würde. Können wir von
der Philosophie irgendeine Orientierung in Richtung auf eine endgültige Theorie erwarten?

Der Wert, den die Philosophie heute für die Physik hat, läßt sich
nach meinem Eindruck in etwa vergleichen mit dem Wert der
frühen Nationalstaaten für ihre Völker. Es ist kaum übertrieben,
wenn man sagt, daß bis zur Einführung der Postämter der wesentliche Dienst der Nationalstaaten darin bestand, ihre Völker vor
anderen Nationalstaaten zu schützen. Die Erkenntnisse von Philosophen waren gelegentlich von Nutzen für die Physiker, doch überwiegend in einem negativen Sinne: Sie bewahrten sie vor den Vorurteilen anderer Philosophen.

Ich möchte hier nicht die Warnung aussprechen, daß man in der
Physik am besten ohne Vorurteile zurechtkommt. Es gibt immer so
viele Dinge, die man tun und so viele anerkannte Prinzipien, die
man in Frage stellen könnte, daß wir passiv bleiben würden, wenn
wir uns nicht in einem gewissen Maße von unseren Vorurteilen
leiten ließen. Nur haben philosophische Prinzipien uns im allgemeinen nicht die richtigen Vorurteile vermittelt. Wir Physiker gleichen

173

auf unserer Jagd nach der endgültigen Theorie eher Hunden als Falken; wir haben gelernt, am Boden nach Spuren jener Schönheit zu schnuppern, die wir in den Naturgesetzen zu finden hoffen, doch scheint es uns nicht gegeben zu sein, von den Höhen der Philosophie den Weg der Wahrheit zu erkennen.

Natürlich tragen die Physiker eine Arbeitsphilosophie mit sich herum. Für die meisten von uns ist das eine Art grober Realismus, ein Glaube an die objektive Realität der Elemente unserer wissenschaftlichen Theorien. Dieser Glaube stammt jedoch aus der Erfahrung der wissenschaftlichen Forschung und selten aus den Lehren der Philosophen.

Damit soll der Philosophie, die ja zum großen Teil mit der Wissenschaft nichts zu tun hat, nicht jeglicher Wert abgesprochen werden.[1] Nicht einmal der Wissenschaftsphilosophie, die mir bestenfalls eine gefällige Randglosse zur Geschichte und zu den Entdeckungen der Wissenschaft zu sein scheint, möchte ich jeglichen Wert absprechen. Nur sollte man von ihr nicht erwarten, daß sie den Wissenschaftlern von heute im Hinblick auf ihre praktische Tätigkeit und deren mutmaßliche Ergebnisse auch nur die geringste Hilfe und Anleitung bietet.

Ich muß zugeben, daß dies unter den Philosophen selbst von vielen verstanden wird. Der Philosoph George Gale kommt, nachdem er Publikationen zur Wissenschaftsphilosophie aus drei Jahrzehnten geprüft hat, zu dem Schluß: »Diese nahezu unverständlichen Diskussionen, die ans Scholastische grenzen, hätten unter den praktizierenden Wissenschaftlern nur die allerwenigsten interessieren können.«[2] Und von Wittgenstein stammt die Äußerung: »Nichts kommt mir weniger wahrscheinlich vor, als daß ein Wissenschaftler, oder Mathematiker, der mich liest, dadurch in seiner Arbeitsweise ernstlich beeinflußt werden sollte...«[3]

Dies ist nicht allein mit der intellektuellen Trägheit des Wissenschaftlers zu erklären. Es ist äußerst unangenehm, wenn man seine eigene Arbeit unterbrechen muß, um ein neues Fach zu erlernen, doch sind wir Wissenschaftler, wenn es nötig ist, dazu bereit. Ich habe es immer wieder geschafft, mich von meiner jeweiligen Tätigkeit zu lösen, um alle möglichen Dinge zu lernen, von denen Kenntnis zu haben für mich wichtig war, angefangen bei der Differentialtopologie bis hin zu Microsoft DOS. Eine Kenntnis der Philosophie scheint indes für Physiker von keinerlei Nutzen zu sein, abgesehen davon, daß die Arbeit einiger Philosophen uns hilft, den Irrtümern anderer Philosophen aus dem Wege zu gehen.

Wenn ich dieses Urteil ausspreche, muß ich fairerweise zugeben, daß ich einer gewissen Beschränktheit und Voreingenommenheit erliege. Nachdem ich als junger Student einige Jahre in die Philosophie vernarrt war, wurde ich enttäuscht. Die Einsichten der Philosophen, die ich studierte, kamen mir verworren und im Vergleich zu den glänzenden Erfolgen der Physik und Mathematik belanglos vor. Seither habe ich hin und wieder versucht, aktuelle Arbeiten über die Wissenschaftsphilosophie zu lesen. Einige waren in einem dermaßen unzugänglichen Jargon geschrieben, daß ich nur annehmen kann, sie sollten Eindruck bei denen machen, die Verschwommenheit mit Tiefsinn verwechseln.[4] Manche waren gut zu lesen und sogar witzig, so etwa die Schriften von Wittgenstein und Paul Feyerabend. Doch nur selten hatten sie etwas mit der wissenschaftlichen Praxis zu tun, wie ich sie kenne.[5] Der von manchen Wissenschaftsphilosophen entwickelte Begriff der wissenschaftlichen Erklärung ist so eng, daß von der Erklärung einer Theorie durch eine andere keine Rede sein kann – den Teilchenphysikern meiner Generation bliebe danach nichts mehr zu tun.[6]

Der Leser – besonders wenn sein Fachgebiet die Philosophie ist – könnte meinen, ein Wissenschaftler, der dermaßen mit der Wissenschaftsphilosophie hadert, wie ich es tue, sollte das Thema tunlichst meiden und es den Fachleuten überlassen. Ich weiß, was Philosophen über die Bemühungen von Wissenschaftlern denken, in der Philosophie zu dilettieren. Ich möchte hier aber gar nicht in die Rolle eines Philosophen schlüpfen, sondern vielmehr stellvertretend für die unbelehrten praktizierenden Wissenschaftler sprechen, die in der Philosophie keine Hilfe finden. Ich stehe damit nicht allein; ich kenne *niemanden*, der in der Nachkriegszeit aktiv am Fortschritt der Physik beteiligt war und dessen Forschungsarbeit durch das Wirken von Philosophen nennenswert gefördert worden wäre. Im vorigen Kapitel habe ich das Problem der, wie Wigner es nennt, »unverhältnismäßigen Effektivität« der Mathematik angeschnitten; hier möchte ich ein anderes, ebenso rätselhaftes Phänomen aufgreifen: die unverhältnismäßige Ineffektivität der Philosophie.

Wenn philosophische Doktrinen in der Vergangenheit für Wissenschaftler nützlich gewesen sein mögen, so haben sie sich doch häufig überlebt und auf die Dauer mehr Schaden verursacht, als sie jemals an Nutzen gebracht haben. Nehmen wir beispielsweise die altehrwürdige Doktrin des »Mechanismus«, die Idee, daß die Natur durch Zug und Druck mit materiellen Teilchen oder Flüssigkeiten arbeitet. Im Altertum hätte keine Doktrin fortschrittlicher sein können. Seit die vorsokratischen Philosophen Demokrit und Leukipp über Atome zu spekulieren begannen, stand die Idee, daß Naturphänomene mechanische Ursachen haben, gegen den beim einfachen Volk verbreiteten Glauben an Götter und Dämonen. Epikur, Haupt einer Philosophenschule, baute in sein Kredo eigens ein mechanistisches Weltbild ein, um so dem Glauben an die olympischen Götter entgegenzuwirken. Als René Descartes in den dreißiger Jahren des siebzehnten Jahrhunderts mit seinem großartigen Versuch begann, die Welt rational zu verstehen, war es naheliegend, daß er die physikalischen Kräfte wie die Gravitation mechanistisch beschrieb, als Wirbel in einem materiellen Fluidum, das den gesamten Raum ausfüllt. Die »mechanistische Philosophie« von Descartes hatte großen Einfluß auf Newton, nicht weil sie richtig war (Descartes ist offenbar nicht auf die moderne Idee gekommen, Theorien quantitativ zu prüfen), sondern weil sie ein Muster für jene Art von mechanistischer Theorie bot, die die Natur plausibel machen konnte. Seinen Gipfel erreichte das mechanistische Denken im neunzehnten Jahrhundert mit der glänzenden Erklärung der Chemie und der Wärme durch die Atome. Noch heute scheint der Mechanismus für viele nichts anderes als das logische Gegenteil des Aberglaubens zu sein. In der Geschichte des menschlichen Denkens hat das mechanistische Weltbild eine heroische Rolle gespielt.

Und genau das ist das Problem. In der Wissenschaft wie in der Politik und der Wirtschaft drohen uns große Gefahren von heroischen Ideen, die die Zeit, in der sie von Nutzen waren, überlebt haben. Der Mechanismus besaß aufgrund seiner heroischen Vergangenheit ein so großes Prestige, daß die Anhänger Descartes' Schwierigkeiten hatten, Newtons Theorie des Sonnensystems zu akzeptieren. Wie konnte ein guter Kartesianer, der überzeugt war, alle Naturphänomene ließen sich darauf reduzieren, daß materielle Körper oder Fluida eine Wirkung aufeinander ausüben, Newtons

Auffassung akzeptieren, daß die Sonne über einen leeren Raum von einhundertfünfzig Millionen Kilometern hinweg eine Kraft auf die Erde ausübt? Erst im späteren Verlauf des achtzehnten Jahrhunderts begannen Philosophen auf dem europäischen Kontinent, sich mit dem Gedanken einer Fernwirkung anzufreunden. Schließlich setzten sich Newtons Ideen ab 1720 in Großbritannien wie auf dem Kontinent durch, zunächst in Holland, dann in Italien, Frankreich und Deutschland (in dieser Reihenfolge).[7] Philosophen wie Voltaire und Kant waren daran sicherlich nicht unbeteiligt. Der Dienst, den die Philosophie leistete, war aber auch hier wieder ein negativer; sie half lediglich, die Wissenschaft von den Zwängen der Philosophie selbst zu befreien.

Die mechanistische Tradition in der Physik lebte auch noch nach der Durchsetzung der Newtonschen Lehre weiter. Die im neunzehnten Jahrhundert von Michael Faraday und James Clerk Maxwell entwickelten Theorien der elektrischen und magnetischen Felder wurden in einem mechanistischen Begriffssystem formuliert und als Spannungen innerhalb eines alles durchdringenden physikalischen Mediums beschrieben, das man vielfach als Äther bezeichnete. Die Physiker des neunzehnten Jahrhunderts waren deshalb keine Toren – alle Physiker brauchen, um voranzukommen, so etwas wie ein vorläufiges Weltbild, und das mechanistische Weltbild schien dafür durchaus in Frage zu kommen. Aber es hat sich zu lange erhalten.

Als Einsteins spezielle Relativitätstheorie im Jahre 1905 den Äther tatsächlich verbannte und an seiner Stelle den leeren Raum als das Medium einführte, in dem elektromagnetische Impulse sich fortpflanzen, hätte dies eigentlich die endgültige Abwendung vom Mechanismus in der elektromagnetischen Theorie bedeuten müssen. Aber selbst danach behauptete sich das mechanistische Weltbild noch bei einer älteren Generation von Physikern, die wie der fiktive Professor Victor Jakob in Russell McCormmachs packendem Roman *Night Thoughts of a Classical Physicist* unfähig waren, sich die neuen Ideen zu eigen zu machen.[8]

Der Mechanismus war auch außerhalb der Wissenschaft verbreitet worden und überlebte dort, woraus den Wissenschaftlern später Schwierigkeiten erwuchsen. Die heroische Tradition des Mechanismus wurde im neunzehnten Jahrhundert unglücklicherweise zum

Bestandteil des dialektischen Materialismus von Marx und Engels und deren Nachfolgern. Lenin verfaßte 1908 im Exil ein aufgeblasenes Buch über den Materialismus, das für ihn vor allem ein Mittel war, um andere Revolutionäre anzugreifen, doch ungeachtet dessen erhoben seine Nachfolger einzelne Teile dieses Werkes zur Heiligen Schrift, und so wurde die Anerkennung der allgemeinen Relativitätstheorie in der Sowjetunion eine ganze Zeitlang durch den dialektischen Materialismus verhindert. Der hervorragende russische Physiker Wladimir Fock sah sich noch 1961 genötigt, sich gegen den Vorwurf zu verteidigen, er sei von der philosophischen Orthodoxie abgewichen. Das Vorwort zu seiner Abhandlung *The Theory of Space, Time, and Gravitation* enthält die bemerkenswerte Aussage: »Die philosophische Seite unserer Ansichten über die Theorie von Raum, Zeit und Gravitation wurde geprägt von der Philosophie des dialektischen Materialismus, insbesondere durch Lenins ›Materialismus und Empiriokritizismus‹.«

In der seriösen physikalischen Forschung war nach Einstein für das alte naive mechanistische Weltbild kein Platz mehr, und doch blieben gewisse Elemente dieses Denkens Bestandteil der Physik der ersten Hälfte unseres Jahrhunderts. Man hatte auf der einen Seite materielle Teilchen wie die Elektronen, Protonen und Neutronen, aus denen die gewöhnliche Materie besteht. Auf der anderen Seite hatte man Felder wie das elektrische, das magnetische und das Gravitationsfeld, die durch Teilchen erzeugt werden und Kräfte auf Teilchen ausüben. 1929 begann dann eine Hinwendung der Physik zu einem sehr viel einheitlicheren Weltbild. Werner Heisenberg und Wolfgang Pauli beschrieben Teilchen wie auch Kräfte als Manifestationen einer tieferen Ebene der Realität, der Ebene der Quantenfelder. Einige Jahre zuvor war die Quantenmechanik auf die elektrischen und magnetischen Felder angewandt und zur Rechtfertigung von Einsteins Idee der Lichtteilchen, der Photonen, herangezogen worden. Nun nahmen Heisenberg und Pauli an, daß nicht nur Photonen, sondern sämtliche Teilchen Energiebündel in verschiedenen Feldern sind. In dieser *Quantenfeldtheorie* sind Elektronen Energiebündel des Elektronenfeldes, Neutrinos Energiebündel des Neutrinofeldes usw.

Ungeachtet dieser phantastischen Synthese wurde vieles von dem, was man in den dreißiger und vierziger Jahren über Photonen und Elektronen schrieb, im Kontext der alten dualistischen Quantenelektrodynamik formuliert, in der Photonen als Energiebündel des elektromagnetischen Feldes, Elektronen dagegen nur als materielle Teilchen aufgefaßt wurden. Dies führt, soweit es um Elektronen und Photonen geht, zu denselben Resultaten wie die Quantenfeldtheorie. Doch als ich in den fünfziger Jahren Doktorand war, hatte die Quantenfeldtheorie fast uneingeschränkte Anerkennung als das geeignete Begriffssystem für die fundamentale Physik gefunden. In dem Rezept des Physikers für die Welt wurden als Zutaten jetzt nicht länger Teilchen angeführt, sondern nur noch einige wenige Arten von Feldern.

Aus dieser Geschichte können wir die Lehre ziehen, daß es verwegen ist, anzunehmen, man kenne auch nur die Begriffe, in denen eine künftige endgültige Theorie formuliert sein wird. Richard Feynman hat sich einmal darüber beklagt, daß Journalisten im Hinblick auf künftige Theorien immer nach dem letzten Teilchen der Materie oder nach der endgültigen Vereinheitlichung aller Kräfte fragen; dabei haben wir in Wirklichkeit keine Ahnung, ob dies die richtigen Fragen sind. Es ist zwar unwahrscheinlich, daß das alte, naive mechanistische Weltbild wiederauferstehen wird oder daß wir zu einem Dualismus von Teilchen und Feldern werden zurückkehren müssen, doch ist nicht einmal die Quantenfeldtheorie völlig gesichert. Es gibt Schwierigkeiten, die Gravitation im Begriffssystem der Quantenfeldtheorie unterzubringen. Bei dem Bemühen, diese Schwierigkeiten zu überwinden, ist kürzlich ein Kandidat für eine endgültige Theorie aufgetaucht, bei dem Quantenfelder ihrerseits nur niederenergetische Manifestationen von Defekten in der Raumzeit sind, die wir als Strings bezeichnen. Wir werden wahrscheinlich erst wissen, welches die richtigen Fragen sind, wenn wir kurz davor stehen, die Antworten zu kennen.

Der naive Mechanismus dürfte zwar tot sein, doch machen der Physik noch andere metaphysische Voraussetzungen zu schaffen, besonders solche über Raum und Zeit. Die zeitliche Dauer ist das einzige, was wir (wie unvollkommen auch immer) ohne Beteiligung unserer Sinne allein durch Denken messen können, und so liegt die Vorstellung nahe, daß wir durch reine Vernunft etwas über die Dimension der Zeit erfahren können. Kant lehrte, daß Raum und Zeit nicht Teil der äußeren Realität sind, sondern in unserem Geist bereits vorhandene Strukturen, die es uns erlauben, Objekte und Vorgänge miteinander zu verknüpfen. Das Schockierendste an Einsteins Theorien ist für einen Kantianer, daß sie Raum und Zeit zu gewöhnlichen Aspekten des physischen Universums herabstuften, zu Aspekten, die durch Bewegung (in der speziellen Relativitätstheorie) beziehungsweise Gravitation (in der allgemeinen Relativitätstheorie) beeinflußt werden können. Noch heute, fast ein Jahrhundert nach dem Entstehen der speziellen Relativitätstheorie, meinen manche Physiker, durch bloßes Nachdenken Aussagen über Raum und Zeit machen zu können.

Diese hartnäckige metaphysische Einstellung kommt besonders in Diskussionen über den Ursprung des Universums zum Vorschein. Nach der gängigen Urknalltheorie entstand das Universum vor zehn bis fünfzehn Milliarden Jahren in einem Moment von unendlicher Temperatur und Dichte. Nach Vorträgen über die Urknalltheorie ist mir aus dem Publikum immer wieder entgegengehalten worden, es sei absurd, von einem Anfang zu sprechen; gleichgültig, in welchem Moment wir den Urknall beginnen ließen, müsse es immer einen Moment vor diesem gegeben haben. Ich habe dann zu erklären versucht, daß dies nicht notwendigerweise der Fall zu sein habe. Zwar trifft es, um ein Beispiel zu nennen, in unserer alltäglichen Erfahrung zu, daß es, gleichgültig, wie kalt es wird, immer möglich ist, daß es noch kälter wird, aber es gibt so etwas wie einen absoluten Nullpunkt. Temperaturen unterhalb des absoluten Nullpunkts können wir nicht erreichen, und zwar nicht etwa, weil wir zu dumm sind, sondern weil Temperaturen unterhalb des absoluten Nullpunkts einfach keinen Sinn haben. Eine vielleicht noch bessere Analogie bietet Stephen Hawking an: Es ist sinnvoll zu fragen, was nördlich von Austin, Cambridge oder irgendeiner anderen Stadt liegt, aber es ist sinnlos zu fragen, was nördlich des Nordpols liegt. Augustinus hat bekanntlich mit diesem Problem in seinen *Bekenntnissen* gerungen und ist zu dem Schluß gelangt, daß es falsch sei, zu fragen, was war, bevor Gott die Welt erschuf, weil Gott, der außerhalb der Zeit ist, die Zeit zusammen mit der Welt erschuf. Die gleiche Auffassung vertrat Moses Maimonides.

Ich sollte an dieser Stelle zugeben, daß wir in der Tat nicht wissen, ob das Universum wirklich einen Anfang hat, der sich auf einen bestimmten Zeitpunkt datieren läßt. André Linde und andere Kosmologen[9] haben vor einiger Zeit plausible Theorien vorgetragen, nach denen unser gegenwärtiges expandierendes Universum nur eine kleine Blase in einem unendlich alten Megauniversum ist, in dem unaufhörlich solche Blasen entstehen und neue Blasen hervorbringen. Ich möchte hier nicht behaupten, daß das Universum unzweifelhaft ein endliches Alter habe, sondern nur, daß die Behauptung, dies sei nicht der Fall, sich nicht durch bloßes Nachdenken begründen läßt.

Auch hier wissen wir noch nicht einmal, ob wir überhaupt die richtigen Fragen stellen. In den neuesten Stringtheorien entstehen Raum und Zeit als abgeleitete Größen, die in den grundlegenden Gleichungen der Theorie nicht vorkommen. Raum und Zeit haben in diesen Theorien nur eine angenäherte Bedeutung; von einem Zeitpunkt zu sprechen, der näher am Urknall ist als den Millionen-Billionen-Billionen-Billionstel Bruchteil einer Sekunde, ist sinnlos. Da wir im normalen Leben kaum imstande sind, ein Intervall von einer Hundertstelsekunde wahrzunehmen, helfen uns die intuitiven Gewißheiten, die wir bezüglich des Wesens von Zeit und Raum aus unserer Alltagserfahrung ableiten, im Grunde nicht weiter, wenn es darum geht, eine Theorie über den Ursprung des Universums zu formulieren.

Auf die größten Schwierigkeiten stößt die moderne Physik nicht in der Metaphysik, sondern in der Erkenntnistheorie, die die Natur und die Quellen der Erkenntnis erforscht. Die erkenntnistheoretische Doktrin des Positivismus (oder in einigen Versionen des logischen Positivismus) fordert nicht nur, daß die Wissenschaft ihre Theorien letztlich an der Beobachtung zu überprüfen hat (was kaum umstritten ist), sondern daß jeder Aspekt unserer Theorien sich zu jedem Zeitpunkt auf beobachtbare Größen beziehen muß. Das heißt, daß physikalische Theorien Aspekte enthalten dürfen, die noch nicht durch Beobachtung geklärt sind und deren Klärung in diesem oder im nächsten Jahr zu kostspielig wäre, daß es aber unzulässig sei, wenn unsere Theorien Elemente enthielten, die grundsätzlich nicht beobachtbar sind. Dies ist eine sehr wichtige Frage, denn wenn wir den Positivismus als gültig anerkennen, können wir eventuell wertvolle Hinweise bezüglich der Bausteine der endgültigen Theorie gewinnen, indem wir durch Gedankenexperimente klären, was für Dinge es sind, die im Prinzip beobachtet werden können.

Der Einzug des Positivismus in die Physik wird zumeist mit Ernst Mach in Verbindung gebracht, einem Physiker und Philosophen im Wien des Fin de siècle, der im Positivismus vor allem ein Gegengift gegen die Metaphysik Immanuel Kants sah. Einsteins Aufsatz von 1905 über die spezielle Relativitätstheorie zeigt unverkennbar den Einfluß Machs; es wimmelt in ihm von Beobachtern, die mit Meterstäben, Uhren und Lichtstrahlen Entfernungen und Zeiten messen. Der Positivismus trug dazu bei, Einstein von der Vorstellung zu befreien, daß der Aussage, zwei Ereignisse seien gleichzeitig, ein absoluter Sinn zukomme; er fand, daß keine Messung ein Kriterium für Gleichzeitigkeit liefern könne, das für alle Beobachter das gleiche Resultat ergibt. Diese Beschäftigung mit dem, was sich tatsächlich beobachten läßt, macht das Wesen des Positivismus aus. Einstein erkannte an, daß er in der Schuld Machs stand; in einem Brief, den er ihm einige Jahre später schrieb, bezeichnete er sich als »Ihr ergebener Student«.[10] Nach dem Ersten Weltkrieg wurde der Positivismus weiterentwickelt von Rudolf Carnap und den Mitgliedern des Wiener Kreises, einem Zirkel von Philosophen, deren Ziel eine Wiederbegründung der Wissenschaft auf einer philosophisch befriedigenden Grundlage war.

Der Positivismus spielte auch bei der Geburt der modernen Quantenmechanik eine bedeutende Rolle. Heisenberg eröffnete seine berühmte erste Abhandlung zur Quantenmechanik im Jahre 1925 mit der Bemerkung: »Bekanntlich läßt sich gegen die formalen Regeln, die allgemein in der Quantentheorie [Bohrs Quantentheorie von 1913] zur Berechnung beobachtbarer Größen (z. B. der Energie im Wasserstoffatom) benutzt werden, der schwerwiegende Einwand erheben, daß jene Rechenregeln als wesentlichen Bestandteil Beziehungen enthalten zwischen Größen, die scheinbar prinzipiell nicht beobachtet werden können (wie z. B. Ort, Umlaufzeit des Elektrons).«[11]

Im Geiste des Positivismus ließ Heisenberg in seiner Version der Quantenmechanik nur beobachtbare Größen zu, so etwa die Häufigkeit, mit der ein Atom unter Emission eines Strahlungsquants spontan aus einem Zustand in einen anderen übergeht. Die Unschärferelation, die eine der Grundlagen der probabilistischen Interpretation der Quantenmechanik darstellt, beruht auf Heisenbergs positivistischer Deutung der Schranken, auf die wir stoßen, wenn wir Position und Impuls eines Teilchens beobachten wollen.

So wichtig er auch für Einstein und Heisenberg war – insgesamt hat der Positivismus mindestens soviel geschadet wie genützt. Da er sich aber, anders als die mechanistische Weltanschauung, seine heroische Aura bewahrt hat, lebt er weiter und kann auch künftig Schaden anrichten. George Gale macht den Positivismus sogar weitgehend für die gegenwärtige Entfremdung zwischen Physikern und Philosophen verantwortlich.[12]

Der Positivismus bildete den eigentlichen Kern des Widerstandes gegen die Atomtheorie zu Beginn des zwanzigsten Jahrhunderts. Im neunzehnten Jahrhundert war die alte Idee von Demokrit und Leukipp, daß alle Materie aus Atomen zusammengesetzt sei, in bewundernswerter Weise weiterentwickelt worden; die Regeln der Chemie, die Eigenschaften von Gasen und die Natur der Wärme waren von John Dalton, Amadeo Avogadro und deren Nachfolgern mit Hilfe der Atomtheorie gedeutet worden. Die Atomtheorie gehörte zum festen Besitzstand von Physik und Chemie. Die positivistischen Nachfolger Machs sahen darin jedoch eine Abweichung von der gebotenen Verfahrensweise der Wissenschaft, weil die Atome mit keinem damals vorstellbaren Verfahren beobachtet werden konnten. Nach Auffassung der Positivisten bestand die Aufgabe von Wissenschaftlern darin, die Ergebnisse von Beobachtungen festzuhalten, beispielsweise, daß man zur Erzeugung von Wasserdampf zwei Volumenteile Wasserstoff mit einem Volumenteil Sauerstoff verbinden muß, doch sollten sie sich nicht damit abgeben, über metaphysische Ideen zu spekulieren wie die, daß dieser Vorgang auf der Zusammensetzung des Wassermoleküls aus zwei Atomen Wasserstoff und einem Atom Sauerstoff beruht, da diese Atome beziehungsweise Moleküle nicht beobachtbar waren. Mach selbst hat sich nie mit der Existenz von Atomen abgefunden. Noch 1910, als der Atomismus längst von fast allen anerkannt war, schrieb Mach in einer Auseinandersetzung mit Planck: »Wenn der Glaube an die Realität der Atome für Euch so wesentlich ist, so sage ich mich von der physikalischen Denkweise los, so will ich kein richtiger Physiker sein, so verzichte ich auf jede wissenschaftliche Wertschätzung.«[13]

Eine besonders bedauernswerte Folge des Widerstandes gegen den Atomismus war die Verzögerung, mit der die statistische Mechanik anerkannt wurde, jene reduktionistische Theorie, welche die Wärme als statistische Verteilung der Energien der Teile eines Systems deutet. Die Entwicklung dieser Theorie in den Werken von Maxwell, Boltzmann, Gibbs und anderen war einer der Triumphe der Wissenschaft des neunzehnten Jahrhunderts, und mit der Ablehnung dieser Theorie machten die Positivisten den schlimmsten Fehler, den ein Wissenschaftler begehen kann: einen Erfolg nicht anzuerkennen.

Es gibt andere, nicht so bekannte Fälle, in denen der Positivismus Schaden anrichtete. Da ist beispielsweise das berühmte, 1897 von J. J. Thomson durchgeführte Experiment, das allgemein als Entdeckung des Elektrons gilt. (Thomson war Nachfolger von Maxwell und Rayleigh auf dem Cavendish-Lehrstuhl an der Universität Cambridge.) Jahrelang hatten sich die Physiker den Kopf über das rätselhafte Phänomen der Kathodenstrahlen zerbrochen, die emittiert werden, wenn eine Metallplatte in einer gläsernen Vakuumröhre mit dem Minuspol einer starken elektrischen Batterie verbunden wird, und die sich dadurch bemerkbar machen, daß am anderen Ende der Glasröhre, wo sie auftreffen, ein Leuchtpunkt entsteht. Die Bildröhren in modernen Fernsehgeräten sind nichts anderes als Kathodenstrahlröhren, in denen der Weg der Strahlen durch die Signale gesteuert wird, welche die Fernsehstationen aussenden. Als die Kathodenstrahlen im neunzehnten Jahrhundert entdeckt wurden, wußte man zunächst nicht, um was es sich handelte. Dann maß Thomson, wie die Kathodenstrahlen auf ihrem Weg durch die Vakuumröhre durch elektrische und magnetische Felder abgelenkt werden. Die Stärke der Ablenkung stand im Einklang mit der Hypothese, daß diese Strahlen aus Teilchen bestehen, die eine bestimmte Quantität elektrischer Ladung und eine bestimmte Quantität Masse tragen, wobei das Verhältnis von Masse zu Ladung immer dasselbe ist. Weil sich zeigte, daß die Masse dieser Teilchen sehr viel kleiner ist als die Masse der Atome, folgerte Thomson voreilig, diese Teilchen seien die fundamentalen Bausteine von Atomen und die Träger der elektrischen Ladung in allen elektrischen Strömen, sowohl in Drähten wie in Atomen und Kathodenstrahlröhren. Deshalb betrachtete Thomson sich – und die

Historiker betrachten ihn – als den Entdecker einer neuen Form der Materie, eines Teilchens, für das er einen Namen übernahm, der in der Theorie der Elektrolyse bereits gängig war: des Elektrons.

Doch das gleiche Experiment wurde ungefähr zur gleichen Zeit in Berlin von Walter Kaufmann durchgeführt. Der Hauptunterschied zwischen den Experimenten von Kaufmann und Thomson bestand darin, daß das von Kaufmann besser war. Es ergab für das Verhältnis von Ladung und Masse des Elektrons ein Resultat, von dem wir heute wissen, daß es genauer war als das Thomsons. Kaufmann wird jedoch nie als ein Entdecker des Elektrons genannt, weil er nicht glaubte, ein neues Teilchen entdeckt zu haben. Thomson war im Rahmen einer englischen Tradition tätig, die auf Newton, Dalton und Prout zurückging und darin bestand, über Atome und deren Bausteine zu spekulieren. Kaufmann war dagegen Positivist; nach seiner Ansicht gehörte es nicht zur Aufgabe von Physikern, über Dinge zu spekulieren, die sie nicht beobachten konnten. Er gab daher nicht an, eine neue Teilchenart entdeckt zu haben, sondern berichtete lediglich, daß das, was in einem Kathodenstrahl fließt, ein bestimmtes Verhältnis von elektrischer Ladung zu Masse aufweist.[14]

Die Moral von dieser Geschichte ist nicht bloß, daß der Positivismus sich nachteilig auf Kaufmanns Karriere auswirkte. Geleitet von seiner Überzeugung, er habe ein fundamentales Teilchen entdeckt, machte Thomson weiter und führte andere Experimente durch, um dessen Eigenschaften zu erkunden. Er fand heraus, daß bei der Radioaktivität und aus erhitzten Metallen Teilchen mit demselben Verhältnis von Masse zu Ladung emittiert werden, und er führte eine erste Messung der elektrischen Ladung des Elektrons durch. Aus dieser Messung und seiner früheren Messung des Verhältnisses von Ladung zu Masse ergab sich ein Wert für die Masse des Elektrons. Die Summe all dieser Experimente rechtfertigt tatsächlich den Anspruch Thomsons, der Entdecker des Elektrons zu sein, doch hätte er sie vermutlich nie durchgeführt, wenn er nicht bereit gewesen wäre, die Idee der Existenz eines Teilchens, das man damals nicht direkt beobachten konnte, ernst zu nehmen.

Aus heutiger Sicht erscheint der Positivismus Kaufmanns und der Gegner des Atomismus nicht nur obstruktiv, sondern auch naiv. Was bedeutet es denn eigentlich, etwas zu beobachten? Genaugenommen beobachtete Kaufmann nicht einmal die Ablenkung der Kathodenstrahlen in einem gegebenen magnetischen Feld; er maß die Position eines Leuchtpunkts auf der der Kathode gegenüberliegenden Seite einer Vakuumröhre, wenn in der Nähe der Röhre Drähte einige Male um ein Stück Eisen gewickelt und mit einer elektrischen Batterie verbunden wurden, und er deutete dies mit Hilfe der herrschenden Theorie im Sinne von Strahlentrajektorien und magnetischen Feldern. Wenn man es ganz genau besieht, tat er nicht einmal das: Er erfuhr bestimmte visuelle und taktile Eindrücke, die er als Leuchtpunkte und Drähte und Batterien interpretierte. Unter Wissenschaftshistorikern ist es zu einem Gemeinplatz geworden, daß es eine vom Einfluß der Theorie freie Beobachtung nicht geben kann.[15]

Die Gegner des Atomismus mußten schließlich kapitulieren, und das Eingeständnis ihrer Niederlage hat nach vorherrschender Meinung der Chemiker Wilhelm Ostwald formuliert, als er in der 1908 erschienenen englischsprachigen Ausgabe seines *Grundrisses der allgemeinen Chemie* schrieb, daß er jetzt überzeugt sei, daß man seit kurzem im Besitz experimenteller Beweise für die diskrete oder körnige Natur der Materie wäre, nach welchen die Atom-Hypothese seit Hunderten und Tausenden von Jahren vergeblich gestrebt habe.

Die experimentellen Beweise, von denen Ostwald sprach, bestanden einerseits in Messungen molekularer Stöße von winzigen, in Flüssigkeiten suspendierten Teilchen bei der sogenannten Brownschen Bewegung und andererseits in Thomsons Messung der Ladung des Elektrons. Wenn man aber bedenkt, daß alle experimentellen Befunde in hohem Maße theoriebedingt sind, dann begreift man, daß all die Erfolge der Atomtheorie in der Chemie und der statistischen Mechanik bereits im neunzehnten Jahrhundert einer Beobachtung von Atomen gleichkamen.

Heisenberg selbst erinnert sich, daß Einstein später anders über den Positivismus dachte, mit dem er ursprünglich an die Relativitätstheorie herangegangen war. 1974 schilderte Heisenberg in einem Vortrag ein Gespräch, das er im Frühjahr 1926 in Berlin mit Einstein hatte:

»Ich wies [Einstein] darauf hin, daß man eine solche Bahn [eines Elektrons in einem Atom] eben nicht beobachten könne; was man tatsächlich registriere, seien Schwingungszahlen des Lichtes, das vom Atom ausgestrahlt wird, Intensitäten und Übergangswahrscheinlichkeiten, aber eben keine Bahn. Und da es doch vernünftig sei, in eine Theorie nur Größen einzuführen, die man unmittelbar beobachten könne, sollte eben der Begriff der Elektronenbahn in der Theorie nicht vorkommen. Zu meinem Erstaunen war Einstein mit dieser Begründung gar nicht zufrieden. Er meinte, daß jede Theorie doch auch unbeobachtbare Größen enthalte. Das Prinzip, nur beobachtbare Größen zu verwenden, lasse sich gar nicht konsequent durchführen. Und als ich einwendete, daß ich damit doch nur die Art von Philosophie verwendet hätte, die er auch seiner speziellen Relativitätstheorie zugrunde gelegt hätte, antwortete er einfach: ›Ich habe diese Philosophie vielleicht früher benützt und auch aufgeschrieben, aber sie ist trotzdem Unsinn.‹«[16]

Noch zuvor hatte Einstein in einem Vortrag, den er 1922 in Paris hielt, über Mach gesagt, er sei »un bon mécanicien«, aber ein »deplorable philosophe«.[17]

Obwohl der Atomismus sich auf ganzer Linie durchsetzte und Einstein sich vom Positivismus abwandte, hat dieser in der Physik des zwanzigsten Jahrhunderts doch immer wieder von sich reden gemacht. Das Beharren der Positivisten auf beobachtbaren Größen wie Teilchenorten und -impulsen stand einer »realistischen« Interpretation der Quantenmechanik entgegen, in der die Wellenfunktion die Repräsentation der physikalischen Realität ist. Der Positivismus war ferner mitverantwortlich dafür, daß man das Problem der unendlichen Größen nicht verstand. Wie wir gesehen haben, bemerkte Oppenheimer im Jahre 1930, daß die Theorie der Photonen und Elektronen, die sogenannte Quantenelektrodynamik, zu einem absurden Resultat führte, daß nämlich die Emission und Absorption von Photonen durch ein Elektron in einem Atom diesem Atom eine unendliche Energie geben würden. Die Theoretiker, die sich während der dreißiger und vierziger Jahre mit dem Problem der unendlichen Größen abplagten, gelangten zu der allgemeinen Annahme, daß die Quantenelektrodynamik auf Elektronen und Photonen von sehr hoher Energie einfach nicht anwendbar sei. In der Skepsis gegenüber der Quantenelektrodynamik schwang so etwas wie ein positivistisches schlechtes Gewissen mit: Manche Theoretiker fürchteten, sie begingen, indem sie von den Werten des elektrischen und magnetischen Feldes an einem Punkt im Raum, den ein Elektron einnimmt, sprechen, die Sünde, Elemente in die Physik einzuführen, die prinzipiell nicht beobachtet werden können. Das stimmte, doch indem man sich darüber den Kopf zerbrach, zögerte man nur die Entdeckung der richtigen Lösung für das Problem der unendlichen Größen hinaus, nämlich, daß diese bei einer entsprechend sorgfältigen Definition der Masse und Ladung des Elektrons verschwinden.

Eine maßgebende Rolle spielte der Positivismus auch bei einem Vorstoß gegen die Quantenfeldtheorie, den Geoffrey Chew in den sechziger Jahren führte. Im Mittelpunkt des Interesses der Physik sollte nach Chew die S-Matrix stehen, die Tabelle, welche die Wahrscheinlichkeiten für alle möglichen Ergebnisse aller möglichen Teilchenzusammenstöße angibt. Die S-Matrix faßt alles zusammen, was bei Reaktionen, an denen eine beliebige Anzahl von Teilchen beteiligt ist, tatsächlich beobachtet werden kann. Die S-Matrix-Theorie geht zurück auf Arbeiten von Heisenberg und John Wheeler in den dreißiger und vierziger Jahren (das »S« steht für Streuung), doch wollten Chew und seine Mitarbeiter die S-Matrix auf eine neue Weise berechnen, ohne unbeobachtbare Elemente wie Quantenfelder einzuführen. Dieses Vorhaben scheiterte schließlich, teils weil es einfach zu schwierig war, die S-Matrix auf diese Weise zu berechnen, vor allem aber, weil sich herausstellte, daß der Weg zu einem besseren Verständnis der schwachen und starken Kernkräfte in den Quantenfeldtheorien lag, die Chew loszuwerden versuchte.[18]

Am entschiedensten sind die Prinzipien des Positivismus bei der Entwicklung unserer gegenwärtigen Theorie der Quarks aufgegeben worden. Anfang der sechziger Jahre versuchten Murray Gell-Mann und George Zweig unabhängig voneinander, die ungeheure Vielfalt der damals bekannten Teilchen einzudämmen. Sie schlugen vor, daß fast all diese Teilchen sich aus einigen wenigen (und noch elementareren) Teilchen zusammensetzen, die Gell-Mann *Quarks* nannte. Auf den ersten Blick schien diese Idee durchaus nicht von der gewohnten Denkweise der Physiker abzuweichen; im Grunde war es nur ein weiterer Schritt in einer mit Leukipp und Demokrit einsetzenden Tradition, komplizierte Strukturen durch einfachere, kleinere Bausteine zu erklären. In den sechziger Jahren wurde die

Idee der Quarks auf eine Vielzahl physikalischer Probleme angewandt, die mit den Eigenschaften der Neutronen, Protonen, Mesonen und all der anderen Teilchen zusammenhängen, von denen
man annahm, daß sie sich aus Quarks zusammensetzen, und im
großen und ganzen funktionierte es ganz gut. Doch alle Bemühungen der Experimentalphysiker in den sechziger und frühen siebziger
Jahren reichten nicht aus, die Quarks von den Teilchen, in denen sie
enthalten sein sollten, zu trennen. Darauf konnte man sich keinen
Reim machen. Seit es Thomson gelungen war, in einer Kathodenstrahlröhre Elektronen aus den Atomen herauszuziehen, war es
immer möglich gewesen, ein zusammengesetztes System wie ein
Molekül, ein Atom oder einen Kern in die einzelnen Teilchen, aus
denen es besteht, zu zerlegen. Warum sollte es also unmöglich sein,
freie Quarks zu isolieren?

Die Idee der Quarks gewann an Plausibilität, als in den frühen
siebziger Jahren die Quantenchromodynamik entstand, unsere moderne Theorie der starken Kraft, die jeden Prozeß, in dem ein freies
Quark isoliert werden könnte, verbietet. Der Durchbruch kam
1973, als David Gross und Frank Wilczek in Princeton sowie David
Politzer in Harvard unabhängig voneinander zeigten, daß bestimmte Arten der Quantenfeldtheorie[19] eine sonderbare Eigenschaft besitzen, nämlich die, daß die Kräfte in diesen Theorien
abnehmen, wenn die Teilchen einander näher kommen.[20] Im Experiment hatte man eine solche Abnahme der Kraft schon 1967 bei
der Streuung hochenergetischer Teilchen beobachtet,[21] aber nun
konnte man erstmals theoretisch zeigen, daß die Kräfte sich in
dieser Weise verhalten. Der gelungene Nachweis führte dann rasch
zu einer dieser Quantenfeldtheorien, zu der unter der Bezeichnung
Quantenchromodynamik bekanntgewordenen Theorie der Quarks
und Gluonen, die sehr schnell als die korrekte Theorie der starken
Kraft anerkannt wurde. Daraus wurde gefolgert,[22] daß die Kräfte
zwischen Quarks und Gluonen, wenn sie bei kurzen Entfernungen
abnehmen, bei langen Entfernungen zunehmen und möglicherweise so stark werden, daß sie es prinzipiell unmöglich machen,
Quarks oder Gluonen auseinanderzuziehen.

Dies ist allerdings eine etwas zu stark vereinfachte Darstellung;
man nimmt an, daß in Wirklichkeit folgendes geschieht: Wenn man
etwa versucht, ein Meson auseinanderzuziehen, um das Quark und

Antiquark, das in ihm enthalten ist, zu isolieren, nimmt die erforderliche Kraft in dem Maße zu, je weiter man das Quark und das Antiquark auseinanderzieht, und schließlich muß man so viel Energie aufwenden, daß genügend Energie verfügbar ist, um ein neues Quark-Antiquark-Paar zu erzeugen. Dabei taucht aus dem Nichts ein Antiquark auf, das sich mit dem vorhandenen Quark verbindet, und ein Quark, das ebenfalls aus dem Nichts auftaucht, verbindet sich mit dem vorhandenen Antiquark, so daß man statt eines freien Quarks und eines freien Antiquarks einfach zwei Quark-Antiquark-Paare erhält, also zwei Mesonen. Das entspricht etwa dem Versuch, die beiden Enden eines Seils auseinanderzuziehen: Man kann ziehen und ziehen, und wenn man genügend Energie aufbringt, wird das Seil schließlich reißen, doch hat man dann nicht nur die beiden Enden des ursprünglichen Seils, sondern zwei Seile mit jeweils zwei Enden. Der Gedanke, daß es prinzipiell unmöglich ist, Quarks und Gluonen isoliert zu beobachten, ist zu einer anerkannten Erkenntnis der modernen Elementarteilchenphysik geworden, was uns aber nicht daran hindert, Neutronen, Protonen und Mesonen als aus Quarks zusammengesetzt zu beschreiben. Ich kann mir nichts vorstellen, was Ernst Mach weniger gefallen würde.

Die Theorie des Quarks war lediglich ein Schritt in einem langfristigen Prozeß, in dem die physikalische Theorie immer grundlegender formuliert wird und sich zugleich immer weiter von der Alltagserfahrung entfernt. Besteht noch irgendeine Aussicht, eine Theorie zu schaffen, die sich auf beobachtbare Größen stützt, wenn auf der tiefsten Ebene unserer Theorien kein einziger Aspekt unserer Erfahrung auftaucht, vielleicht noch nicht einmal Raum und Zeit? Ich halte es für unwahrscheinlich, daß die positivistische Einstellung uns künftig sehr viel weiterhelfen wird.

Metaphysik und Erkenntnistheorie sollten zumindest der Absicht nach eine konstruktive Rolle in der Wissenschaft spielen. In den letzten Jahren ist die Wissenschaft in die Schußlinie unfreundlicher Kommentatoren geraten, die sich unter dem Banner des Relativismus gesammelt haben. Die philosophischen Relativisten bestreiten den Anspruch der Wissenschaft, die objektive Wahrheit zu enthüllen; für sie ist die Wissenschaft ein beliebiges soziales Phänomen, das sich von einem Fruchtbarkeitskult oder einem Gastmahl nicht grundlegend unterscheidet.

Der philosophische Relativismus geht zum Teil auf die von Philosophen und Wissenschaftshistorikern festgestellte Tatsache zurück, daß der Prozeß der Anerkennung wissenschaftlicher Theorien eine große Portion Subjektivität enthält. Ästhetische Urteile spielen, wie wir gesehen haben, bei der Anerkennung neuer physikalischer Theorien eine gewisse Rolle. Das ist den Wissenschaftlern durchaus bekannt (auch wenn Philosophen und Historiker uns manchmal so darstellen, als wüßten wir das nicht). Thomas Kuhn ging in seinem berühmten Buch *Die Struktur wissenschaftlicher Revolutionen* noch einen Schritt weiter und behauptete, daß in wissenschaftlichen Revolutionen die Maßstäbe (er sagt »Paradigmen«), nach denen Wissenschaftler Theorien beurteilen, geändert werden, so daß die neuen Theorien einfach nicht nach den vorrevolutionären Maßstäben beurteilt werden können. Vieles von dem, was Kuhn schreibt, deckt sich mit meiner wissenschaftlichen Erfahrung. Doch im letzten Kapitel wendet Kuhn sich vorsichtig gegen die Auffassung, daß die Wissenschaft Fortschritte in Richtung objektive Wahrheiten mache: »Um es genauer zu sagen: wir müssen vielleicht – explizit oder implizit – die Vorstellung aufgeben, daß der Wechsel der Paradigmata die Wissenschaftler und die von ihnen Lernenden näher und näher an die Wahrheit heranführt.«[23] In letzter Zeit hat man den Eindruck, als würde Kuhns Buch als Manifest für einen Generalangriff auf die vermeintliche Objektivität der Wissenschaft gedeutet (oder zumindest zitiert).

Daneben gibt es, beginnend mit dem Werk von Robert Merton in den dreißiger Jahren, bei Soziologen und Anthropologen eine wachsende Tendenz, das Unternehmen Wissenschaft (oder zumindest die übrigen Wissenschaften, mit Ausnahme der Soziologie und Anthropologie) mit denselben Methoden zu studieren wie andere soziale Phänomene. Natürlich ist die Wissenschaft *auch* ein soziales Phänomen mit einem eigenen Belohnungssystem, mit verräterischen Snobismen und interessanten Bündnis- und Machtstrukturen. Nach jahrelangem Aufenthalt unter Elementarteilchenphysikern sowohl am Stanford Linear Accelerator Center als auch am KEK-Laboratorium in Japan beschreibt Sharon Traweek, was sie aus der Sicht einer Anthropologin beobachtet hat. Für Anthropologen und Soziologen ist diese Art Großwissenschaft ein naheliegendes Thema, weil Wissenschaftler einer anarchischen Tradition angehören, die die persönliche Initiative hochschätzt, aber bei den heutigen Experimenten in zum Teil hundertköpfigen Teams zusammenarbeiten müssen. Als Theoretiker habe ich zwar nicht in einem solchen Team gearbeitet, doch viele ihrer Beobachtungen scheinen mir zuzutreffen, so zum Beispiel, wenn sie schreibt:

»Die Physiker sehen sich als eine Elite, in die man nur durch wissenschaftliche Leistungen hineingelangt. Man geht davon aus, daß für alle Chancengleichheit besteht. Unterstrichen wird dies durch die vollkommen zwanglose Kleiderordnung, die Ähnlichkeit ihrer Büroeinrichtungen und die Praxis, daß man sich innerhalb der Gemeinschaft mit Vornamen anredet. Individuelle Konkurrenz wird als gerecht und zugleich effektiv betrachtet: Die Hierarchie wird verstanden als eine Meritokratie, die gute Physik hervorbringt. Amerikanische Physiker heben jedoch hervor, daß die Wissenschaft nicht demokratisch sei: Über wissenschaftliche Vorhaben sollte nicht innerhalb der Gemeinschaft nach Mehrheitsprinzip entschieden werden, und es sollten auch nicht alle den gleichen Zugriff auf die Mittel eines Laboratoriums haben. In diesen beiden Punkten sind die meisten japanischen Physiker der gegenteiligen Ansicht.«[24]

Soziologen und Anthropologen haben bei derartigen Untersuchungen herausgefunden, daß sogar der Wandel in den wissenschaftlichen Theorien ein sozialer Prozeß ist. In einem kürzlich erschienenen Buch wird bemerkt, daß »wissenschaftliche Wahrheiten im Grunde von allen beachtete soziale Vereinbarungen darüber sind, was ›real‹ ist, zu denen man durch einen spezifisch ›wissenschaftlichen‹ Verhandlungsprozeß gelangt«.[25] Der französische Philosoph Bruno Latour und der englische Soziologe Steve Woolgar sind, nachdem sie die Tätigkeit von Wissenschaftlern am Salk Institute eingehend beobachteten, zu dem Schluß gelangt: »Die Verhandlungen darüber, was als ein Beweis gilt oder was ein gutes Testergebnis ausmacht, verlaufen genauso regellos wie Auseinandersetzungen zwischen Juristen und Politikern.«[26]

Anscheinend fällt es nicht schwer, von diesen hilfreichen historischen und soziologischen Beobachtungen zu der radikalen Auffassung zu gelangen, daß der Inhalt der wissenschaftlichen Theorien, die Anerkennung finden, durch den sozialen und historischen Kontext, in dem diese Theorien erarbeitet werden, festgelegt wird. (Die Fundierung dieser Position wird in der Wissenschaftssoziologie manchmal als »starkes Programm« bezeichnet.) Ganz in diesem Sinne unternimmt Andrew Pickering einen unverhüllten Angriff auf die Objektivität der wissenschaftlichen Erkenntnis, und sogar schon im Titel seines Buches bringt er das zum Ausdruck: *Constructing Quarks*.[27] Im letzten Kapitel kommt er zu dem Schluß: »Und angesichts ihrer intensiven Ausbildung in ausgeklügelten mathematischen Verfahren ist das Übergewicht der Mathematik in den Realitätsbeschreibungen der Teilchenphysiker genauso leicht zu erklären wie die Vorliebe ethnischer Gruppen für ihre Muttersprache. Nach der in diesem Kapitel vertretenen Auffassung ist niemand verpflichtet, bei der Formulierung eines Weltbildes auf das Rücksicht zu nehmen, was die Wissenschaft des zwanzigsten Jahrhunderts zu sagen hat.«

Pickering beschreibt detailliert eine bedeutende Schwerpunktverlagerung, die sich Ende der sechziger und Anfang der siebziger Jahre in der Hochenergie-Experimentalphysik vollzog. Statt sich – wie Pickering sagt – »vernünftigerweise« auf die auffälligsten Phänomene zu konzentrieren, die bei Zusammenstößen von hochenergetischen Teilchen auftreten (also das Auseinanderbrechen der Teilchen in eine Vielzahl anderer Teilchen, die sich überwiegend in der Richtung der ursprünglichen Teilchenstrahlen entfernen), begannen die Forscher auf den Vorschlag von Theoretikern hin mit Experimenten, die auf seltene Ereignisse ausgerichtet waren, zum Beispiel solche, bei denen beim Zusammenstoß ein Teilchen von hoher Energie in einem großen Winkel in Richtung des einfallenden Strahls auftaucht.

Es hat in der Hochenergiephysik ohne Zweifel eine Schwerpunktverlagerung gegeben, und sie wird auch ziemlich genau von Pickering beschrieben, aber sie war bedingt durch die Zwänge der historischen Aufgabe der Physik. Ein Proton besteht aus drei Quarks, einer Wolke von ständig erscheinenden und verschwindenden Gluonen sowie Quark-Antiquark-Paaren. Bei den meisten Zusammenstößen zwischen Protonen fließt die Energie der ursprünglichen Teilchen in eine umfassende Zerstörung dieser Teilchenwolken, wie bei einem Zusammenstoß zweier Müllautos. Dies mögen die bemerkenswertesten Zusammenstöße sein, doch sind sie so kompliziert, daß wir nicht mehr berechnen können, was gemäß unserer gegenwärtigen Theorie der Quarks und Gluonen geschehen würde, und deshalb sind sie für die Überprüfung dieser Theorie wertlos. Ab und zu prallt jedoch ein Quark oder Gluon in einem der beiden Protonen frontal mit einem Quark oder Gluon in dem anderen Proton zusammen, und ihre Energie wird freigesetzt, indem Quarks oder Gluonen mit hoher Energie aus den Trümmern des Zusammenstoßes herausfliegen, und das ist ein Prozeß, dessen Häufigkeit wir inzwischen berechnen können. Bei dem Zusammenstoß können aber auch neue Teilchen entstehen wie die W- und Z-Teilchen, die wir als Träger der schwachen Kraft erforschen müssen, um mehr über die Vereinigung der schwachen und der elektromagnetischen Kraft in Erfahrung zu bringen. Die heutigen Experimente sind darauf ausgerichtet, ebendiese seltenen Vorgänge zu entdecken. Diesen theoretischen Hintergrund hat Pickering, soweit ich das beurteilen kann, sehr gut verstanden, und doch stellt er diese Schwerpunktverlagerung in der Hochenergiephysik so dar, als handele es sich um einen bloßen Wechsel der Mode wie etwa beim Übergang vom Impressionismus zum Kubismus oder beim Wechsel von kurzen zu langen Röcken.[28]

Es ist schlicht und einfach falsch, aus der Beobachtung, daß die Wissenschaft ein sozialer Prozeß ist, den Schluß zu ziehen, daß das Endprodukt, unsere wissenschaftlichen Theorien, durch die an diesem Prozeß beteiligten sozialen und historischen Kräfte festgelegt werde. Eine Gruppe von Bergsteigern mag über den besten Weg zum Gipfel streiten, und ihre Argumente mögen durch die Geschichte und die soziale Struktur der Expedition bedingt sein, doch am Ende finden sie entweder einen geeigneten Weg zum Gipfel, oder sie finden ihn nicht, und wenn sie tatsächlich den Gipfel erreichen, werden sie den Weg kennen. Daß es sich in der Wissenschaft genauso verhält, kann ich zwar nicht beweisen, doch meine ganze Erfahrung als Wissenschaftler spricht dafür. Die »Verhandlungen« über Veränderung der wissenschaftlichen Theorie werden weitergehen, und Wissenschaftler werden aufgrund von Berechnungen und Experimenten immer wieder ihre Meinung ändern, bis sich schließlich die eine oder andere Auffassung unverkennbar als objektiver Erfolg herausschält. Nach meiner festen Überzeugung entdecken wir in der Physik etwas Reales, etwas, das so ist, wie es ist, unabhängig von den sozialen oder historischen Bedingungen, die uns erlaubten, es zu entdecken.

Woher dann dieser radikale Angriff auf die Objektivität der wissenschaftlichen Erkenntnis? Eine Quelle ist, glaube ich, das alte Gespenst des Positivismus, diesmal angewandt auf das Studium der Wissenschaft selbst. Wenn man es ablehnt, über Dinge zu sprechen, die nicht direkt beobachtet werden können, dann können Quantenfeldtheorien oder Symmetrieprinzipien oder allgemeine Naturgesetze nicht ernst genommen werden. Was Philosophen, Soziologen und Anthropologen tatsächlich studieren können, ist das Verhalten realer Wissenschaftler, und dieses Verhalten wird niemals einer schlichten Beschreibung im Sinne logischer Regeln entsprechen. Dennoch sind die wissenschaftlichen Theorien als begehrte, aber schwer erreichbare Ziele für die Wissenschaftler Gegenstand der unmittelbaren Erfahrung, und so gelangen sie zu der Überzeugung, daß diese Theorien real sind.

Vielleicht steckt hinter dem Angriff auf den Realismus und die Objektivität der Wissenschaft noch ein anderes, weniger hochgesinntes Motiv. Stellen Sie sich bitte einen Anthropologen vor, der den »Cargokult« auf einer pazifischen Insel studiert. Die Inselbewohner glauben, sie könnten das Frachtflugzeug, das ihnen während des Zweiten Weltkriegs Wohlstand brachte, durch hölzerne Nachbildungen von Radar- und Radioantennen herbeizaubern. Es ist nur menschlich, wenn dieser Anthropologe – wie unter entsprechenden Umständen auch andere Soziologen und Anthropologen – einen Schauder der Überlegenheit empfindet, weil er im Unterschied zu seinen Versuchspersonen weiß, daß diesen Glaubensvorstellungen keine objektive Realität entspricht – die hölzernen Radargeräte werden niemals eine beladene Frachtmaschine herbeilocken. Wäre es erstaunlich, wenn Anthropologen und Soziologen sich dem Studium der Tätigkeit von Wissenschaftlern zuwenden und dabei versuchen würden, noch einmal dieses köstliche Überlegenheitsgefühl zu erlangen, indem sie den Entdeckungen der Wissenschaftler objektive Realität absprechen?

Der Relativismus ist lediglich ein Aspekt eines umfassenden radikalen Angriffs auf die Wissenschaft als solche.[29] Feyerabend forderte eine scharfe Trennung von Wissenschaft und Gesellschaft nach dem Vorbild der Trennung von Kirche und Staat und begründete das damit, daß »die Wissenschaft nur eine der zahlreichen Ideologien ist, die die Gesellschaft vorwärtstreiben, und dementsprechend sollte sie behandelt werden«.[30] Die Philosophin Sandra Harding bezeichnet die moderne Wissenschaftstheorie (und speziell die Physik) nicht nur als sexistisch, sondern auch als rassistisch, kulturfeindlich und von der herrschenden Klasse bestimmt.[31] Sie behauptet, daß die Physik und Chemie, Mathematik und Logik nicht weniger die Spuren ihrer kulturellen Schöpfer tragen als die Anthropologie und Geschichte.

Theodore Roszak verlangt, daß wir »das dem wissenschaftlichen Denken zugrundeliegende Bewußtsein [verändern] ... selbst wenn das mit einer drastischen Veränderung des akademischen Charakters der Wissenschaft und ihrer Stellung in unserer Kultur verbunden ist«.[32]

Die Wissenschaftler selbst scheinen von diesen radikalen Kritikern der Wissenschaft kaum oder überhaupt nicht beeindruckt zu sein. Ich kenne keinen aktiven Wissenschaftler, der sie ernst nähme.[33] Für die Wissenschaft stellen sie insofern eine Gefahr dar, als sie diejenigen beeinflussen könnten, die sich noch nicht in der Wissenschaft betätigt haben, besonders diejenigen, die über die Finanzierung der Wissenschaft entscheiden, sowie neue Generationen potentieller Wissenschaftler. Der britische Minister, der für die staatliche Finanzierung der nichtmilitärischen Forschung zuständig ist, soll sich *Nature* zufolge[34] beifällig über ein Buch von Bryan Appleyard geäußert haben, dessen These lautet, daß die Wissenschaft dem menschlichen Geist abträglich sei.[35]

Ich vermute, daß Gerald Holton der Wahrheit nahekommt, wenn er den radikalen Angriff auf die Wissenschaft als Symptom einer umfassenderen Feindschaft gegenüber der westlichen Zivilisation versteht, von der westliche Intellektuelle seit Oswald Spengler besessen sind.[36] Ein naheliegendes Ziel dieser Feindschaft ist die moderne Wissenschaft; großartige Werke der Kunst und Literatur haben auch andere Weltzivilisationen hervorgebracht, doch die wissenschaftliche Forschung ist seit Galilei eine fast ausschließliche Domäne des Westens. Diese Feindschaft scheint mir auf tragische Weise irregeleitet zu sein. Selbst die Kernwaffen, eine der schrecklichsten westlichen Anwendungen der Wissenschaft, sind nur ein weiteres Beispiel für das ständige Bestreben der Menschheit, sich mit allen Waffen, die sie nur erfinden kann, selbst zu zerstören. Hält man dem die segensreichen Anwendungen der Wissenschaft und ihre Bedeutung für die Befreiung des menschlichen Geistes entgegen, so hat man in der modernen Wissenschaft – zusammen mit der Demokratie und der kontrapunktischen Musik – ein Geschenk des Westens an die Welt, auf das wir besonders stolz sein dürfen.

Dieses Problem wird sich am Ende von selbst erledigen. Wissenschaftliche Methoden und Erkenntnisse haben in nichtwestlichen Ländern wie Japan und Indien rasch Eingang gefunden und breiten sich in der ganzen Welt aus. Eines Tages wird man die Wissenschaft nicht länger mit dem Westen gleichsetzen, sondern als gemeinsamen Besitz der Menschheit erkennen.

VIII. | Die Melancholie des 20. Jahrhunderts

Melancholie,
die Melancholie des zwanzigsten Jahrhunderts,
lähmt mich.
Wer
entgeht dieser quälenden
Melancholie des zwanzigsten Jahrhunderts?

Noel Coward, *Cavalcade*

Wo immer wir mit unseren Fragen nach der Kraft und der Materie weit genug vorgedrungen sind, fanden wir die Antworten im Standardmodell der Elementarteilchen. Und auf jeder Konferenz über Hochenergiephysik seit Ende der siebziger Jahre berichten die Experimentatoren von einer immer genaueren Übereinstimmung ihrer Resultate mit den Vorhersagen des Standardmodells. Man sollte daher meinen, daß die Hochenergiephysiker durchaus zufrieden sein könnten – weshalb dann diese Melancholie?

Zunächst beschreibt das Standardmodell die elektromagnetische Kraft sowie die schwache und die starke Kraft, doch eine vierte Kraft übergeht es, die eigentlich die erste Kraft war, die wir entdeckt haben: die Gravitationskraft. Diese Auslassung beruht nicht auf Zerstreutheit; wie wir sehen werden, ist es mathematisch ungemein schwierig, die Gravitation in derselben Sprache zu beschreiben wie die anderen Kräfte im Standardmodell, nämlich in der Sprache der Quantenfeldtheorie. Zweitens ist die starke Kraft zwar im Standardmodell enthalten, doch erscheint sie als etwas ganz anderes als die elektromagnetische Kraft und die schwache Kraft. Sie erscheint nicht als Bestandteil eines einheitlichen Bildes. Drittens bietet das Standardmodell zwar eine einheitliche Beschreibung der elektromagnetischen Kraft und der schwachen Kraft, doch bestehen offenkundige Unterschiede zwischen diesen beiden Kräften. (Zum Beispiel ist die schwache Kraft unter normalen Bedingungen viel schwächer als die elektromagnetische Kraft.) Wir haben wohl eine allgemeine Vorstellung davon, wie es zu diesen Differenzen zwischen der elektromagnetischen Kraft und der schwachen Kraft kommt, aber die Ursache dieser Differenzen wird noch nicht voll verstanden. Schließlich enthält, von dem Problem der Vereinheitlichung der vier Kräfte abgesehen, das Standardmodell eine ganze Reihe von Merkmalen, die nicht (wie wir es gern sähen) von Grundprinzipien diktiert sind, sondern schlicht und einfach dem Experiment entnommen werden müssen. Zu diesen scheinbar beliebigen Merkmalen gehören ein Menü von Teilchen, eine Reihe von Konstanten wie zum Beispiel Massenverhältnisse und sogar die Symmetrien selbst. Wir können uns ohne weiteres vorstellen, daß jedes einzelne dieser Merkmale des Standardmodells oder auch alle zusammen anders hätten aussehen können.

Ganz gewiß ist das Standardmodell gegenüber dem Durcheinander von approximativen Symmetrien, schlecht formulierten dynamischen Annahmen und bloßen Fakten, das die Physiker meiner Generation in den höheren Semestern lernen mußten, eine enorme Verbesserung. Aber das Standardmodell ist eindeutig nicht die letzte Antwort, und um es zu überwinden, werden wir uns mit all seinen Schwächen auseinandersetzen müssen.

All diese Probleme mit dem Standardmodell hängen in der einen oder anderen Weise mit einer Erscheinung zusammen, die wir als *spontane Symmetriebrechung* bezeichnen. Die Entdeckung dieses Phänomens war einer der großen befreienden Momente in der Wissenschaft des zwanzigsten Jahrhunderts, zuerst in der Festkörper- und dann in der Elementarteilchenphysik. Ihr größter Erfolg war die Erklärung der Unterschiede zwischen der schwachen und der elektromagnetischen Kraft, und die elektroschwache Theorie wird daher der geeignete Ausgangspunkt sein, sich dem Phänomen der spontanen Symmetriebrechung zu nähern.

Die elektroschwache Theorie ist derjenige Teil des Standardmodells, in dem es um die schwache und die elektromagnetische Kraft geht. Sie beruht auf einem *exakten* Symmetrieprinzip, demzufolge die Naturgesetze dieselbe Form annehmen, wenn wir überall in den Gleichungen der Theorie die Felder des Elektrons und des Neutrinos durch gemischte Felder ersetzen – beispielsweise ein Feld, das zu dreißig Prozent Elektronen- und zu siebzig Prozent Neutrinofeld und ein anderes, das zu siebzig Prozent Elektronen- und zu dreißig Prozent Neutrinofeld ist – und gleichzeitig die Felder anderer Teilchenfamilien wie etwa das *up*-Quark und das *down*-Quark in gleicher Weise mischen. Dieses Symmetrieprinzip nennt man *lokal*, was besagt, daß die Naturgesetze unverändert bleiben sollen, auch wenn diese Mischungen von einem Moment zum anderen oder von einer Stelle zur anderen variieren. Es gibt noch eine Familie von Feldern, deren Existenz durch dieses Symmetrieprinzip verlangt wird, und sie besteht aus den Feldern des Photons sowie des *W*- und des *Z*-Teilchens, und auch diese Felder müssen miteinander vermischt werden, wenn wir die Felder des Elektrons und des Neutrinos sowie die Quarkfelder miteinander mischen. Der Austausch von Photonen ist verantwortlich für die elektromagnetische Kraft, während der Austausch von *W*- und *Z*-Teilchen die schwache Kraft erzeugt, so daß diese Symmetrie zwischen Elektronen und Neutrinos zugleich eine Symmetrie zwischen der elektromagnetischen Kraft und der schwachen Kraft ist. In der Natur manifestiert sich diese Symmetrie jedoch nicht, und deshalb wurde sie erst so spät entdeckt. So besitzen Elektronen sowie *W*- und *Z*-Teilchen zum Beispiel Massen, was Neutrinos und Photonen nicht haben.[1] (Es liegt an der großen Masse der *W*- und *Z*-Teilchen, daß die schwachen Kräfte soviel schwächer sind als die elektromagnetischen Kräfte.) Mit anderen Worten: Die Symmetrie, die das Elektron und das Neutrino usw. verbindet, ist eine Eigenschaft der grundlegenden Gleichungen des Standardmodells, von Gleichungen, welche die Eigenschaften der Elementarteilchen bestimmen, doch wird diese Symmetrie nicht erfüllt von den *Lösungen* dieser Gleichungen, sondern von den Eigenschaften der Teilchen selbst.

Um zu sehen, wie es möglich ist, daß Gleichungen eine Symmetrie aufweisen, deren Lösungen aber nicht, wollen wir annehmen, unsere Gleichungen seien völlig symmetrisch zwischen zwei Teilchenarten wie etwa dem *up*-Quark und dem *down*-Quark, und wir wünschten diese Gleichungen zu lösen, um die Massen der beiden Teilchen zu finden. Man könnte vermuten, daß die Symmetrie zwischen den zwei Typen von Quarks verlangt, daß die beiden Massen sich als gleich herausstellen, aber das ist nicht die einzige Möglichkeit.[2] Die Symmetrie der Gleichungen schließt nicht die Möglichkeit aus, daß die Lösung ergibt, daß das *up*-Quark eine größere Masse erhält als das *down*-Quark; sie verlangt lediglich, daß es in diesem Fall eine *zweite* Lösung der Gleichungen gibt, in der die Masse des *down*-Quarks größer ist als die des *up*-Quarks, und zwar um genau den gleichen Betrag. Die Symmetrie der Gleichungen muß sich also nicht unbedingt in jeder einzelnen Lösung dieser Gleichungen niederschlagen, sondern nur in der Gesamtheit *aller* Lösungen. In diesem einfachen Beispiel würden die tatsächlichen Eigenschaften der *Quarks* einer der beiden Lösungen entsprechen, und damit wäre die Symmetrie der zugrundeliegenden Theorie gebrochen. Man beachte bitte, daß es im Grunde nicht darauf ankommt, welche der beiden Lösungen in der Natur realisiert ist – wenn der einzige Unterschied zwischen den *up*- und den *down*-Quarks in ihrer Masse bestünde, würde der Unterschied zwischen den beiden Lösungen lediglich davon abhängen, welche Quarks wir als *up* beziehungsweise *down* bezeichnen. Die Natur, wie wir sie kennen, repräsentiert eine Lösung aller Gleichungen des Standardmodells, *welche* Lösung, ist unerheblich, solange alle diese verschiedenen Lösungen durch exakte Symmetrieprinzipien verknüpft sind.

Wir sagen in solchen Fällen, die Symmetrie sei gebrochen, obwohl man besser den Ausdruck »verborgen« verwenden sollte, weil die Symmetrie in den Gleichungen noch immer gegeben ist und diese Gleichungen die Eigenschaften der Teilchen bestimmen. Wir sprechen bei diesem Phänomen von einer *spontanen Symmetriebrechung*, weil in den Gleichungen der Theorie nichts enthalten ist, das die Symmetrie bricht; die Symmetriebrechung tritt spontan in den verschiedenen Lösungen dieser Gleichungen auf.

Es sind Symmetrieprinzipien, denen unsere Theorien einen Großteil ihrer Schönheit verdanken. Das machte es so aufregend, als Elementarteilchenphysiker Anfang der sechziger Jahre über eine spontane Symmetriebrechung nachzudenken begannen. Mit einemmal wurde uns bewußt, daß in den Naturgesetzen eine weit größere Symmetrie enthalten ist, als man vermuten würde, wenn man lediglich die Eigenschaften der Elementarteilchen betrachtete. Die gebrochene Symmetrie ist ein sehr platonischer Begriff: Die Realität, die wir in unseren Laboratorien beobachten, ist nur ein unvollkommener Ausdruck einer tieferen und schöneren Realität, der Realität der Gleichungen, die all die Symmetrien der Theorie aufweisen.

Ein gewöhnlicher Permanentmagnet liefert ein gutes Beispiel für eine gebrochene Symmetrie. (Dieses Beispiel ist besonders passend, weil die spontane Symmetriebrechung in der Quantenphysik erstmals in Heisenbergs 1928 formulierter Theorie des permanenten Magnetismus in Erscheinung trat.) Die Gleichungen für die Eisenatome und das magnetische Feld in einem Magneten sind bezüglich der Richtungen im Raum vollkommen symmetrisch; nichts in diesen Gleichungen unterscheidet Nord von Süd oder Ost oder oben und unten. Wird ein Stück Eisen jedoch unter siebenhundertsiebzig Grad Celsius abgekühlt, so entwickelt es spontan ein magnetisches Feld, das in eine bestimmte Richtung weist, und damit ist die Symmetrie zwischen den verschiedenen Richtungen gebrochen.[3] Ein Volk von kleinen Wesen, die innerhalb eines Permanentmagneten geboren wären und ihr ganzes Leben dort verbringen würden, bräuchte lange für die Erkenntnis, daß die Naturgesetze tatsächlich eine Symmetrie bezüglich der verschiedenen Richtungen im Raum aufweisen und daß es in seiner Umwelt nur deshalb eine bevorzugte Richtung zu geben scheint, weil sich die Spins der Eisenatome spontan in der gleichen Richtung ausgerichtet haben und ein magnetisches Feld erzeugen.

Wir haben – wie die Wesen in dem Magneten – kürzlich eine Symmetrie entdeckt, die in *unserem* Universum gebrochen ist. Es ist die Symmetrie zwischen der schwachen und der elektromagnetischen Kraft, deren Verletzung sich beispielsweise in den Unterschieden zwischen dem masselosen Photon und den sehr schweren W- und Z-Teilchen zeigt.[4] Ein ganz bedeutender Unterschied zwischen der Symmetriebrechung im Standardmodell und in einem Magneten besteht darin, daß die Entstehung der Magnetisierung gut erforscht ist. Diese beruht auf bekannten elektromagnetischen Kräften zwischen benachbarten Eisenatomen, die dazu neigen, ihre Spins parallel zueinander auszurichten. Das Standardmodell ist rätselhafter. Keine der bekannten Kräfte des Standardmodells ist stark genug, um für die beobachtbare Brechung der Symmetrie zwischen der schwachen und der elektromagnetischen Kraft verantwortlich zu sein. Das Wichtigste, was wir über das Standardmodell noch immer nicht wissen, ist, was die Brechung der elektroschwachen Symmetrie verursacht.

In der ursprünglichen Fassung der Standardtheorie der schwachen und der elektromagnetischen Kraft wurde die Brechung der Symmetrie zwischen diesen Kräften einem neuen Feld zugeschrieben, das zu ebendiesem Zweck in die Theorie eingeführt wurde. Dieses Feld sollte spontan auftreten wie das magnetische Feld in einem Permanentmagneten und in eine bestimmte Richtung weisen – nicht in eine Richtung im gewöhnlichen Raum, sondern in eine Richtung auf den imaginären kleinen Anzeigeskalen, die Elektronen von Neutrinos, Photonen von W- und Z-Teilchen usw. unterscheiden. Der Wert des Feldes, das die Symmetrie bricht, wird gewöhnlich als sein *Vakuumwert* bezeichnet, weil das Feld diesen Wert im Vakuum, jeglichem Einfluß irgendwelcher Teilchen entzogen, annimmt. Nach einem Vierteljahrhundert wissen wir noch immer nicht, ob dieses einfache Bild der Symmetriebrechung korrekt ist, aber es bleibt die plausibelste Möglichkeit.

Dies ist nicht das erste Mal, daß Physiker die Existenz eines neuen Feldes beziehungsweise Teilchens vorgeschlagen haben, um eine Forderung der Theorie zu erfüllen. Anfang der dreißiger Jahre machte den Physikern eine scheinbare Verletzung des Energieerhaltungsgesetzes zu schaffen, die beim sogenannten Beta-Zerfall eines radioaktiven Kerns auftritt. 1932 schlug Wolfgang Pauli die Existenz eines passenden Teilchens vor, das er Neutrino nannte, um so den bei diesem Prozeß beobachteten Energieverlust zu erklären. Schließlich wurde das Neutrino experimentell entdeckt, jedoch mehr als zwei Jahrzehnte später.[5] Es ist eine riskante Sache, die Existenz von etwas vorherzusagen, das noch nicht beobachtet worden ist, aber manchmal geht es gut.

Wie jedes andere Feld in einer quantenmechanischen Theorie würde dieses neue Feld, das für die elektroschwache Symmetriebrechung verantwortlich ist, eine Energie und einen Impuls haben, die in Bündeln oder Quanten auftreten. Die elektroschwache Theorie sagt uns, daß mindestens eines dieser Quanten als ein neues Elementarteilchen beobachtbar sein müßte. Mehrere Jahre bevor Salam und ich eine auf der spontanen Symmetriebrechung basierende Theorie der schwachen und der elektromagnetischen Kraft entwickkelten, war die Mathematik einfacherer Beispiele dieser Art von

Symmetriebrechung von etlichen Theoretikern[6] beschrieben worden, am klarsten 1964 von Peter Higgs von der Universität Edinburgh. Deshalb nannte man das neue Teilchen, das in der ursprünglichen Version der elektroschwachen Theorie erforderlich ist, ein *Higgs-Teilchen*.

Niemand hat bislang ein Higgs-Teilchen entdeckt, aber das stellt noch keinen Widerspruch zur Theorie dar; ein Higgs-Teilchen kann in keinem bislang durchgeführten Experiment beobachtet worden sein, falls seine Masse größer sein sollte als etwa das Fünfzigfache der Protonenmasse, und das könnte durchaus der Fall sein. (Die elektroschwache Theorie schweigt sich leider über die Masse des Higgs-Teilchens aus und verrät uns nur, daß es mit annähernder Gewißheit nicht schwerer sein würde als eine Billion Volt, das Tausendfache der Protonenmasse.) Ob es tatsächlich ein Higgs-Teilchen gibt oder vielleicht mehrere Higgs-Teilchen und welche Masse sie haben, kann uns nur das Experiment sagen.

Diese Fragen haben eine Bedeutung, die weit über das Problem hinausreicht, wie die elektroschwache Symmetrie gebrochen wird. Eine der Neuigkeiten, die wir aus der elektroschwachen Theorie gelernt haben, ist die, daß alle Teilchen des Standardmodells, das Higgs-Teilchen ausgenommen, ihre Masse aus der Brechung der Symmetrie zwischen der schwachen und der elektromagnetischen Kraft erhalten. Könnten wir diese Symmetriebrechung ausschalten, so würden das Elektron und die W- und Z-Teilchen und sämtliche Quarks masselos sein wie das Photon und die Neutrinos. Das Problem, die Masse der bekannten Elementarteilchen zu verstehen, ist daher ein Bestandteil des Problems, den Mechanismus zu verstehen, durch den die elektroschwache Symmetrie spontan gebrochen wird. In der ursprünglichen Version des Standardmodells ist das Higgs-Teilchen das einzige Teilchen, dessen Masse direkt in den Gleichungen der Theorie vorkommt; die Brechung der elektroschwachen Symmetrie gibt allen anderen Teilchen Massen, die proportional zur Masse des Higgs-Teilchens sind. Wir haben jedoch keinen Beweis dafür, daß die Dinge so einfach liegen.

Die Frage nach der Ursache der elektroschwachen Symmetriebrechung ist nicht nur in der Physik bedeutsam, sondern auch für unsere Bemühungen, die Frühgeschichte unseres Universums zu verstehen. So wie sich die Magnetisierung eines Stücks Eisen löschen und die Symmetrie zwischen verschiedenen Richtungen wiederherstellen läßt, indem wir die Temperatur des Eisens auf über siebenhundertsiebzig Grad Celsius erhöhen, so könnte auch die Symmetrie zwischen der schwachen und der elektromagnetischen Kraft wiederhergestellt werden, wenn wir die Temperatur unseres Laboratoriums auf über einige Millionen Milliarden Grad erhöhen könnten. Bei solchen Temperaturen wäre die Symmetrie nicht länger verborgen, sondern an den Eigenschaften der Teilchen des Standardmodells deutlich erkennbar. (Bei diesen Temperaturen wären zum Beispiel das Elektron und die W- und Z-Teilchen sowie alle Quarks masselos.) Temperaturen wie eine Million Milliarden Grad können im Laboratorium nicht erzeugt werden und existieren heute nicht einmal im Zentrum der heißesten Sterne. Folgt man aber der einfachsten Version der allgemein anerkannten kosmologischen Urknalltheorie, so hat es vor rund zehn bis zwanzig Milliarden Jahren einen Moment gegeben, in dem die Temperatur des Universums unendlich war. Etwa den zehnmilliardsten Bruchteil einer Sekunde nach diesem ersten Moment war die Temperatur des Universums auf einige Millionen Milliarden Grad abgesunken, und zu diesem Zeitpunkt wurde die Symmetrie zwischen der schwachen und der elektromagnetischen Kraft gebrochen.

Diese Symmetriebrechung vollzog sich wahrscheinlich nicht augenblicklich und gleichförmig. Bei vertrauteren »Phasenübergängen« wie dem Gefrieren von Wasser oder der Magnetisierung von Eisen kann der Übergang an der einen oder anderen Stelle etwas früher oder später einsetzen, und er muß nicht überall in der gleichen Weise erfolgen, denn wir beobachten zum Beispiel, daß sich kleine getrennte Eiskristalle bilden oder daß in einem Magneten Bereiche entstehen, in denen die Magnetisierung in unterschiedliche Richtungen weist. Diese Art von Komplikation beim elektroschwachen Phasenübergang dürfte verschiedenste erkennbare Effekte gehabt haben, etwa hinsichtlich der Menge leichter Elemente, die sich wenige Minuten danach bildeten. Aber wir vermögen diese Möglichkeiten nicht einzuschätzen, solange wir nicht den Mechanismus verstehen, durch den die elektroschwache Symmetrie gebrochen wird.

Wir wissen, daß die Symmetrie zwischen der schwachen und der elektromagnetischen Kraft gebrochen ist, weil die Theorie, die auf dieser Symmetrie aufbaut, *funktioniert* – sie macht tatsächlich eine große Zahl erfolgreicher Vorhersagen bezüglich der Eigenschaften der W- und Z-Teilchen und bezüglich der von ihnen übertragenen Kräfte. Wir sind uns aber nicht wirklich sicher, ob die elektroschwache Symmetrie durch den Vakuumwert eines Feldes in der Theorie gebrochen wird oder ob es ein Higgs-Teilchen gibt. *Irgend etwas* muß in die elektroschwache Theorie einbezogen werden, um diese Symmetrie zu brechen, aber es ist möglich, daß die Brechung der elektroschwachen Symmetrie auf indirekte Einflüsse einer neuartigen extra starken Kraft zurückgeht, die nicht auf gewöhnliche Quarks oder Elektronen oder Neutrinos einwirkt und aus diesem Grunde noch nicht entdeckt worden ist.[7] Entsprechende Theorien wurden in den späten siebziger Jahren entwickelt, haben aber ihre eigenen Probleme.[8] Es ist eine der wesentlichen Aufgaben des gegenwärtig im Bau befindlichen »Superconducting Super Collider«, diese Frage zu klären.

Das ist noch nicht alles, was zur spontanen Symmetriebrechung zu sagen wäre. Von zentraler Bedeutung ist dieses Phänomen auch für das Problem, die dritte Kraft des Standardmodells, die starke Kraft, mit der schwachen und der elektromagnetischen Kraft in einem einheitlichen Formalismus zusammenzufassen. Die erkennbaren Unterschiede zwischen der schwachen und der elektromagnetischen Kraft werden im Standardmodell mit einer spontanen Symmetriebrechung erklärt, doch gilt dies nicht für die starke Kraft; schon in den Gleichungen des Standardmodells, das die starke Kraft mit der schwachen und der elektromagnetischen Kraft verknüpft, besteht keine Symmetrie. Man sucht deshalb nach einer dem Standardmodell zugrundeliegenden Theorie, in der die starke ebenso wie die schwache und die elektromagnetische Wechselwirkung durch eine einzige große und spontan gebrochene Gruppe von Symmetrien vereint wären.[9]

Symmetrien schreiben ganz allgemein vor, daß die verschiedenen Arten von Elementarteilchen zu geeigneten Familien zusammengefaßt sind. Eine Symmetrie, welche die starke mit der schwachen und der elektromagnetischen Kraft vereint, müßte die Gluonen zusammen mit dem Photon sowie den W- und Z-Teilchen in einer einzigen großen Familie von Teilchen zusammenfassen, die allesamt masselos wären, solange keine spontane Symmetriebrechung erfolgt.

Dies ist jedoch nur zu schaffen, wenn man zugleich verschiedene andere Teilchen in die Familie aufnimmt, die bisweilen als X-Teilchen bezeichnet werden. Die erwarteten Eigenschaften der X-Teilchen hängen von den Details der Theorie ab, doch eine Eigenschaft kann schon aus der Tatsache gefolgert werden, daß diese Teilchen noch nicht entdeckt wurden. Je schwerer ein Teilchen ist, desto mehr Energie ist für seine Erzeugung erforderlich, und da die X-Teilchen nicht entdeckt worden sind, die W- und Z-Teilchen aber wohl, heißt das, daß die X-Teilchen viel schwerer sein müssen als die W- und Z-Teilchen. Die X-Teilchenmassen resultieren aus der spontanen Symmetriebrechung von starker und elektroschwacher Kraft und die W- und Z-Teilchenmassen aus der spontanen Brechung der elektroschwachen Symmetrien, und so müssen wir uns bei jeder Theorie dieser Art vorstellen, daß die spontane Brechung der Symmetrien der Theorie in zwei Phasen erfolgt: Eine erste Phase verleiht den X-Teilchen Massen, und danach ordnet eine zweite Phase den W- und Z-Teilchen kleinere Massen zu. Vermutlich waren diese beiden Phasen der Symmetriebrechung echte historische Vorgänge: Nachdem die größere Symmetrie sehr früh in der Geschichte des Universums gebrochen wurde, vollzog sich die Brechung der verbliebenen elektroschwachen Symmetrie ein wenig später, als sich die Temperatur des Universums auf etwa eine Million Milliarden Grad abgekühlt hatte.

Für jede Art von Vereinigung in diesem Sinne gab es ein unübersehbares Hindernis. Die scheinbare Stärke der Kräfte in einer Feldtheorie hängt von zwei numerischen Parametern ab: den Massen (sofern vorhanden) der Teilchen wie etwa der W- und Z-Teilchen, die die Kräfte übertragen, und bestimmten *intrinsischen Stärken* (auch als Kopplungskonstanten bezeichnet), die angeben, wie leicht es für Teilchen wie Photonen oder Gluonen oder W- und Z-Teilchen ist, bei Teilchenreaktionen emittiert und reabsorbiert zu werden. Die Massen entstehen aus spontaner Symmetriebrechung, doch die intrinsischen Stärken sind Zahlen, die in der zugrundeliegenden Gleichung der Theorie auftreten. Jedwede Symmetrie, die die starke Kraft mit der schwachen und der elektromagnetischen Kraft verbindet, würde, selbst wenn sie spontan gebrochen wäre, verlangen, daß die intrinsischen Stärken der elektroschwachen und der starken Kraft (bei geeigneten Konventionen für ihre Definition) gleich sind. Die auftretenden Unterschiede zwischen den Stärken der Kräfte müßten der spontanen Symmetriebrechung zugeschrieben werden, welche die Unterschiede in den Teilchenmassen erzeugt, die diese Kräfte übertragen, so wie im Standardmodell die Unterschiede zwischen elektromagnetischer und schwacher Kraft auf der Tatsache beruhen, daß die elektroschwache Symmetriebrechung den W- und Z-Teilchen sehr große Massen gibt, während das Photon masselos bleibt. Es ist jedoch klar, daß die intrinsischen Stärken der starken Kraft und der elektromagnetischen Kraft *nicht* gleich sind; die starke Kraft ist, wie ihr Name schon sagt, sehr viel stärker als die elektromagnetische Kraft, obwohl beide Kräfte von masselosen Teilchen, den Gluonen und Photonen, übertragen werden.

Dieses Hindernis wurde ausgeräumt, als man 1974 erkannte, daß die intrinsischen Stärken all dieser Kräfte tatsächlich sehr schwach von der Energie der Prozesse abhängen, bei denen sie gemessen werden. Die Kraftstärken würden erwartungsgemäß nur bei Energien, die einer typischen Masse der X-Teilchen entsprechen, gleich sein; bei sehr viel niedrigeren Energien könnten sie ganz anders aussehen.[10] Es gibt drei unabhängige intrinsische Stärken der Kräfte im Standardmodell (dies ist einer der Gründe, warum wir es nicht als eine endgültige Theorie erkennen können), und daher ist es keine nebensächliche Bedingung, daß es *irgendeine* Energie geben sollte, bei der alle Stärken gleich werden. Aufgrund dieser Bedingung konnte man eine Vorhersage über die *relative* Stärke der Kräfte bei den Energien der bisher vorliegenden Experimente machen, eine Vorhersage, von der sich gezeigt hat, daß sie leidlich mit dem Experiment übereinstimmt.[11] Diese quantitative Bestätigung ist zwar nur ein Einzelfall, sie bestärkt uns aber doch in der Vermutung, daß an diesen Ideen etwas dran ist.

Auf diese Weise konnte auch die Masse der rätselhaften X-Teilchen abgeschätzt werden. Bei den Energien der bestehenden Beschleuniger ist die starke Kraft sehr viel stärker als die anderen Kräfte, und sie läßt der Quantenchromodynamik zufolge bei wachsender Energie nur sehr allmählich nach, und so werden alle Kräfte des Standardmodells erst bei einer sehr hohen Energie gleich stark: Nach Berechnungen ist sie etwa eine Million Milliarden Mal so groß wie die in einer Protonenmasse enthaltene Energie. Danach müßten die X-Teilchen eine Million Milliarden Mal so schwer sein wie das Proton. Neueren exakten Berechnungen zufolge liegt die Masse der X-Teilchen eher bei zehn Millionen Milliarden Protonenmassen.

Dem Leser mag die X-Teilchenmasse wie eine weitere unverdaulich große Zahl erscheinen, doch die theoretischen Physiker wurden durch diese Berechnung sogleich an etwas Bekanntes erinnert. Wir alle kennen eine andere sehr große Masse, die in jeder Theorie, welche die Gravitation mit den übrigen Naturkräften zu vereinigen sucht, zwangsläufig auftritt. Unter normalen Bedingungen ist die Gravitationskraft sehr viel schwächer als die schwache, die starke und die elektromagnetische Kraft. Ein Effekt der Gravitationskräfte auf die Teilchen innerhalb eines Atoms oder Moleküls ist noch nicht beobachtet worden, und es besteht auch keine große Aussicht darauf. (Der einzige Grund, warum uns die Gravitation im Alltagsleben als eine ziemlich starke Kraft erscheint, ist der, daß die Erde eine riesige Anzahl von Atomen enthält, die alle ganz geringfügig zum Gravitationsfeld an der Erdoberfläche beitragen.) Nach der allgemeinen Relativitätstheorie wird aber die Gravitation sowohl durch Energie als auch durch Masse erzeugt und wirkt auf beide ein. Darum werden Photonen, die Energie, aber keine Masse haben, durch das Gravitationsfeld der Sonne abgelenkt. Bei hinreichend hoher Energie wird die Gravitationskraft zwischen zwei gewöhnlichen Elementarteilchen ebenso stark wie jede andere Kraft zwischen ihnen. Die Energie, bei der dies eintritt, beträgt etwa eintausend Millionen Milliarden Milliarden Volt oder, anders ausgedrückt, etwa eintausend Millionen Milliarden Mal die Energie, die (nach Einsteins Relation zwischen Energie und Masse) in der Masse eines Protons enthalten ist. Diese Energie bezeichnet man als Planck-Energie und die entsprechende Masse, eintausend Millionen Milliarden Protonenmassen, als Planck-Masse.*

Es ist bemerkenswert, daß die X-Teilchenmasse und die Planck-Masse zwar ungeheuer viel größer sind als die typische Masse von

---

* Max Planck äußerte 1899, falls die Elektronen so schwer seien, werde die gravitative Anziehung zwischen ihren Massen die elektrische Abstoßung zwischen ihren Ladungen aufwiegen.

Elementarteilchen, die X-Teilchenmasse aber doch nur etwa hundertmal kleiner ist als die Planck-Masse. Daß diese beiden riesigen Massen so relativ nahe beieinander liegen, läßt stark vermuten, daß die Brechung der Symmetrie, welche die starke und die elektroschwache Kraft vereint, nur Bestandteil einer fundamentaleren Symmetriebrechung ist, nämlich jener wie auch immer beschaffenen Symmetrie, welche die Gravitation mit den übrigen Naturkräften verknüpft. Es ist denkbar, daß es für die starke, die schwache und die elektromagnetische Kraft keine jeweils gesonderte einheitliche Theorie gibt, sondern nur eine einzige, wirklich einheitliche Theorie, die sowohl die Gravitation als auch die starke, die schwache und die elektromagnetische Kraft umfaßt.

Daß die Gravitation im Standardmodell nicht berücksichtigt wird, hat seinen Grund darin, daß es leider sehr schwierig ist, die Gravitation in der Sprache der Quantenfeldtheorie zu beschreiben. Wir könnten einfach die Regeln der Quantenmechanik auf die Feldgleichungen der allgemeinen Relativitätstheorie anwenden, aber dann stoßen wir auf das alte Problem der unendlichen Größen. Wenn wir beispielsweise die Wahrscheinlichkeiten für das, was bei einem Zusammenstoß von zwei Gravitonen (der Teilchen, aus denen ein Gravitationsfeld besteht) geschieht, zu berechnen versuchen, erhalten wir durchaus vernünftige Ergebnisse aus dem Austausch von einem Graviton zwischen den kollidierenden Gravitonen, aber wenn wir noch einen Schritt weitergehen und den Austausch von zwei Gravitonen berücksichtigen, bekommen wir es mit unendlichen Wahrscheinlichkeiten zu tun. Diese unendlichen Größen können beseitigt werden, wenn wir Einsteins Feldgleichungen in der Weise modifizieren, daß wir einen neuen Term mit einem unendlichen konstanten Faktor einfügen, der die erste unendliche Größe aufhebt, aber wenn wir dann den Austausch von *drei* Gravitonen in unsere Berechnungen einschließen, stoßen wir auf neue unendliche Größen, die sich dadurch beseitigen lassen, daß wir noch mehr Terme in die Feldgleichungen einführen, und auf diese Weise enden wir bei einer Theorie, die eine unbegrenzte Anzahl von unbekannten Konstanten enthält. Eine solche Theorie ist durchaus brauchbar, wenn wir die Quantenprozesse bei relativ niedriger Energie berechnen, wo die neuen, in die Feldgleichungen eingeführten Terme vernachlässigbar klein sind, doch wenn wir sie auf die bei der Planckschen Energie auftretenden Gravitationsphänomene anwenden, büßt sie jegliche Vorhersagekraft ein. Gegenwärtig ist uns die Berechnung physikalischer Prozesse bei der Planck-Energie einfach nicht möglich.

Einstweilen kann natürlich keine Rede davon sein, Prozesse bei der Planck-Energie experimentell zu untersuchen (oder gar einen gravitativen Quantenprozeß wie die Graviton-Graviton-Streuung bei einer beliebigen Energie zu messen), doch kann eine Theorie nur dann als befriedigend gelten, wenn sie nicht nur mit den Resultaten von bereits durchgeführten Experimenten übereinstimmt, sondern auch zumindest plausible Vorhersagen für künftige Experimente macht, die sich im Prinzip durchführen ließen. In dieser Hinsicht befand sich die allgemeine Relativitätstheorie jahrelang in der gleichen Position wie die Theorie der schwachen Wechselwirkung, bevor in den späten sechziger Jahren die elektroschwache Theorie entwickelt wurde: Überall dort, wo sie experimentell überprüft werden kann, funktioniert die allgemeine Relativitätstheorie sehr gut, aber die in ihr enthaltenen inneren Widersprüche zeigen, daß sie modifiziert werden muß.

Die für die X-Teilchenmasse und die Planck-Masse gefundenen Werte haben die theoretische Physik mit einem schwierigen neuen Problem konfrontiert. Es besteht nicht darin, daß diese Massen so groß sind. Weil sie bei unserem Versuch, alle Naturkräfte zu vereinigen, auf dem untersten physikalischen Niveau entstehen, können wir vermuten, daß die Werte der X-Teilchenmassen und der Planck-Masse (die sich nicht sehr voneinander unterscheiden) ganz einfach die wie auch immer beschaffenen Massen ausdrücken, die in den Gleichungen der endgültigen Theorie auftreten, und die von derselben Größenordnung sind wie diese wahrhaft fundamentalen Massen. Das Rätselhafte ist: *Warum sind all die anderen Massen so klein?* Vor allem in der ursprünglichen Version des Standardmodells sind die Massen des Elektrons und der W- und Z-Teilchen sowie aller Quarks proportional zu der einen Masse, die in den Gleichungen des Modells auftritt: der Masse des Higgs-Teilchens. Aus dem, was wir über die Massen der W- und der Z-Teilchen wissen, können wir schließen, daß das Higgs-Teilchen nicht schwerer sein dürfte als etwa tausend Protonenmassen. Dies ist aber mindestens eine Million Millionen Mal kleiner als die X-Teilchenmasse und hundert Millionen Millionen Mal kleiner als die Planck-Masse. Das bedeutet zugleich, daß es eine Hierarchie von Symmetrien gibt: Die wie auch immer beschaffene Symmetrie, welche die Gravitations- und die starke Kraft mit der elektroschwachen Kraft vereint, ist Millionen Millionen bis hundert Millionen Millionen Mal stärker gebrochen als die Symmetrie, welche die schwache und die elektromagnetische Wechselwirkung vereint. Die Schwierigkeit, diesen enormen Unterschied bei den fundamentalen Massen zu erklären, wird daher in der Elementarteilchenphysik heute als das *Hierarchieproblem* bezeichnet.

Seit über fünfzehn Jahren stellt das Hierarchieproblem für die theoretische Physik die größte Schwierigkeit dar. Hinter den theoretischen Spekulationen der letzten Jahre steht die Notwendigkeit, dieses Problem zu lösen. Es ist kein Paradox – es gibt keinen Grund, warum in den fundamentalen Gleichungen der Physik einige Massen *nicht* Millionen Millionen Mal kleiner sein sollten als andere –, aber es ist rätselhaft. Das macht die Sache so schwierig. Ein Paradox wie etwa ein Mord in einem abgeschlossenen Raum mag seine eigene Lösung nahelegen, doch ein bloßes Rätsel zwingt uns, jenseits des Problems selbst nach Anhaltspunkten zu suchen.

Eine Möglichkeit, das Hierarchieproblem zu lösen, stützt sich auf die Idee einer neuen Art von Symmetrie, der sogenannten *Supersymmetrie*, die Teilchen von unterschiedlichem Spin miteinander verknüpft, so daß sie neue »Superfamilien« bilden.[12] In supersymmetrischen Theorien gibt es mehrere Higgs-Teilchen, doch verbietet die Symmetrie, daß Higgs-Teilchenmassen in den fundamentalen Gleichungen der Theorie auftreten;[13] was wir im Standardmodell als Higgs-Teilchenmassen bezeichnen, würde aus komplizierten dynamischen Effekten entstehen müssen. Bei einem anderen, schon erwähnten Ansatz geben wir die Idee eines Feldes auf, dessen Vakuumerwartungswert die elektroschwache Symmetrie bricht, und schreiben statt dessen diese Symmetriebrechung den Effekten einer neuen extra starken Kraft zu.[14]

Leider haben wir bislang keinen Hinweis auf eine Supersymmetrie oder neue extra starke Kräfte in der Natur. Diese Tatsache allein ist noch kein schlüssiges Argument gegen diese Ideen; es könnte durchaus sein, daß die von diesen Lösungsansätzen für das Hierarchieproblem vorhergesagten neuen Teilchen viel zu schwer sind, um in den bestehenden Beschleunigeranlagen erzeugt werden zu können.[15]

Wir erwarten, daß Higgs-Teilchen oder die anderen neuen Teilchen, die von verschiedenen Lösungsansätzen für das Hierarchieproblem gefordert werden, in einem hinreichend starken neuen Teilchenbeschleuniger wie dem »Superconducting Super Collider« entdeckt werden könnten. Doch kein Beschleuniger, den wir uns im Augenblick vorstellen können, wird imstande sein, die enormen Energien, bei denen alle Kräfte vereinigt werden, auf einzelne Teilchen zu konzentrieren. Als Demokrit und Leukipp in Abdera über Atome spekulierten, konnten sie nicht ahnen, daß diese Atome millionenmal kleiner waren als die Sandkörner an den Stränden der Ägäis, und daß zweitausenddreihundert Jahre verstreichen würden, bis es direkte Beweise für die Existenz von Atomen gab. Unsere Spekulationen haben uns inzwischen an den Rand einer sehr viel breiteren Kluft geführt: Wir glauben, daß alle Naturkräfte vereinigt werden bei einer Energie, wie sie etwa in einer X-Teilchenmasse oder einer Planck-Masse enthalten ist, und diese ist hundert Millionen Millionen bis zehntausend Millionen Millionen Mal größer als die höchste Energie, die wir in heutigen Beschleunigern erreichen.

Die Entdeckung dieser gewaltigen Kluft hat die Physik in einer weit über das Hierarchieproblem hinausreichenden Weise verändert. Zunächst hat sie das alte Problem der unendlichen Größen in ein neues Licht gerückt. Im Standardmodell wie in der älteren Quantenelektrodynamik liefern die Emission und Absorption von Photonen und anderen Teilchen von unbegrenzt hoher Energie unendliche Beiträge zu den Energien von Atomen und anderen beobachtbaren Größen. Um mit diesen unendlichen Größen fertig zu werden, mußte das Standardmodell die spezielle Eigenschaft besitzen, renormierbar zu sein; alle unendlichen Größen in der Theorie sollten aufgehoben werden durch andere unendliche Größen, die in der Definition der nackten Massen und sonstigen Konstanten auftreten, die in den Gleichungen der Theorie vorkommen. Diese Forderung war bei der Konstruktion des Standardmodells eine sehr hilfreiche Orientierung; nur Theorien mit den einfachsten möglichen Feldgleichungen sind renormierbar. Weil das Standardmodell aber die Gravitation und die X-Teilchen ausläßt, sind wir inzwischen der Ansicht, daß es lediglich eine für den niederenergetischen Bereich gültige Annäherung an eine wirklich fundamentale einheitliche Theorie darstellt und daß es seine Gültigkeit bei Energien, wie sie etwa in einer X-Teilchenmasse oder einer Planck-Masse enthalten sind, einbüßt. Warum sollten wir dann ernst nehmen, was das Standardmodell uns über die Effekte der Emission und Absorption von Teilchen mit unbegrenzt hoher Energie sagt? Und warum sollten wir, wenn wir diese Aussagen nicht ernst nehmen, für das Standardmodell Renormierbarkeit fordern? Das Problem der unendlichen Größen ist noch immer ungelöst, aber es ist ein Problem für die endgültige Theorie, nicht für eine auf den niederenergetischen Bereich beschränkte Näherung wie dem Standardmodell.

Aufgrund der veränderten Einschätzung des Problems der unendlichen Größen sind wir nun der Ansicht, daß die Feldgleichungen des Standardmodells nicht von der sehr einfachen Art sind, die renormierbar wäre, sondern in Wirklichkeit jeden erdenklichen Term enthalten, der mit den Symmetrien der Theorie zu vereinbaren ist. Angesichts dessen müssen wir jedoch erklären, warum die alten renormierbaren Quantenfeldtheorien wie etwa die Quantenelektrodynamik in ihren einfachsten Versionen oder das Standardmodell so gut funktioniert haben. Dies ist, so meinen wir, auf den Umstand zurückzuführen, daß, von den ganz einfachen renormierbaren Termen abgesehen, in diesen Feldgleichungen alle höheren Terme zwangsläufig in einer Form vorkommen, in der sie durch Potenzen der Planck-Masse oder der X-Teilchenmasse geteilt werden. Die Beiträge dieser Terme zu den Eigenschaften eines Teilchens des Standardmodells wären demnach proportional zu Potenzen des Verhältnisses dieser Teilchenmasse zur Planck-Masse beziehungsweise der X-Teilchenmasse, eines Verhältnisses, das kleiner als eins zu hundert Millionen Millionen ist. Bei einer so verschwindend kleinen Zahl versteht es sich von selbst, daß ein derartiger Effekt nicht entdeckt worden ist. Die Forderung der Renormierbarkeit, die von der Quantenelektrodynamik der vierziger Jahre bis zum Standardmodell der sechziger und siebziger Jahre unser Denken geleitet hat, war praktisch gerechtfertigt, doch scheinen die Gründe, aus denen sie erhoben wurde, nicht länger relevant zu sein.

Diese veränderte Betrachtungsweise hat Folgen, die möglicherweise von großer Bedeutung sind. Das Standardmodell in seiner einfachsten renormierbaren Form besaß gewisse »zufällige« Erhaltungssätze, die über die wirklich fundamentalen Erhaltungssätze hinausgehen, welche aus den Symmetrien der speziellen Relativitätstheorie und aus den internen Symmetrien folgen, welche die Existenz des Photons, der W- und Z-Teilchen sowie der Gluonen fordern. Zu diesen zufälligen Erhaltungssätzen gehören die Erhaltung der Quarkzahl (Gesamtzahl der Quarks abzüglich Gesamtzahl der Antiquarks) und der Leptonenzahl (Gesamtzahl der Elektronen und Neutrinos sowie verwandter Teilchen abzüglich Gesamtzahl ihrer Antiteilchen). Wenn wir alle möglichen Terme der Feldgleichungen aufzählen, die mit den fundamentalen Symmetrien des Standardmodells und der Bedingung der Renormierbarkeit im Einklang stehen, finden wir in den Feldgleichungen keinen Term, der diese Erhaltungssätze verletzen könnte. Die Erhaltung der Quark- und der Leptonenzahl verhindert Prozesse wie den Zerfall der drei Quarks eines Protons in ein Positron und ein Photon und sorgt damit für die Stabilität der gewöhnlichen Materie. Inzwischen glauben wir aber, daß die komplizierten nichtrenormierbaren Terme in den Feldgleichungen, die die Erhaltung der Quark- und der Leptonenzahl verletzen könnten, wirklich vorhanden, aber nur sehr klein sind. (Ganz spezifische Theorien, welche die starke und die elektroschwache Kraft vereinigen, sagen die Existenz solcher Terme voraus.) Diese kleinen Terme in den Feldgleichungen würden das Proton zerfallen lassen (zum Beispiel in ein Positron und ein Photon oder ein anderes neutrales Teilchen), allerdings bei einer sehr langen mittleren Lebensdauer, die auf etwa eine Million Milliarden Milliarden Milliarden Jahre geschätzt wird, vielleicht auch etwas länger oder kürzer. Das sind etwa so viele Jahre, wie Protonen in eintausend Tonnen Wasser enthalten sind, und falls dies zutrifft, wäre damit zu rechnen, daß in eintausend Tonnen Wasser im Mittel etwa ein Proton im Jahr zerfällt. Experimente, bei denen nach einem solchen Protonenzerfall gesucht wird, sind seit Jahren erfolglos verlaufen, doch wird es in Japan bald eine Anlage geben, wo man zehntausend Tonnen Wasser sorgfältig auf Lichtblitze beobachten wird, die einen Protonenzerfall anzeigen würden. Vielleicht wird man bei diesem Experiment etwas beobachten.

Unterdessen hat es in letzter Zeit verwirrende Hinweise auf eine mögliche Verletzung der Erhaltung der Leptonenzahl gegeben. Im Standardmodell ist dieser Erhaltungssatz dafür verantwortlich, daß die Neutrinos masselos bleiben, und in dem Fall, daß dieser Erhaltungssatz verletzt würde, wäre zu erwarten, daß die Neutrinos kleine Massen besitzen, etwa ein Hundertstel bis ein Tausendstel eines Volts (oder, anders gesagt, etwa ein Milliardstel der Masse eines Elektrons). Diese Masse ist so klein, daß sie in bisherigen Laborexperimenten nicht beobachtet werden konnte, doch könnte sie zur Folge haben, daß Neutrinos, die zunächst zu den Elektronen-Neutrinos gehören (also Mitglieder derselben Familie wie das Elektron sind), sich allmählich in Neutrinos anderer Typen verwandeln. Dies könnte eine seit langem rätselhafte Erscheinung erklären, daß nämlich weniger von der Sonne kommende Neutrinos entdeckt werden als erwartet. Die im Innersten der Sonne erzeugten Neutrinos zählen überwiegend zum Elektronentyp, und die Detektoren, die man auf der Erde zu ihrer Beobachtung benutzt, sind hauptsächlich für Elektronen-Neutrinos empfindlich, und wenn man zu wenige Elektronen-Neutrinos entdeckt, könnte das daran liegen, daß sie sich auf dem Weg durch die Sonne in Neutrinos anderer Typen verwandelt haben.[16] Um diese Idee zu überprüfen, laufen gegenwärtig Experimente mit Neutrinodetektoren verschiedener Typen im Kaukasus, in Italien und in Kanada.

Wenn wir Glück haben, entdecken wir vielleicht noch definitive Beweise des Protonenzerfalls oder für Neutrinomassen oder für einen sonstigen geringen Effekt von X-Teilchen oder der Quantengravitation. Vielleicht könnten auch bestehende Beschleuniger wie der für Proton-Proton-Zusammenstöße bei Fermilab oder der CERN-Beschleuniger für Elektron-Positron-Zusammenstöße noch Beweise der Supersymmetrie zutage fördern. Aber all diese Dinge kommen nur im Schneckentempo voran. Eine entsprechende Wunschliste möglicher Durchbrüche war in der Schlußsitzung jeder Hochenergiephysik-Konferenz der letzten zehn Jahre zu erwarten (und meistens auch zu hören). Es ist alles ganz anders als in jenen wirklich aufregenden Zeiten, in denen es an den Fakultäten für Physik der Universitäten praktisch jeden Monat vorkam, daß Studenten von einem Institutsraum zum anderen liefen, um allen mitzuteilen, daß wieder eine neue Entdeckung gemacht worden war. Es ist der fundamentalen Bedeutung der Elementarteilchen-physik zuzuschreiben, daß das Fach auch in Zeiten, in denen so wenig passiert, weiterhin sehr begabte Studenten anzieht.

Wir könnten zuversichtlich sein, aus dieser Sackgasse herauszu-kommen, wenn der »Superconducting Super Collider« fertigge-stellt werden würde. Seine Energie und Stärke würden ausreichen, um die Frage des Mechanismus der elektroschwachen Symmetrie-brechung zu klären, weil man entweder ein oder mehrere Higgs-Teilchen oder Hinweise auf neue starke Kräfte finden würde. Falls man Higgs-Teilchen fände, wäre das Hierarchieproblem, die unge-heure Kluft, die bezüglich der Energien zwischen der Higgs-Teil-chenmasse und der X-Teilchen- beziehungsweise Planck-Masse be-steht, unentrinnbar. Sollte die Antwort auf das Hierarchieproblem die Supersymmetrie sein, so würde man auch das im »Super Colli-der« entdecken. Sollten auf der anderen Seite neue starke Kräfte entdeckt werden, so würde der »Super Collider« ein reiches Spek-trum an neuen Teilchen mit Massen von rund einer Billion Volt finden, die untersucht werden müßten, bevor wir Vermutungen darüber anstellen könnten, was bei den sehr viel höheren Energien geschieht, bei denen alle Kräfte einschließlich der Gravitation verei-nigt werden. Im einen wie im anderen Fall käme die Teilchenphysik wieder voran. Die Kampagne der Teilchenphysiker für den »Super Collider« wurde durch das verzweifelte Gefühl gespeist, daß wir erst mit den aus einem solchen Beschleuniger gewonnenen Daten sicher sein können, daß unsere Arbeit weitergehen wird.

IX. Die Gestalt einer endgültigen Theorie

Wenn ihr durchschauen könnt die Saat der Zeit
Und sagen: dies Korn sproßt und jenes nicht, –
So sprecht zu mir...

William Shakespeare, *Macbeth*

Es kann sein, daß wir noch Jahrhunderte auf die endgültige Theorie warten müssen und daß sie dann ganz anders ausfällt, als wir uns das heute vorstellen können. Aber nehmen wir einmal an, sie wäre fast greifbar. Was können wir auf der Grundlage dessen, was wir bereits wissen, über diese Theorie sagen?

Das eine Element der heutigen Physik, das nach meiner Meinung unverändert in eine endgültige Theorie eingehen wird, ist die Quantenmechanik. Ich vermute das nicht nur, weil die Quantenmechanik die Grundlage unseres gesamten gegenwärtigen Verständnisses der Materie und der Kräfte ist und zudem außergewöhnlich strengen experimentellen Überprüfungen standgehalten hat; wichtiger ist die Tatsache, daß bis heute niemand einen Vorschlag machen konnte, wie sich die Quantenmechanik unter Wahrung ihrer Erfolge modifizieren ließe, ohne daß man bei logischen Absurditäten landen würde.

Die Quantenmechanik bietet zwar die Bühne, auf der sich alle Naturphänomene abspielen, an sich ist sie aber eine leere Bühne. Die Quantenmechanik erlaubt, sich eine ungeheure Vielfalt möglicher physikalischer Systeme vorzustellen: Systeme aus beliebigen Arten von Teilchen, welche durch beliebige Kräfte miteinander in Wechselwirkung stehen, und sogar Systeme, die überhaupt nicht aus Teilchen bestehen. Die Geschichte der Physik in diesem Jahrhundert ist geprägt von der allmählich wachsenden Einsicht, daß es Symmetrieprinzipien sind, die die Personen des Dramas bestimmen, das wir auf der Quantenbühne beobachten. Unser gegenwärtiges Standardmodell der schwachen, elektromagnetischen und starken Kraft basiert auf Symmetrien: den Raumzeitsymmetrien der speziellen Relativitätstheorie, die verlangen, daß das Standardmodell als eine Theorie der Felder formuliert wird, und den inneren Symmetrien, die die Existenz des elektromagnetischen Feldes und der übrigen Felder vorschreiben, welche die Träger der Kräfte des Standardmodells sind. Auch die Gravitation kann auf der Grundlage eines Symmetrieprinzips verstanden werden, der Symmetrie in Einsteins allgemeiner Relativitätstheorie, derzufolge die Naturgesetze sich bei allen möglichen Koordinatenänderungen in Raum und Zeit nicht ändern dürfen.

Ausgehend von dieser Erfahrung der letzten hundert Jahre nimmt man allgemein an, daß eine endgültige Theorie auf Symmetrieprinzipien beruhen wird. Wir erwarten, daß diese Symmetrien die Gravitation mit der schwachen, der elektromagnetischen und der starken Kraft des Standardmodells vereinen werden. Dennoch wußten wir jahrzehntelang nicht, wie diese Symmetrien beschaffen sind, und wir besaßen keine mathematisch befriedigende Quantentheorie der Gravitation, in der die Symmetrie, die der allgemeinen Relativitätstheorie zugrunde liegt, berücksichtigt ist.

Das könnte sich inzwischen geändert haben. In den letzten zehn Jahren wurde eine völlig neue Grundlage für eine Quantentheorie der Gravitation und möglicherweise aller übrigen Kräfte entwickelt – die Theorie der Strings. Die Stringtheorie stellt unseren ersten plausiblen Kandidaten für eine endgültige Theorie.

Die Anfänge dieser Theorie reichen in das Jahr 1968 zurück, als Elementarteilchentheoretiker sich bemühten, die starken Kernkräfte zu verstehen, ohne sich auf die Quantentheorie der Felder zu stützen, die damals nicht sonderlich beliebt war. Ein junger Theoretiker namens Gabriel Veneziano hatte die Idee, einfach eine Formel anzunehmen, die die Wahrscheinlichkeiten für die Streuung zweier Teilchen bei unterschiedlichen Energien und Winkeln angeben und einige der von den allgemeinen Prinzipien der Relativität und der Quantenmechanik geforderten Eigenschaften haben würde. Mit bekannten mathematischen Hilfsmitteln, die jeder Physikstudent irgendwann erlernt, konnte er eine verblüffend einfache Formel aufstellen, die all diese Forderungen erfüllte. Die Veneziano-Formel fand große Beachtung; bald wurde sie von mehreren Theoretikern auf andere Prozesse übertragen und zur Grundlage eines systematischen Näherungsschemas gemacht. Niemand dachte damals an eine mögliche Anwendung auf eine Quantentheorie der Gravitation; hinter der ganzen Arbeit stand allein die Hoffnung, die starken Kräfte zwischen den Quarks zu verstehen. (Die eigentliche Theorie der starken Kraft, die als Quantenchromodynamik bezeichnete Quantenfeldtheorie, lag damals noch einige Jahre in der Zukunft.)

Es wurde erkannt,[1] daß Venezianos Formel und deren Erweiterungen und Verallgemeinerungen mehr waren als geglückte Annahmen, sondern die Theorie einer neuartigen physikalischen Entität darstellten, eines relativistischen quantenmechanischen *String*. Gewöhnliche Strings bestehen aus Teilchen wie Protonen, Neutronen und Elektronen, aber diese Strings sind anders; *sie* sind es, aus denen die Protonen und Neutronen sich vermutlich zusammensetzen. Es war also nicht so, daß jemand plötzlich die Eingebung hatte, daß die Materie sich aus Strings zusammensetze, und diese Idee dann zu einer Theorie ausarbeitete; die Theorie der Strings war vielmehr entdeckt worden, noch bevor irgend jemand erkannte, daß es in der Tat eine Theorie der Strings war.

Man kann sich unter diesen Strings winzige eindimensionale Unebenheiten im gleichmäßigen Gefüge des Raums vorstellen. Strings können offen sein, mit zwei freien Enden, oder geschlossen wie ein Gummiband. Die Strings schwingen, während sie im Raum umhergleiten. Jeder String kann sich in einem aus einer unendlichen Anzahl von möglichen Schwingungszuständen befinden, ähnlich wie die verschiedenen Obertöne, die eine schwingende Stimmgabel oder Violinsaite erzeugt. Die Schwingungen gewöhnlicher Violinsaiten klingen mit der Zeit aus, weil die Schwingungsebene einer Violinsaite das Bestreben hat, sich in eine Zufallsbewegung der Atome, aus denen die Violinsaite zusammengesetzt ist, zu verwandeln, eine Bewegung, die wir als Wärme beobachten. Im Unterschied zu den Violinsaiten sind die Strings, um die es hier geht, wirklich grundlegend und behalten ihre Schwingung auf Dauer bei; sie sind nicht aus Atomen oder sonst etwas zusammengesetzt, und ihre Schwingungsenergie kann nirgendwohin entweichen.[2]

Die Strings sind vermutlich sehr klein, und daher wird ein String, sofern man bei der Beobachtung nicht extrem kurze Abstände mißt, wie ein Punktpartikel erscheinen. Da der String sich in jedem aus einer unendlichen Anzahl möglicher Schwingungsmoden zu befinden vermag, erscheint er wie ein Partikel, das zu jeder Art aus einer unendlichen Anzahl möglicher Arten gehören kann, wobei die Art dem Mode entspricht, in dem der String schwingt.

Die ersten Versionen der Stringtheorie waren nicht ohne Probleme.[3] Berechnungen zeigten, daß es in der unendlichen Anzahl von Schwingungsmoden eines geschlossenen Strings einen Mode gab, in dem der String wie ein Teilchen mit der Masse Null und dem zweifachen Spin des Photons erscheint.[4] Sie werden sich erinnern, daß die Entdeckung der Stringtheorien den Bemühungen Venezianos entsprang, die starken Kräfte zwischen den Quarks zu verstehen, und ursprünglich wurden diese Stringtheorien als Theorien der starken Kraft und der Teilchen, auf die diese einwirkt, verstanden. Nun kennen wir aber kein Teilchen, das den Effekten der starken Kraft unterliegt, mit dieser Masse und diesem Spin, und sollte es existieren, hätte es längst entdeckt werden müssen; dieses Rechenergebnis steht also in eindeutigem Widerspruch zum Experiment.

Es gibt allerdings ein Teilchen mit der Masse Null und dem zweifachen Spin des Photons. Es ist kein Teilchen, das der starken Kraft unterliegt, es ist das Graviton, das Teilchen der Gravitationsstrahlung. Außerdem weiß man seit den sechziger Jahren, daß jede Theorie eines Teilchens mit diesem Spin und dieser Masse mehr oder weniger der allgemeinen Relativitätstheorie ähneln müßte.[5] Das masselose Teilchen, das man in der Frühzeit der Stringtheorien theoretisch gefunden hatte, unterschied sich von dem wahren Graviton in nur einem bedeutsamen Punkt: Der Austausch dieses neuen masselosen Teilchens würde Kräfte erzeugen, die Gravitationskräften gleichen, aber hundert Billionen Billionen Billionen Mal stärker sind.

Die Stringtheoretiker hatten, wie es in der Physik oft vorkommt, die richtige Lösung für das falsche Problem entdeckt. In den frühen achtziger Jahren setzte sich allmählich die Auffassung durch, daß das neue masselose Teilchen, das man als mathematische Konsequenz von Stringtheorien gefunden hatte, nicht so etwas wie ein stark wechselwirkender Doppelgänger des Gravitons war – tatsächlich war es das Graviton selbst.[6] Um nun den Gravitationskräften die richtige Stärke zu geben, mußte man in den grundlegenden Gleichungen der Stringtheorien die Stringspannung so stark erhöhen, daß der Energieunterschied zwischen dem niedrigsten und dem nächsthöheren Zustand eines Strings nicht in den lumpigen paar hundert Millionen Volt bestehen würde, der für Kernphänomene charakteristisch ist, sondern eher der Planckschen Energie entspricht, jenen Millionen Millionen Millionen Milliarden Volt, bei denen die Gravitation so stark wird wie alle übrigen Kräfte.* Dies ist eine so hohe Energie, daß alle Teilchen des Standardmodells – all die Quarks und Photonen und Gluonen usw. – mit den niedrigsten Schwingungsmoden des Strings gleichgesetzt werden müssen, denn anderenfalls würde ihre Erzeugung so viel Energie erfordern, daß sie nie hätten entdeckt werden können.

Aus dieser Sicht ist eine Quantenfeldtheorie wie das Standardmodell eine niederenergetische Näherung an eine fundamentale Theorie, die gar keine Theorie von Feldern ist, sondern eine Theorie von Strings. Wir sind inzwischen der Auffassung, daß derartige Quantenfeldtheorien bei den in modernen Beschleunigern erreichbaren Energien nicht etwa deshalb leidlich funktionieren, weil die Natur letzten Endes von einer Quantenfeldtheorie beschrieben wird, sondern weil *jede* Theorie, welche die Forderungen der Quantenmechanik und der speziellen Relativitätstheorie erfüllt, bei hinreichend niedriger Energie wie eine Quantenfeldtheorie aussehen wird. Wir kommen immer mehr dahin, das Standardmodell als eine *effektive Feldtheorie* zu betrachten, wobei uns das Adjektiv »effektiv« daran erinnert, daß solche Theorien lediglich für den Bereich niedriger Energien gültige Näherungen an eine ganz andere Theorie sind, möglicherweise eine Stringtheorie. Das Standardmodell hat im Zentrum der modernen Physik gestanden, doch vielleicht beginnt mit dieser Akzentverlagerung zur Quantenfeldtheorie eine neue, postmoderne Ära in der Physik.

Da Stringtheorien Gravitonen und eine Unmenge sonstiger Teil-

---

* Sie werden sich erinnern, daß ein Volt, als Energieeinheit verstanden, die Energie ist, die ein Elektron erreicht, wenn es von einer 1-Volt-Batterie durch einen Draht von einem Pol zum anderen gejagt wird.

chen enthalten, waren sie die ersten, die als Grundlage einer möglichen endgültigen Theorie in Frage kamen. Da das Graviton eine unvermeidliche Eigenheit jeder Stringtheorie zu sein scheint, kann man sogar sagen, daß die Stringtheorie erklärt, warum es die Gravitation gibt. Edward Witten, der später ein führender Stringtheoretiker wurde, hatte von diesem Aspekt der Stringtheorien im Jahre 1982 durch einen Zeitschriftenartikel des CalTech-Theoretikers John Schwarz erfahren und nannte diese Einsicht »die größte intellektuelle Erschütterung meines Lebens«.[7]

Stringtheorien scheinen auch das Problem der unendlichen Größen gelöst zu haben, unter dem alle früheren Quantentheorien der Gravitation litten. Ein String mag zwar wie ein Punktpartikel aussehen, doch das Wichtigste an den Strings ist, daß sie *keine* Punkte sind, sondern ausgedehnte Objekte. Die unendlichen Größen in gewöhnlichen Quantenfeldtheorien können auf den Umstand zurückgeführt werden, daß die Felder Punktpartikel beschreiben. (So ergibt sich beispielsweise, wenn wir zwei punktförmige Elektronen an ein und dieselbe Stelle verlegen, eine unendliche Kraft.) Richtig formuliert, scheinen Stringtheorien demgegenüber frei von unendlichen Größen zu sein.[8]

Das Interesse an Stringtheorien wuchs gewaltig, als Schwarz 1984 zusammen mit Michael Green vom Queen Mary College in London zeigen konnte, daß zwei bestimmte Stringtheorien im Unterschied zu früher untersuchten Stringtheorien mathematisch konsistent waren.[9] Was beider Arbeit so aufregend machte, war die Aussage, daß Stringtheorien jene Strenge besitzen, die wir bei einer wirklich grundlegenden Theorie erwarten – man kann sich zwar eine Vielzahl verschiedener offener Stringtheorien vorstellen, doch schien es, daß nur zwei davon mathematisch plausibel sind. Die Begeisterung über Stringtheorien erreichte ihren Höhepunkt, als ein Team von Theoretikern[10] zeigte, daß eine dieser beiden Green-Schwarz-Theorien im Grenzfall niedriger Energien eine auffällige Ähnlichkeit mit unserem gegenwärtigen Standardmodell der schwachen, starken und elektromagnetischen Kraft aufweist, und ein anderes Team, das »Princeton String Quartet«,[11] einige weitere Stringtheorien fand, die dem Standardmodell noch genauer entsprachen. Viele Theoretiker glaubten fast, daß man von einer endgültigen Theorie nicht mehr weit entfernt sei.

Inzwischen hat sich die Begeisterung etwas gelegt. Man weiß jetzt, daß es Tausende von Stringtheorien gibt, die mathematisch ebenso konsistent sind wie die beiden Green-Schwarz-Theorien. All diese Theorien gehorchen einer tieferen Symmetrie, der sogenannten *konformen Symmetrie*, die aber nicht der Beobachtung der Natur entnommen ist wie Einsteins Relativitätsprinzip, sondern notwendig zu sein scheint, um die quantenmechanische Konsistenz der Theorien zu gewährleisten.[12] So gesehen stellen die Tausende von individuellen Stringtheorien lediglich verschiedene Möglichkeiten dar, wie die Forderungen der konformen Symmetrie erfüllt werden können. Man nimmt vielfach an, daß diese verschiedenen Stringtheorien nicht wirklich unterschiedliche Theorien sind, sondern vielmehr verschiedene Möglichkeiten darstellen, wie ein und dieselbe zugrundeliegende Theorie gelöst werden kann. Wir sind uns dessen aber nicht sicher, und niemand weiß, wie diese zugrundeliegende Theorie aussehen könnte.

Von den Tausenden von individuellen String»theorien« besitzt jede ihre eigenen raumzeitlichen Symmetrien. Einige genügen Einsteins Relativitätsprinzip, während andere noch nicht einmal so etwas Ähnliches wie einen gewöhnlichen dreidimensionalen Raum aufweisen. Desgleichen hat jede Stringtheorie ihre eigenen inneren Symmetrien, die von der gleichen allgemeinen Art sind wie die inneren Symmetrien, die unserem gegenwärtigen Standardmodell der schwachen, elektromagnetischen und starken Kraft zugrunde liegen. Allerdings besteht zwischen den Stringtheorien und allen früheren Theorien der wesentliche Unterschied, daß die raumzeitlichen und inneren Symmetrien nicht »von Hand« eingefügt werden; sie ergeben sich vielmehr mathematisch aus der speziellen Art und Weise, in der die Regeln der Quantenmechanik (und die dadurch geforderte konforme Symmetrie) in der jeweiligen Stringtheorie erfüllt werden. Daher sind Stringtheorien möglicherweise ein bedeutender Fortschritt in Richtung einer rationalen Erklärung der Natur. Sie sind vielleicht auch die reichsten, mathematisch konsistenten Theorien, die sich mit den Prinzipien der Quantenmechanik vereinbaren lassen, und insbesondere die einzigen derartigen Theorien, die so etwas wie Gravitation enthalten.

Ein guter Teil der jungen theoretischen Physiker von heute beschäftigt sich mit Stringtheorie. Genaue quantitative Vorhersagen, die eine entscheidende Überprüfung der Stringtheorie erlauben würden, liegen jedoch bisher nicht vor. Dieser Stillstand hat zu einer unseligen Spaltung unter den Physikern geführt. Die Stringtheorie ist sehr anspruchsvoll; von den Theoretikern, die auf anderen Gebieten arbeiten, versteht kaum einer, was die Fachleute über die Stringtheorie schreiben, und von den Stringtheoretikern hat kaum einer die Zeit, sich über andere physikalische Gebiete auf dem laufenden zu halten, am allerwenigsten über Hochenergie-Experimente. Auf diese unglückliche Situation haben einige meiner Kollegen mit einer gewissen Feindseligkeit gegenüber der Stringtheorie reagiert. Ich teile diese Einstellung nicht. Potentielle Kandidaten für eine endgültige Theorie können nur von der Stringtheorie kommen, und da wäre es schon sehr verwunderlich, wenn sich *nicht* viele der begabtesten jungen Theoretiker mit ihr beschäftigten. Leider hat sie bisher keine größeren Erfolge zu verzeichnen, aber auch die Stringtheoretiker müssen wie alle anderen mit dieser sehr schwierigen Phase in der Geschichte der Physik fertig werden. Wir können nur hoffen, daß entweder die Stringtheorie selbst zu neuen Erfolgen führt oder neue Experimente Fortschritte in einer anderen Richtung ermöglichen werden.

Leider hat bislang niemand eine Stringtheorie entdeckt, die exakt den raumzeitlichen und inneren Symmetrien sowie dem Menü der Quarks und Leptonen entspricht, die wir in der Natur beobachten. Außerdem wissen wir noch nicht, wie wir die Zahl der möglichen Stringtheorien erfassen und ihre Eigenschaften berechnen können. Die Schwierigkeit hängt teilweise mit der Stärke der Kräfte zusammen. Die meisten Berechnungen, die im Standardmodell so gut funktionieren, beruhen auf der Tatsache, daß die von ihm beschriebenen Kräfte ziemlich schwach sind. Wir können den Effekt des Austauschs zweier Photonen zwischen den Elektronen in einem Atom zum Beispiel als eine geringfügige Korrektur des Effekts des Austauschs von einem Photon berechnen; dann können wir den Effekt des Austauschs dreier Photonen als eine noch kleinere Korrektur berechnen usw. Und sobald die verbleibenden Korrekturen zu gering sind, um für uns noch von Belang zu sein, können wir die Kette unserer Berechnungen abbrechen. In der Stringtheorie enthalten die Berechnungen jedoch Energien in einer Größenordnung, in der die Gravitation und verwandte Kräfte zu stark werden, so daß diese Rechenverfahren nicht mehr angewandt werden können. Die Effekte des Austauschs von zwei oder drei oder einer beliebigen Zahl von Strings sind bei diesen Energien genauso groß wie die Effekte des Austauschs von einem String, und so gibt es keinen Punkt, an dem man berechtigt wäre, mit der Rechnung aufzuhören.

Das ist noch nicht einmal das Schlimmste. Auch wenn diese Stringtheorien uns mathematisch keine Schwierigkeiten bereiten würden und wir eine von ihnen finden könnten, die dem entspricht, was wir in der Natur beobachten, so besitzen wir doch gegenwärtig kein Kriterium, das uns erlauben würde, zu begründen, *warum* gerade diese Stringtheorie der realen Welt entspricht. Ich wiederhole noch einmal, daß es das fundamentale Ziel der Physik ist, die Welt nicht nur zu beschreiben, sondern zu erklären, warum sie so ist, wie sie ist.

Auf der Suche nach einem Kriterium, das uns erlauben würde, die richtige Stringtheorie auszuwählen, könnten wir genötigt sein, uns auf ein Prinzip zu berufen, das in der Physik von zweifelhaftem Ruf ist, das sogenannte *anthropische Prinzip*,[13] demzufolge die Naturgesetze die Existenz von intelligenten Wesen zulassen müssen, die imstande sind, Fragen bezüglich der Naturgesetze zu stellen.

Die Idee eines anthropischen Prinzips geht auf die Feststellung zurück, daß die Naturgesetze sich überraschend gut mit der Existenz von Leben zu vertragen scheinen. Ein berühmtes Beispiel ist die Synthese der Elemente. Nach heutigen Vorstellungen begann diese Synthese, als das Universum etwa drei Minuten alt war (vorher war es zu heiß, so daß Protonen und Neutronen sich nicht zu Atomkernen zusammenschließen konnten), und sie wurde später in den Sternen fortgesetzt. Ursprünglich hatte man gedacht, daß die Elemente in der Weise entstehen, daß, beginnend mit dem einfachsten Element, dem Wasserstoff, dessen Kern aus nur einem Teilchen (einem Proton) besteht, jeweils ein Kernteilchen zu den Atomkernen hinzugefügt wird. Beim Aufbau der Heliumkerne, die vier Kernteilchen (zwei Protonen und zwei Neutronen) enthalten, gab es zwar keine Schwierigkeiten, doch konnte der nächste Schritt nicht vollzogen werden, weil es keinen stabilen Kern mit fünf Kernteilchen gibt. Edwin Salpeter fand schließlich 1952 die Lösung,[14] daß zwei Heliumkerne in Sternen zusammen den instabilen Kern des Isotops Beryllium 8 bilden können, das gelegentlich, bevor es noch in zwei

Heliumkerne zerfallen kann, einen weiteren Heliumkern aufnimmt und so einen Kohlenstoffkern bildet. Damit dieser Prozeß jedoch die beobachtete kosmische Häufigkeit des Kohlenstoffs erklären kann, muß es, wie Fred Hoyle 1954 hervorhob, einen Zustand des Kohlenstoffkerns geben, dessen Entstehung beim Zusammenstoß eines Heliumkerns und eines Kerns von Beryllium 8 eine ungewöhnlich große Wahrscheinlichkeit besitzt. (Genau ein solcher Zustand wurde anschließend von Experimentatoren gefunden, die mit Hoyle zusammenarbeiteten.[15]) Nachdem er sich auf diese Weise gebildet hat, kann der Kohlenstoffkern unter Aussendung eines Photons in seinen stabilen Normalzustand übergehen. Sobald sich in den Sternen Kohlenstoff gebildet hat, besteht kein Hindernis mehr für den Aufbau all der schwereren Elemente, darunter auch diejenigen, die wie Sauerstoff und Stickstoff für die uns bekannten Formen des Lebens notwendig sind.[16] Dieser Vorgang kann allerdings nur ablaufen, wenn die Energie dieses angeregten Zustands des Kohlenstoffkerns sehr genau der Energie eines Kerns von Beryllium 8 plus der Energie eines Heliumkerns entspricht. Wäre die Energie dieses Zustands des Kohlenstoffkerns zu groß oder zu klein, so würden sich in den Sternen kaum Kohlenstoff oder schwerere Elemente gebildet haben, und allein mit Wasserstoff und Helium könnte kein Leben entstehen. Die Energien der Kernzustände hängen in komplizierter Weise von allen Konstanten der Physik wie etwa den Massen und den elektrischen Ladungen der verschiedenen Arten von Elementarteilchen ab. Auf den ersten Blick erscheint es tatsächlich bemerkenswert, daß diese Konstanten genau die Werte annehmen, die erforderlich sind, damit auf diese Weise Kohlenstoff gebildet werden kann.

Was als Beweis dafür angeführt wird, daß die Naturgesetze genau darauf abgestimmt sind, Leben zu ermöglichen, kommt mir nicht sonderlich überzeugend vor. Zum einen hat eine Gruppe von Physikern[17] kürzlich gezeigt, daß die angesprochene Energie des angeregten Zustandes von Kohlenstoff merklich erhöht werden könnte,[18] ohne daß die Menge des in Sternen erzeugten Kohlenstoffs dadurch nennenswert zurückginge. (Eine *Verringerung* der Energie dieses Zustandes würde die Menge des erzeugten Kohlenstoffs sogar erhöhen.) Zum anderen könnte sich, falls wir die Naturkonstanten verändern würden, herausstellen, daß andere instabile Zustände des Kohlenstoffkerns und anderer Kerne alternative Möglichkeiten für die Synthese von Elementen, die schwerer sind als Helium, bieten. Wie unwahrscheinlich es wirklich ist, daß die Naturkonstanten gerade die für intelligentes Leben günstigen Werte vorweisen, läßt sich einfach nicht auf verläßliche Weise abschätzen.

Unabhängig davon, ob das anthropische Prinzip erforderlich ist, um so etwas wie die Energieniveaus von Atomkernen zu erklären, gibt es freilich einen Kontext, in dem dieses Prinzip das einzig angemessene wäre.[19] Man kann sich verschiedene Universen vorstellen, gegen die logisch nichts einzuwenden ist und die jeweils ihre eigenen fundamentalen Gesetze haben. Viele dieser Universen wären sicherlich aufgrund ihrer Gesetze oder ihrer Geschichte für intelligentes Leben unwirtlich. Ein Wissenschaftler, der die Frage aufwirft, warum die Welt so ist, wie sie ist, muß aber in einem der anderen Universen leben, in denen intelligentes Leben entstehen konnte.*

Der schwache Punkt dieser Interpretation des anthropischen Prinzips ist der, daß überhaupt nicht klar ist, was eine Mannigfaltigkeit von Universen zu bedeuten hat. Eine ganz einfache, von Hoyle[20] vorgeschlagene Möglichkeit bestünde darin, daß die Naturkonstanten von einer Region zur anderen variieren, so daß jede Region des Universums eine Art Subuniversum wäre. Von einer Vielheit von Universen könnte man ebenfalls sprechen, wenn das, was wir als Naturkonstanten zu bezeichnen pflegen, sich in verschiedenen Epochen der Geschichte des Universums unterschiedlich darstellen würde. Eine in letzter Zeit vieldiskutierte, revolutionäre Möglichkeit besteht darin, daß unser Universum und die anderen, logisch möglichen Universen mit anderen fundamentalen Gesetzen auf irgendeine Weise von einem größeren Megauniversum hervorgebracht werden. Bei dem Versuch, die Quantenmecha-

---

* Ein aus der Sowjetunion emigrierter Physiker erzählte mir vor einigen Jahren von einem in Moskau kursierenden Witz, demzufolge das anthropische Prinzip erklärt, warum das Leben so traurig ist. Es gibt sehr viel mehr Möglichkeiten für ein trauriges als für ein glückliches Leben; das anthropische Prinzip verlangt nur, daß die Naturgesetze die Existenz von intelligenten Wesen erlauben, nicht aber, daß diese Wesen Spaß haben.

nik auf die Gravitation anzuwenden, hat sich zum Beispiel ergeben, daß der gewöhnliche leere Raum, der scheinbar friedlich und ereignislos ist wie die Oberfläche des Meeres, wenn man sie aus großer Höhe betrachtet, bei näherem Zusehen eine Fülle von Quantenfluktuationen birgt, und zwar in einem solchen Ausmaß, daß sich »Wurmlöcher« auftun können,[21] die einzelne Teile des Universums mit anderen, räumlich und zeitlich weit entfernten Teilen verbinden. Aufbauend auf früheren Arbeiten von Stephen Hawking, James Hartle und anderen hat Sidney Coleman in Harvard 1987 gezeigt, daß die Öffnung beziehungsweise Schließung eines »Wurmlochs« genau den Effekt hat, die verschiedenen Konstanten, die in den Gleichungen verschiedener Felder auftreten, zu verändern. Genau wie in der Viele-Welten-Interpretation der Quantenmechanik zerfällt die Wellenfunktion des Universums in eine riesige Anzahl von Termen, in denen die »Konstanten« der Natur jeweils verschiedene Werte mit unterschiedlichen Wahrscheinlichkeiten annehmen.[22] Was auch immer diese verschiedenen Theorien sagen mögen, ist es einfach ein Ergebnis vernünftiger Überlegung, daß wir uns in einer Region des Raums beziehungsweise in einer Epoche der kosmischen Geschichte beziehungsweise in einem Term der Wellenfunktion befinden, wo die »Konstanten« der Natur Werte annehmen, die für die Existenz intelligenten Lebens günstig sind.

Mit Sicherheit werden die Physiker weiterhin bemüht sein, die Naturkonstanten zu erklären, ohne auf anthropische Argumente zurückzugreifen. Wahrscheinlich werden wir feststellen, daß alle Naturkonstanten (vielleicht mit einer Ausnahme) durch Symmetrieprinzipien der einen oder anderen Art festgelegt sind und daß die Existenz einer Form von Leben keine spezielle Feinabstimmung der Naturgesetze erfordert. Die einzige Naturkonstante, die möglicherweise mit Hilfe eines anthropischen Prinzips erklärt werden muß, ist die sogenannte *kosmologische Konstante*.

In der physikalischen Theorie trat die kosmologische Konstante erstmals in Erscheinung, als Einstein versuchte, seine neue allgemeine Relativitätstheorie auf das gesamte Universum anzuwenden. In dieser Arbeit ging er, wie damals üblich, von einem statischen Universum aus, doch fand er bald heraus, daß seine Gleichungen für das Gravitationsfeld in ihrer ersten Fassung keine statischen

Lösungen vorwiesen, wenn man sie auf das gesamte Universum anwandte. (Diese Schlußfolgerung hängt nicht spezifisch mit der allgemeinen Relativität zusammen; auch in Newtons Theorie der Gravitation könnten wir Lösungen finden, in denen die Galaxien unter dem Einfluß ihrer gegenseitigen Gravitation aufeinander zueilen, und andere Lösungen, in denen Galaxien als Folge einer ursprünglichen Explosion auseinanderstreben, aber wir würden nicht erwarten, daß die durchschnittliche Galaxie mehr oder weniger im Ruhezustand im Raum schwebt.) Um auch ein statisches Universum zu ermöglichen, beschloß Einstein, seine Theorie zu ändern. Er führte in seine Gleichungen einen Term ein, der so etwas wie eine abstoßende Kraft über große Entfernungen erzeugen würde und auf diese Weise die anziehende Kraft der Gravitation ausgleichen könnte. Dieser Term enthält eine dimensionslose Konstante, die in Einsteins statischer Kosmologie die Größe des Universums bestimmte und deshalb als kosmologische Konstante bezeichnet wurde.

Das war 1917. Wegen des Krieges wußte Einstein nicht, daß Vesto Melvin Slipher, ein amerikanischer Astronom, bereits Anzeichen dafür entdeckt hatte, daß die Galaxien (wie wir sie heute nennen) sich voneinander entfernen, so daß das Universum in der Tat nicht statisch ist, sondern expandiert. Nach dem Krieg konnte Edwin Hubble mit Hilfe des neuen 100-Zoll-Teleskops auf dem Mount Wilson die Expansion bestätigen und ihre Geschwindigkeit messen. Einstein bedauerte später, seine Gleichungen durch Einführung der kosmologischen Konstante verstümmelt zu haben.[23] Doch so einfach war die Möglichkeit einer kosmologischen Konstante nicht abzutun.

Zunächst gibt es keinen Grund, eine kosmologische Konstante in die Einsteinschen Feldgleichungen *nicht* aufzunehmen. Grundlage von Einsteins Theorie war ein Symmetrieprinzip, nach dem die Naturgesetze nicht von dem Bezugssystem in Raum und Zeit abhängen sollten, anhand dessen wir diese Gesetze studieren. Seine ursprüngliche Theorie war jedoch nicht die allgemeinste Theorie, welche dieses Symmetrieprinzip zuließ. Man könnte eine Unmenge von Termen in die Feldgleichungen einfügen, deren Effekte über astronomische Entfernungen vernachlässigbar gering wären und daher ohne weiteres ignoriert werden dürfen. Abgesehen von diesen gibt es nur einen Term, der in die Einsteinschen Feldgleichungen eingefügt werden konnte, ohne das fundamentale Symmetrieprinzip der allgemeinen Relativitätstheorie zu verletzen, und der in der Astronomie wichtig sein würde, nämlich jenen Term, der die kosmologische Konstante enthält. Einstein ging 1915 von der Annahme aus, daß die Feldgleichungen so einfach wie möglich gewählt werden sollten. Die Erfahrungen der letzten fünfundsiebzig Jahre haben uns gelehrt, solchen Annahmen zu mißtrauen; wir stellen in der Regel fest, daß jede nicht durch eine Symmetrie oder ein anderes fundamentales Prinzip verbotene Komplikation tatsächlich in unseren Theorien vorkommt. Daß eine kosmologische Konstante eine unnötige Komplikation sei, ist daher kein hinreichendes Argument. Die Einfachheit muß – wie alles andere – begründet werden.

In der Quantenmechanik ist das Problem noch gravierender. Die verschiedenen Felder, die in unserem Universum bestehen, unterliegen dauernden Quantenfluktuationen, die sogar dem nominell leeren Raum eine Energie geben. Diese Energie ist allein aufgrund ihrer Gravitationseffekte beobachtbar; jede Art von Energie erzeugt Gravitationsfelder und wird ihrerseits von Gravitationsfeldern beeinflußt, und so könnte eine den ganzen Raum ausfüllende Energie erheblichen Einfluß auf die Expansion des Universums ausüben. Wir sind gegenwärtig nicht in der Lage, die von diesen Quantenfluktuationen erzeugte Energie pro Volumeneinheit zu berechnen; sie stellt sich, wenn wir die einfachsten Näherungsverfahren anwenden, als unendlich heraus. Wenn wir uns aber mit Hilfe einer vernünftigen Annahme der Hochfrequenzfluktuationen, die für die unendliche Größe verantwortlich sind, entledigen, zeigt sich, daß die Vakuumenergie pro Volumen ungeheuer groß ist: Sie ist etwa eine Billion Billion Billion Billion Billion Billion Billion Billion Billion Billion Mal größer, als es aufgrund der beobachteten Expansionsgeschwindigkeit des Universums zulässig wäre. Dies dürfte der schlimmste Fall einer falschen Einschätzung der Größenordnung in der Geschichte der Wissenschaft sein.

Falls diese Energie des leeren Raums negativ ist, erzeugt sie eine gravitative Abstoßung zwischen Raumvolumina über sehr große Entfernungen, genau wie der Term, der die kosmologische Konstante enthält, den Einstein 1917 in seine Feldgleichungen einfügte.

Falls die Energie des leeren Raums jedoch positiv ist, erzeugt sie eine Anziehung von großer Reichweite zwischen verschiedenen Teilen des Universums, genau wie eine negative kosmologische Konstante. Wir können daher die auf Quantenfluktuation beruhende Energie als einen bloßen Beitrag zu einer »totalen« kosmologischen Konstante betrachten; die Expansion des Universums wird nur von dieser totalen kosmologischen Konstante beeinflußt, nicht aber von der kosmologischen Konstante in den Feldgleichungen der allgemeinen Relativitätstheorie als solcher und auch nicht von der Quanten-Vakuumenergie als solcher. Damit besteht die Möglichkeit, daß sich das Problem der kosmologischen Konstante und das Problem der Energie des leeren Raums unter Umständen gegenseitig aufheben. Es kann also durchaus sein, daß die kosmologische Konstante in den Einsteinschen Feldgleichungen lediglich den Effekt der ungeheuren, auf Quantenfluktuation beruhenden Vakuumenergie aufhebt. Um aber mit dem, was wir über die Expansion des Universums wissen, im Einklang zu stehen, müßte die totale kosmologische Konstante so klein sein, daß diese beiden Terme in der totalen kosmologischen Konstante bis auf einhundertzwanzig Dezimalstellen übereinstimmen. Solche Dinge lassen wir nicht gern unerklärt auf sich beruhen.

Seit Jahren versuchen theoretische Physiker, die Aufhebung der kosmologischen Konstante zu verstehen, ohne jedoch bislang eine überzeugende Erklärung dafür gefunden zu haben.[24] Die Stringtheorie macht das Problem nur noch schlimmer. Die vielen verschiedenen Stringtheorien ergeben jeweils einen anderen Wert für die totale kosmologische Konstante (darunter auch für die Effekte der Vakuum-Quantenfluktuation), doch insgesamt stellt diese sich als viel zu groß heraus.[25] Bei einer derartig großen totalen kosmologischen Konstante wäre der Raum so radikal gekrümmt, daß er mit dem vertrauten dreidimensionalen Raum der euklidischen Geometrie, in dem wir leben, keine Ähnlichkeit mehr hätte.

Wenn alle Stricke reißen, werden wir möglicherweise um eine anthropische Erklärung nicht herumkommen. Vielleicht existieren in dem einen oder anderen Sinne viele verschiedene »Universen«, von denen jedes einen eigenen Wert für die kosmologische Konstante besitzt. Sollte dies zutreffen, so gibt es nur ein Universum, in dem wir damit rechnen könnten, uns selbst anzutreffen, nämlich eines, in dem die totale kosmologische Konstante klein genug ist, um die Entstehung und Evolution von Leben zu ermöglichen. Genauer: Sollte die totale kosmologische Konstante groß und negativ sein, so würde das Universum seinen Lebenszyklus von Expansion und Kontraktion zu rasch durchlaufen, in der kurzen Zeit könnte kein Leben entstehen. Sollte die totale kosmologische Konstante dagegen groß und positiv sein, so würde sich das Universum unaufhörlich ausdehnen, doch würde die von der kosmologischen Konstante erzeugte abstoßende Kraft verhindern, daß sich durch Gravitation im frühen Universum Materie zu Galaxien und Sternen zusammenballt, und es gäbe keinen Ort, an dem Leben entstehen könnte. Die wahre Stringtheorie ist vielleicht die (falls es nur eine gibt), die zu einer totalen kosmologischen Konstante in dem relativ schmalen Wertebereich führt, in dem Leben entstehen konnte.

Es gibt – und das ist eine der faszinierenden Konsequenzen aus dieser Überlegung – keinen Grund, warum die totale kosmologische Konstante (einschließlich der Effekte von Vakuum-Quantenfluktuationen) genau gleich null sein sollte; das anthropische Prinzip verlangt lediglich, daß sie klein genug ist, damit sich Galaxien bilden und über Jahrmilliarden erhalten können. Aus der astronomischen Beobachtung kommen denn auch seit einiger Zeit Hinweise, daß die totale kosmologische Konstante nicht gleich null ist.

Einen dieser Hinweise liefert das berühmte Problem der »fehlenden kosmologischen Masse«. Der nächstliegende Wert für die Massendichte des Universums (und zugleich der Wert, den die derzeit gängigen kosmologischen Theorien fordern) ist jene Dichte, bei der die gegenseitige Massenanziehung aufgrund der Schwerkraft es gerade noch erlauben würde, daß das Universum unbegrenzt weiterexpandiert.[26] Diese Dichte ist jedoch etwa fünf- bis zehnmal so groß wie der Beitrag der Masse in Galaxienhaufen (den man aus Untersuchungen über die Bewegungen der Galaxien in diesen Haufen erschließt). Die fehlende Masse könnte in dunkler Materie der einen oder anderen Art bestehen, aber es gibt noch eine andere Möglichkeit. Eine kosmologische Konstante wirkt sich, wie bereits erwähnt, genauso aus wie eine gleichförmige konstante Energiedichte, die nach Einsteins berühmter Relation zwischen Energie und Masse einer gleichförmigen konstanten Massendichte äquivalent ist. Es ist daher möglich, daß die fehlenden achtzig bis neunzig

Prozent der kosmischen Massendichte nicht von irgendeiner realen Materie, sondern von einer positiven totalen kosmologischen Konstante beigesteuert werden.

Das soll nicht heißen, daß zwischen einer realen Materiedichte und einer positiven totalen kosmologischen Konstante kein Unterschied bestünde. Das Universum dehnt sich aus, und folglich war die Dichte der realen Materie, unabhängig davon, wie groß sie jetzt ist, in der Vergangenheit weit größer. Die totale kosmologische Konstante ist dagegen zeitlich konstant, und ebenso die Materiedichte, der sie äquivalent ist. Je höher die Materiedichte, desto schneller dehnt sich das Universum aus, und folglich muß die Expansionsgeschwindigkeit in der Vergangenheit sehr viel größer gewesen sein, falls die fehlende Masse gewöhnliche Materie ist und nicht ein Effekt einer kosmologischen Konstante.

Einen anderen Hinweis, der eindeutiger auf eine kosmologische Konstante hinzielt, entnehmen wir einem seit langem bestehenden Problem hinsichtlich des Alters des Universums. In den gängigen kosmologischen Theorien können wir aus der beobachteten Expansionsgeschwindigkeit des Universums auf ein Alter des Kosmos von etwa sieben bis zwölf Milliarden Jahren schließen. Die Sternenhaufen innerhalb unserer Galaxie werden aber gewöhnlich auf ein Alter von zwölf bis fünfzehn Milliarden Jahren geschätzt. Wir hätten es also mit einem Universum zu tun, das jünger ist als die in ihm enthaltenen Sternenhaufen. Um dieses Paradox zu vermeiden, müßten wir für das Alter der Sternenhaufen die niedrigsten und für das Alter des Universums die höchsten Schätzungen annehmen. Andererseits würde, wir wir gesehen haben, die Einführung einer positiven kosmologischen Konstante statt dunkler Materie unsere Schätzung der Expansionsgeschwindigkeit des Universums in der Vergangenheit herabdrücken und damit das Alter des Universums, das wir aus einer gegebenen gegenwärtigen Expansionsgeschwindigkeit erschließen, erhöhen. Trägt die kosmologische Konstante beispielsweise neunzig Prozent zur kosmischen Massendichte bei, so würde selbst bei den höchsten Schätzungen für die gegenwärtige Expansionsgeschwindigkeit des Universums das Alter des Universums elf statt nur sieben Milliarden Jahre betragen, und die bedenkliche Diskrepanz zum Alter der Sternenhaufen wäre damit beseitigt.

Eine positive kosmologische Konstante, die achtzig bis neunzig Prozent der gegenwärtigen kosmischen Massendichte beisteuert, liegt durchaus innerhalb der Grenzen, die die Existenz von Leben erlauben würden. Wir wissen, daß Quasare und vermutlich auch Galaxien sich sehr früh nach dem Urknall verdichtet haben, als das Universum erst ein Sechstel seiner heutigen Ausdehnung hatte, denn wir sehen Licht von Quasaren, deren Wellenlänge auf das Sechsfache zugenommen (also eine Rotverschiebung erfahren) hat. Die Massendichte des Universums war zu jener Zeit sechs hoch drei oder etwa zweihundertmal größer als heute, und folglich kann eine kosmologische Konstante, die einer Massendichte entspricht, welche nur fünf- bis zehnmal größer ist als die *gegenwärtige* Massendichte, sich *damals* nicht nennenswert auf die Bildung von Galaxien ausgewirkt haben, wenngleich sie in jüngerer Zeit eine Bildung von Galaxien verhindert haben würde. Eine kosmologische Konstante, die eine Massendichte liefert, welche fünf- bis zehnmal so groß ist wie die gegenwärtige kosmische Materiedichte, ist also ungefähr das, was wir aus anthropischen Gründen erwarten sollten.

Zum Glück kann diese Frage (im Unterschied zu vielen anderen, die in diesem Kapitel erörtert wurden) in Kürze durch astronomische Beobachtung geklärt werden. Wie wir gesehen haben, muß die Expansionsgeschwindigkeit des Universums in der Vergangenheit sehr viel größer gewesen sein, falls die fehlende Masse aus gewöhnlicher Materie besteht und nicht auf einer kosmologischen Konstante beruht. Diese Differenz der Expansionsgeschwindigkeit beeinflußt die Geometrie des Universums und die Wege von Lichtstrahlen in einer Weise, die von Astronomen festgestellt werden kann. (Sie hat zum Beispiel Einfluß darauf, wie viele Galaxien wir beobachten, die sich mit unterschiedlichen Fluchtgeschwindigkeiten von uns entfernen. Sie bestimmt aber auch die Anzahl der Gravitationslinsen – das sind Galaxien, deren Gravitationsfeld das Licht von den sehr fernen, rätselhaften Objekten, die wir als Quasare bezeichnen, so stark beugt, daß mehrfache Bilder entstehen.) Bislang sind die Beobachtungen ergebnislos geblieben, doch geht man diesen Fragen an mehreren Observatorien aufmerksam nach, und schließlich wird man die Möglichkeit einer kosmologischen Konstante, die achtzig bis neunzig Prozent der gegenwärtigen »Massen«dichte des Universums beisteuert, bestätigen oder verwerfen. Eine solche kosmologische Konstante ist so viel kleiner, als nach Schätzungen der Quantenfluktuation zu erwarten wäre, daß sie mit anderen als anthropischen Gründen kaum zu erklären sein wird. Sollte eine solche kosmologische Konstante durch die Beobachtung bestätigt werden, so wird man daraus also vernünftigerweise schließen können, daß unsere eigene Existenz eine wichtige Rolle spielt, wenn es darum geht, zu erklären, warum das Universum so ist, wie wir es beobachten.

Ich hoffe allerdings, daß dieser Fall nicht eintreten wird. Als theoretischer Physiker würde ich es lieber sehen, daß wir in der Lage sind, präzise Vorhersagen zu machen und nicht nur verschwommene Aussagen mit dem Inhalt, daß gewisse Konstanten in einem Wertebereich liegen müssen, der für das Leben mehr oder weniger günstig ist. Ich hoffe, daß die Stringtheorie eine echte Grundlage für eine endgültige Theorie darstellt und daß diese Theorie so viel Vorhersagekraft besitzt, daß sie allen Naturkonstanten einschließlich der kosmologischen Konstante bestimmte Werte vorschreiben kann. Man wird sehen.

X. | Vor der Endgültigkeit

> Endlich der Pol!
> Das höchste Ziel dreier Jahrhunderte ...
> Es will mir nicht so recht in den Sinn.
> Alles wirkt so unscheinbar und gewöhnlich.
>
> Robert Peary, Tagebuch,
> von ihm zitiert in *The North Pole*

Es ist schwer, sich vorzustellen, daß wir jemals im Besitz endgültiger physikalischer Prinzipien sein könnten, die nicht ihrerseits wiederum mit tieferen Prinzipien zu erklären wären. Für viele ist es eine ausgemachte Sache, daß wir auf eine endlose Kette von immer tieferen Prinzipien stoßen werden. Karl Popper, das Haupt der modernen Wissenschaftsphilosophen, lehnt »die Idee einer letzten Erklärung« ab.[1] Er behauptet, daß »jede Erklärung weiter erklärt werden kann durch eine Theorie oder Vermutung von höherer Universalität; und es kann keine Erklärung geben, die nicht einer weiteren Erklärung bedarf ...«

Es könnte sich zeigen, daß Popper und die vielen anderen, die an eine unendliche Kette von immer fundamentaleren Prinzipien glauben, recht haben. Es stellt nach meiner Meinung auch keinen Einwand gegen diese Auffassung dar, daß bis jetzt niemand eine endgültige Theorie gefunden hat. Ein Polarforscher des neunzehnten Jahrhunderts könnte nämlich in diesem Sinne auch argumentieren, daß alle bisherigen Arktiserkundungen seit Jahrhunderten immer wieder erbracht hätten, daß sich, so weit sie auch nach Norden vordrangen, dennoch immer weitere unerforschte See- und Eisgebiete nach Norden hin erstreckten, so daß es entweder keinen Nordpol gebe oder aber man ihn nie erreichen werde. In manchen Fällen kommt eine Suche allerdings doch an ihr Ziel.

Bei vielen scheint der Eindruck zu bestehen, Wissenschaftler hätten sich in der Vergangenheit des öfteren der Illusion hingegeben, eine endgültige Theorie gefunden zu haben. Man stellt sie sich vor wie den Forschungsreisenden Frederick Cook im Jahre 1908, der lediglich glaubte, er habe den Nordpol erreicht. Man nimmt an, Wissenschaftler neigten dazu, komplizierte theoretische Systeme zu ersinnen, die sie zur endgültigen Theorie erklären, welche sie dann hartnäckig verteidigen, bis unwiderlegbare experimentelle Beweise neuen Generationen von Wissenschaftlern enthüllen, daß diese Systeme vollkommen falsch sind. Doch soweit ich weiß, hat kein anerkannter Physiker in diesem Jahrhundert behauptet, eine endgültige Theorie sei gefunden worden. Doch unterschätzen Physiker manchmal den Weg, der bis zu einer endgültigen Theorie noch zurückgelegt werden muß. Ich erinnere an die Vorhersage, die Michelson im Jahre 1902 traf: »... der Tag scheint nicht mehr allzu fern zu sein, da die konvergenten Linien aus vielen scheinbar fernliegenden Gebieten der Denktätigkeit auf [diesem] gemeinsamen Boden zusammentreffen werden.« Bei der Übernahme des Lucasianischen Lehrstuhls für Mathematik in Cambridge (jenes Lehrstuhls, den zuvor Newton und Dirac innehatten) gab Stephen Hawking in seiner Antrittsvorlesung zu verstehen, daß die Theorien der »erweiterten Superschwerkraft«, die damals in Mode waren, eine Grundlage für so etwas wie eine endgültige Theorie abgeben würden. Heute würde Hawking das wohl nicht mehr vertreten. Doch weder Michelson noch Hawking haben je behauptet, eine endgültige Theorie sei bereits erreicht worden.

Wenn man überhaupt etwas aus der Geschichte lernen kann, dann wohl dies, daß es tatsächlich eine endgültige Theorie gibt. Wir können beobachten, daß sich die Pfeile der Erklärung in diesem Jahrhundert auf einen Punkt konzentrieren, so wie die Meridiane auf den Nordpol zulaufen. Unsere tiefsten Prinzipien sind zwar noch nicht endgültig, aber sie sind ständig einfacher und ökonomischer geworden. Diese Konvergenz konnten wir hier am Beispiel der Erklärung der Eigenschaften eines Stücks Kreide beobachten, und ich kann sie innerhalb meiner eigenen Laufbahn als Physiker bezeugen. Als Student mußte ich eine Unmenge von unterschiedlichen Informationen über die schwache und starke Wechselwirkung der Elementarteilchen lernen. Heute lernen Studenten der

Elementarteilchenphysik das Standardmodell und eine Menge Mathematik – und oft kaum etwas darüber hinaus. (Professoren der Physik beklagen gelegentlich, wie wenig die Studenten über die wirklichen Phänomene der Elementarteilchenphysik wissen, doch vermute ich, daß meine Lehrer an der Cornell- und der Princeton-Universität darüber geklagt haben, wie wenig *ich* von der Atomspektroskopie verstand.) Man kann sich schwerlich eine Regression von immer fundamentaleren Theorien vorstellen, die ständig einfacher und einheitlicher werden, wenn die Pfeile der Erklärung nicht irgendwo konvergieren.

Es ist vorstellbar, wenn auch unwahrscheinlich, daß die Ketten der immer fundamentaleren Theorien weder endlos weitergehen noch an ein Ziel gelangen. Sie könnten, meint der Philosoph Michael Redhead aus Cambridge, auf sich selbst zurückverweisen.[2] Er stellt fest, daß die orthodoxe Kopenhagener Deutung der Quantenmechanik die Existenz einer makroskopischen Welt von Beobachtern und Meßapparaten erfordere, die wiederum mit Hilfe der Quantenmechanik erklärt werde. Diese Sichtweise ist in meinen Augen ein weiterer Beleg dafür, daß an der Kopenhagener Deutung der Quantenmechanik und dem Unterschied, den diese zwischen Quantenphänomenen und den Beobachtern macht, die solche Phänomene studieren, etwas nicht stimmt. In der von Hugh Everett und anderen vertretenen realistischen Auffassung der Quantenmechanik gibt es nur eine Wellenfunktion, die sämtliche Phänomene beschreibt, einschließlich der Experimente und der Beobachter, und die fundamentalen Gesetze sind diejenigen, die die Evolution dieser Wellenfunktion beschreiben.

Noch radikaler ist die Auffassung, daß wir letzten Endes feststellen werden, daß es überhaupt kein Gesetz gibt.[3] Mein Freund und Lehrer John Wheeler hat gelegentlich behauptet, es existiere kein fundamentales Gesetz, und alle Gesetze, die wir heute studierten, würden der Natur durch die Art und Weise, wie wir Beobachtungen machen, übergestülpt werden.[4] Der Kopenhagener Theoretiker Holger Nielsen hat davon abweichend eine »willkürliche Dynamik« vorgeschlagen, derzufolge sich an den Phänomenen, die wir in unseren Laboratorien finden, kaum etwas ändern werde, gleichgültig, welche Annahmen wir über die Natur bei sehr kurzen Entfernungen oder sehr hohen Energien treffen.[5]

Wheeler und Nielsen schieben, wie ich finde, das Problem der endgültigen Gesetze nur vor sich her. Wheelers »Welt ohne Gesetz« ist dennoch auf Metagesetze angewiesen, ohne die wir nicht erkennen könnten, daß unsere Beobachtungen der Natur Regelmäßigkeiten aufzwingen, und eines dieser Metagesetze ist die Quantenmechanik. Auch Nielsen ist auf eine Art Metagesetz angewiesen, um zu erklären, wie das Erscheinungsbild der Natur sich ändert, wenn wir die Skala der Entfernungen und Energien ändern, bei denen wir unsere Messungen machen, und deshalb setzt er die Gültigkeit der Renormierungsgruppen-Gleichungen voraus, die in einer Welt ohne Gesetz schwerlich zu begründen sein dürfte. Ich gehe davon aus, daß alle Versuche, ohne grundlegende Naturgesetze auszukommen, letzten Endes, sofern sie überhaupt gelingen, dazu führen werden, daß man Metagesetze einführt, die beschreiben, wie das, was wir *heute* Gesetze nennen, entstanden ist.

Es gibt noch eine andere Möglichkeit, die, wie ich finde, wahrscheinlicher und zugleich sehr viel beunruhigender ist. Vielleicht existiert eine endgültige Theorie, eine Menge einfacher Prinzipien, aus denen sich alle Erklärungspfeile herleiten, aber wir werden nie erfahren, wie sie aussieht. Es könnte zum Beispiel sein, daß Menschen einfach nicht intelligent genug sind, um die endgültige Theorie zu entdecken oder zu verstehen. Man kann Hunde zu allerlei erstaunlichen Kunststücken abrichten, doch wird man einen Hund wohl kaum dazu bringen können, mit Hilfe der Quantenmechanik die Energieniveaus von Atomen zu berechnen. Die Hoffnung, daß unsere Gattung das geistige Rüstzeug für weitere Fortschritte in der Zukunft besitzt, gründet sich vor allem auf unsere wunderbare Fähigkeit, unsere Gehirne durch sprachliche Kommunikation miteinander zu verbinden, aber es könnte sein, daß das nicht ausreicht. Eugene Wigner hat darauf hingewiesen, daß »wir nicht erwarten dürfen, daß unser Intellekt imstande ist, vollkommene Begriffe zu formulieren, um die Phänomene der unbelebten Natur völlig zu verstehen«.[6] Zum Glück scheinen wir noch nicht am Ende unserer intellektuellen Möglichkeiten zu sein. Zumindest in der Physik hat es den Anschein, daß jede neue Studentengeneration gescheiter ist als die vorherige.

Weit bedrohlicher erscheint die Möglichkeit, daß das Bemühen um die Entdeckung der endgültigen Gesetze aus Geldmangel zum

Stillstand kommen könnte. Einen Vorgeschmack auf die Schwierigkeiten liefert die Debatte, die in den Vereinigten Staaten gegenwärtig darüber geführt wird, ob der »Super Collider« fertiggebaut werden soll. Die über zehn Jahre verteilten Kosten von acht Milliarden Dollar übersteigen sicherlich nicht die Möglichkeiten des Landes, aber selbst Hochenergiephysiker würden zögern, künftig einen sehr viel kostspieligeren Beschleuniger vorzuschlagen.

Jenseits der Fragen bezüglich des Standardmodells, auf die wir vom »Super Collider« eine Antwort erwarten, gibt es Fragen auf einem tieferen Niveau, bei denen es um die Vereinigung der starken, elektroschwachen und Gravitationswechselwirkung geht, Fragen, die mit keinem derzeit vorstellbaren Beschleuniger direkt angegangen werden können. Die wirklich fundamentale Planck-Energie, bei der all diese Fragen experimentell untersucht werden könnten, ist etwa hundert Billionen Mal höher als die Energie, die mit dem »Superconducting Super Collider« verfügbar sein würde. Bei der Planck-Energie erwarten wir eine Vereinigung aller Naturkräfte. Dies ist zugleich die Energie, die modernen Stringtheorien zufolge erforderlich ist, um über die niedrigsten Schwingungsmoden hinaus, die wir als gewöhnliche Quarks und Photonen und als übrige Teilchen des Standardmodells beobachten, Schwingungsmoden von Strings anzuregen. Leider besteht keine Aussicht, jemals derartige Energien zu erreichen. Selbst wenn man hier alle wirtschaftlichen Mittel der gesamten Menschheit investieren würde, wüßten wir heute nicht, wie man eine Maschine bauen könnte, die Teilchen auf solche Energien zu beschleunigen vermöchte. Nicht, daß die Energie als solche nicht verfügbar wäre – die Planck-Energie entspricht ungefähr der chemischen Energie, die im vollen Benzintank eines Autos steckt. Die Schwierigkeit besteht darin, diese ganze Energie auf ein einziges Proton oder Elektron zu konzentrieren. Vielleicht könnten wir lernen, entsprechende Beschleuniger ganz anders zu konstruieren, als es heute üblich ist, und möglicherweise ionisierte Gase dafür einsetzen, Energie von mächtigen Laserstrahlen auf einzelne geladene Teilchen zu übertragen, aber selbst dann würde die Reaktionsrate von Teilchen bei dieser Energie so gering sein, daß Experimente eventuell unmöglich wären. Wahrscheinlicher ist, daß Durchbrüche in der Theorie oder bei Experimenten anderer Art uns eines Tages der Notwendigkeit enthoben werden, Beschleuniger von immer höheren Energie zu bauen.

Ich selbst vermute, daß es eine endgültige Theorie gibt und daß wir imstande sind, sie zu entdecken. Es ist möglich, daß Experimente am »Super Collider« so viele neue Erkenntnisse bringen werden, daß die Theoretiker in der Lage sein werden, die endgültige Theorie zu vervollständigen, ohne daß sie Teilchen bei der Planck-Energie studieren müßten. Vielleicht werden wir sogar unter den heutigen Stringtheorien einen Kandidaten für eine solche endgültige Theorie finden können.

Es wäre schon merkwürdig, wenn noch zu unseren Lebzeiten die endgültige Theorie gefunden werden sollte. Die Entdeckung der endgültigen Naturgesetze würde eine Zäsur in der Geschichte des menschlichen Geistes bedeuten – es wäre der schärfste Einschnitt seit Beginn der modernen Wissenschaft im siebzehnten Jahrhundert. Können wir uns heute vorstellen, was das bedeuten würde?

Eine endgültige Theorie, die keine Erklärung durch tiefere Prinzipien besitzt, kann man sich durchaus vorstellen, doch ist eine endgültige Theorie, die keiner derartigen Erklärung *bedarf*, sehr schwer vorstellbar. Die endgültige Theorie, wie immer sie aussehen mag, wird bestimmt keine *logische* Notwendigkeit besitzen. Auch wenn sich die endgültige Theorie als eine Theorie von Strings herausstellen sollte, die in einigen wenigen einfachen Gleichungen ausgedrückt werden kann, und selbst wenn wir zeigen könnten, daß dies die einzige mögliche quantenmechanische Theorie ist, die ohne mathematische Widersprüche sowohl die Gravitation als auch die übrigen Kräfte zu beschreiben vermag, so würden wir doch immer noch fragen müssen, warum es so etwas wie die Gravitation gibt und warum die Natur den Regeln der Quantenmechanik gehorcht. Warum besteht das Universum nicht lediglich aus Punktpartikeln, die nach den Regeln der Newtonschen Mechanik endlos kreisen? Warum existiert überhaupt irgend etwas? Wahrscheinlich drückt Redhead die Ansicht einer Mehrheit aus, wenn er bestreitet, daß »das Ziel einer a priorischen, sich selbst rechtfertigenden Grundlegung der Wissenschaft ein glaubwürdiges Ziel ist«.[7]

Auf der anderen Seite hat Wheeler einmal bemerkt, wir würden uns, wenn wir zu den endgültigen Naturgesetzen gelangt sein werden, wundern, warum sie uns nicht von Anfang an ersichtlich waren. Ich denke, daß Wheeler recht haben könnte, aber nur deshalb, weil wir, wenn es soweit sein wird, durch Jahrhunderte wissenschaftlicher Fehlschläge und Erfolge gelernt haben werden, diese Gesetze einleuchtend zu finden. Trotzdem wird uns, wenn auch vielleicht in abgeschwächter Form, die alte Frage nach dem Warum weiterhin begleiten. Der in Harvard lehrende Philosoph Robert Nozick[8] hat sich mit diesem Problem auseinandergesetzt und regt an, wir sollten, statt die endgültige Theorie rein logisch deduzieren zu wollen, lieber nach Argumenten suchen, die uns die Theorie befriedigender erscheinen lassen als eine nackte Tatsache.

Nach meiner Auffassung werden wir in dieser Hinsicht allenfalls erwarten dürfen, zeigen zu können, daß die endgültige Theorie zwar nicht logisch notwendig, aber doch logisch *isoliert* ist. Es könnte sich also herausstellen, daß wir zwar immer neue Theorien zu entwickeln vermögen, die von der wahren endgültigen Theorie völlig verschieden sind (wie etwa die langweilige Welt der Teilchen, die durch Newtons Mechanik bestimmt ist), daß aber die endgültige Theorie, die wir entdecken, so streng ist, daß man sie nicht einmal geringfügig modifizieren kann, ohne zu logischen Absurditäten zu gelangen. In einer logisch isolierten Theorie könnte jede Naturkonstante aus ersten Prinzipien errechnet werden; eine Änderung im Wert einer Konstante würde die Konsistenz der Theorie zerstören. Die endgültige Theorie wäre wie ein Stück feines Porzellan, das man nicht verformen kann, ohne es zu zerbrechen. In diesem Fall würden wir zwar immer noch nicht wissen, warum die endgültige Theorie wahr ist, aber wir würden aufgrund reiner Mathematik und Logik wissen, warum sich die Wahrheit nicht ein klein wenig anders darstellt.

Dies ist nicht bloß eine Möglichkeit – auf dem Weg zu einer solchen logisch isolierten Theorie sind wir schon ein gutes Stück vorangekommen. Die fundamentalsten physikalischen Prinzipien, die wir kennen, sind die Regeln der Quantenmechanik, die allem zugrunde liegen, was wir über die Materie und ihre Wechselwirkungen wissen. Die Quantenmechanik ist nicht logisch notwendig; ihre Vorläuferin, die Mechanik Newtons, enthält nichts, was logisch unmöglich wäre. Dennoch haben die Physiker beim besten Willen keine Möglichkeit finden können, an den Regeln der Quantenmechanik *geringfügig* etwas zu ändern, ohne sich logischen Katastrophen auszusetzen wie etwa Wahrscheinlichkeiten, die sich als negative Zahlen darstellen.

Aber die Quantenmechanik als solche ist keine vollständige physikalische Theorie. Sie sagt uns nichts über die möglicherweise existierenden Teilchen und Kräfte. Schlagen Sie irgendein Lehrbuch über die Quantenmechanik auf, und Sie finden als Erläuterungsbeispiel eine sonderbare Vielfalt hypothetischer Teilchen und Kräfte, die zum größten Teil mit dem, was in der realen Welt existiert, keinerlei Ähnlichkeit haben, die sich aber allesamt sehr gut mit den Prinzipien der Quantenmechanik vertragen und als Beispiele benutzt werden können, an denen die Studenten die Anwendung dieser Prinzipien üben. Das Spektrum der möglichen Theorien wird sehr viel enger, wenn wir nur quantenmechanische Theorien betrachten, die mit der speziellen Relativitätstheorie zu vereinbaren sind. Die meisten dieser Theorien können aus logischen Gründen ausgeschlossen werden, weil sie Unsinniges enthalten würden wie etwa unendliche Energien oder unendliche Reaktionsraten. Trotzdem gibt es noch immer eine Fülle von logisch möglichen Theorien, darunter etwa die Theorie der starken Kernkräfte, die als Quantenchromodynamik bezeichnet wird und derzufolge das Universum lediglich aus Quarks und Gluonen besteht. Die meisten dieser Theorien sind aber zu verwerfen, wenn wir zusätzlich fordern, daß sie die Gravitation enthalten. Möglicherweise werden wir mathematisch zeigen können, daß diese Forderungen nur eine einzige logisch mögliche quantenmechanische Theorie übriglassen, vielleicht eine eindeutige Theorie der Strings. Sollte dies der Fall sein, so würde es zwar immer noch eine ungeheure Zahl anderer logisch möglicher endgültiger Theorien geben, aber nur eine, die etwas beschreibt, was auch nur entfernt unserer eigenen Welt ähnelt.

Aber warum sollte die endgültige Theorie so etwas wie unsere Welt beschreiben? Die Erklärung findet man vielleicht in dem, was Nozick als *Prinzip der Fruchtbarkeit* bezeichnet hat. Es legt fest, daß die verschiedenen, logisch annehmbaren Universen alle in einem gewissen Sinne existieren und jedes seine eigenen fundamentalen Gesetze besitzt. Für das Prinzip der Fruchtbarkeit als solches gibt es keine Erklärung, doch hat es zumindest eine gewisse wohltuende Selbstkonsistenz; wie Nozick sagt, legt das Prinzip der Fruchtbarkeit fest, »daß alle Möglichkeiten realisiert sind und es selbst eine dieser Möglichkeiten ist«.

Falls dieses Prinzip gilt, existiert unsere eigene quantenmechanische Welt, aber ebenso die Newtonsche Welt der endlos kreisenden Teilchen und ebenso andere Welten, die überhaupt nichts enthalten, und darüber hinaus zahllose weitere Welten, die wir uns nicht einmal vorstellen können. Es geht dabei nicht nur um die sogenannten Naturkonstanten, die von einem Teil des Universums zum anderen oder von einer Epoche zur anderen oder von einem Term in der Wellenfunktion zum anderen variieren. Dies alles sind, wie wir gesehen haben, Möglichkeiten, die realisiert sein könnten als Folge einer wirklich fundamentalen Theorie wie der Quantenkosmologie, wobei für uns aber immer noch das Problem bestehen würde, zu verstehen, warum diese grundlegende Theorie gerade so beschaffen ist. Das Prinzip der Fruchtbarkeit nimmt vielmehr an, daß es völlig verschiedene Universen gibt, die gänzlich verschiedenen Gesetzen unterliegen. Wenn diese anderen Universen aber ganz und gar unzugänglich und unerkennbar sind, hat die Aussage, daß sie existieren, offenbar keine Konsequenzen außer der, die Frage zu vermeiden, warum sie nicht existieren. Das Problem scheint mir darin zu liegen, daß wir bemüht sind, logisch zu sein im Hinblick auf eine Frage, die im Grunde keinem logischen Argument zugänglich ist, der Frage nämlich, was unsere Neugier fesseln oder auch nicht fesseln sollte.

Man kann das Prinzip der Fruchtbarkeit auch als eine Rechtfertigung dafür sehen, mit Hilfe anthropischer Überlegungen zu erklären, warum die endgültigen Gesetze *unseres* Universums gerade so sind, wie wir sie beobachten. Wenn es stimmt, daß viele vorstellbare Arten von Universen aufgrund ihrer Gesetze oder ihrer Geschichte keine günstigen Bedingungen für intelligentes Leben bieten, muß ein Wissenschaftler, der die Frage aufwirft, warum die Welt so beschaffen ist, wie sie ist, in einem der anderen Universen leben, in denen intelligentes Leben tatsächlich entstehen konnte. Wir können daher sofort das Universum ausschließen, das von der Newtonschen Physik bestimmt ist (schon deshalb, weil es in einer solchen Welt keine stabilen Atome gäbe), aber auch das Universum, das überhaupt nichts enthält.

Als äußerste Möglichkeit könnte es unter Umständen nur eine

logisch isolierte Theorie *ohne* unbestimmte Konstanten geben, die sich mit der Existenz intelligenter Wesen vereinbaren läßt, welche in der Lage sind, die Frage nach der endgültigen Theorie aufzuwerfen. Wenn sich dies zeigen ließe, wären wir einer befriedigenden Erklärung dafür, warum die Welt so ist, wie sie ist, so nahe, wie man es sich nur wünschen kann.

Wie würde sich die Entdeckung einer solchen endgültigen Theorie auswirken? Das kann man definitiv natürlich erst beantworten, wenn wir die endgültige Theorie kennen. Vielleicht würden wir, was die Gesetze der Welt angeht, Dinge erfahren, die für uns ebenso überraschend wären, wie es die Regeln der Newtonschen Mechanik für Thales gewesen wären. Doch auf eines können wir uns verlassen: Das Unternehmen Wissenschaft wäre mit der Entdeckung einer endgültigen Theorie nicht zu Ende. Selbst wenn man einmal von Problemen absieht, die für technische oder medizinische Zwecke geklärt werden müßten, gäbe es immer noch eine Fülle von Problemen der reinen Wissenschaft, denen sich die Wissenschaftler deshalb zuwenden würden, weil sie davon ausgingen, daß diese Probleme schöne Lösungen haben würden. Allein in der Physik erwartet man, daß die Phänomene der Turbulenz oder der Hochtemperatur-Supraleitung eine tiefe und schöne Lösung beinhalten. Wie sich Galaxien bildeten, wie der genetische Code entstanden ist und wie Erinnerungen im Gehirn gespeichert werden – das alles wissen wir nicht. Aber all diese Probleme werden wohl von der Entdeckung einer endgültigen Theorie unberührt bleiben.

Auf der anderen Seite könnte die Entdeckung einer endgültigen Theorie Folgen haben, die weit über die Wissenschaft hinausreichen. Viele Menschen leiden heute unter falschen, irrationalen Vorstellungen, die von relativ harmlosen Formen des Aberglaubens wie der Astrologie bis hin zu Ideologien der übelsten Sorte reichen. Da die grundlegenden Naturgesetze noch immer ungeklärt sind, wittern die Leute eine Chance, daß ihre jeweils bevorzugte Form der Irrationalität eines Tages einen respektablen Platz im Gebäude der Wissenschaft finden wird. Es wäre töricht, von irgendeiner wissenschaftlichen Entdeckung zu erhoffen, sie allein reiche schon aus, um die Menschheit von all ihren falschen Vorstellungen zu befreien, doch wäre nach der Entdeckung der endgültigen Naturgesetze zumindest weniger Raum für irrationale Überzeugungen.

Es könnte allerdings passieren, daß wir nach der Entdeckung einer endgültigen Theorie bedauern werden, daß die Natur banaler geworden ist, daß sie nicht mehr so staunenswert und rätselhaft ist. Das ist schon einmal vorgekommen. Während des größten Teils der menschlichen Geschichte wiesen unsere Karten der Erde große unerforschte Gebiete auf, die von der Phantasie mit Drachen, Greifvögeln und Menschenfressern bevölkert werden konnten. Das Streben nach Erkenntnis fand sehr oft seinen Ausdruck in geographischen Forschungsreisen. Als Tennysons Ulysses aufbrach, um »dem Wissen wie einem sinkenden Stern zu folgen, hinter die äußersten Grenzen menschlichen Denkens«, segelte er hinaus auf den unbekannten Atlantik, »hinter den Sonnenuntergang und die Bäder all der westlichen Sterne«. Heute dagegen ist jeder Quadratmeter der irdischen Landoberfläche karthographisch vermessen, und die Drachen sind allesamt verschwunden. Mit der Entdeckung der endgültigen Gesetze werden unsere Tagträume erneut schrumpfen. An wissenschaftlichen Problemen wird kein Mangel herrschen, und ein ganzes Universum bleibt noch zu erkunden, doch habe ich den Verdacht, daß die Wissenschaftler der Zukunft die heutigen Physiker ein wenig beneiden werden, weil wir noch immer der Entdeckung der endgültigen Gesetze entgegenreisen.

XI. | Die Frage nach Gott

> »Weißt du«, sagte Port, und seine Stimme klang unwirklich, wie oft Stimmen nach einer langen Pause des Schweigens an einem vollkommen ruhigen Ort, »der Himmel ist hier sehr seltsam. Wenn ich ihn so betrachte, habe ich oft das Gefühl, daß er etwas Kompaktes ist, das uns vor dem beschützt, was dahinter lauert.«
> Kid schauderte leise, als sie fragte: »Vor dem, was dahinter ist?«
> »Ja.«
> »Aber was ist dahinter?« Ihre Stimme war sehr klein.
> »Nichts, nehme ich an. Nur Finsternis. Völlige Nacht.«
>
> Paul Bowles, *Himmel über der Wüste*

»Die Himmel erzählen die Herrlichkeit Gottes, und die Ausdehnung verkündet seiner Hände Werk.«[1] König David oder demjenigen – wer immer es gewesen sei –, der diesen Psalm verfaßt hat, müssen die Sterne als sichtbarer Beweis einer vollkommeneren Art von Existenz erschienen sein, ganz anders als unsere glanzlose sublunare Welt der Felsen, Steine und Bäume. Seit Davids Zeiten haben die Sonne und die anderen Sterne ihren Sonderstatus eingebüßt; wir wissen, daß sie Kugeln aus glühendem Gas sind, die zusammengehalten werden von der Gravitation und vor einem Kollaps bewahrt werden durch den Druck, der von der Wärme aufrechterhalten wird, die von thermonuklearen Reaktionen im Inneren der Sterne ausgeht. Über die Herrlichkeit Gottes sagen uns die Sterne nicht mehr und nicht weniger als die am Boden liegenden Steine.

Falls es tatsächlich etwas gäbe, das wir in der Natur entdecken könnten und das uns eine spezielle Einsicht in das Werk Gottes gewähren würde, so müßten es die endgültigen Naturgesetze sein. Würden wir diese Gesetze kennen, so besäßen wir das Buch der

Regeln, das die Sterne, die Steine und alles andere regiert. Es ist daher ganz normal, daß die Naturgesetze in drei kürzlich erschienenen Büchern von Physikern als »der Geist Gottes« bezeichnet werden.[2] Ein anderer Physiker, Charles Misner,[3] hat sich in einem Vergleich der Perspektiven von Physik und Chemie ähnlich ausgedrückt: »Der organische Chemiker, gefragt ›Warum gibt es zweiundneunzig Elemente, und wann wurden sie geschaffen?‹ könnte sagen: ›Das weiß der Mann im angrenzenden Büro.‹ Der Physiker aber, gefragt ›Warum ist das Universum so gebaut, daß es bestimmten physikalischen Gesetzen und nicht anderen folgt?‹ könnte durchaus antworten: ›Das weiß Gott‹.«

Einstein bemerkte einmal zu seinem Assistenten Ernst Straus, daß ihn wirklich interessiere, ob Gott bei der Erschaffung der Welt eine Wahl gehabt habe.[4] Bei anderer Gelegenheit[5] beschrieb er das von der Physik verfolgte Ziel folgendermaßen:

»Wir wollen nicht nur wissen *wie* die Natur ist (und *wie* ihre Vorgänge ablaufen), sondern wir wollen auch nach Möglichkeit das vielleicht utopisch und anmaßend erscheinende Ziel erreichen, zu wissen, warum die Natur *so und nicht anders ist*... so erlebt man gewissermassen, dass selbst Gott jene Zusammenhänge nicht anders hätte festlegen können, als sie tatsächlich sind... Dies ist das prometheische Element des wissenschaftlichen Erlebens... Hier hat für mich stets der eigentliche Zauber wissenschaftlichen Nachdenkens gelegen.«

Einsteins Religion war so vage, daß ich vermute, er hat dies metaphorisch gemeint, wie es der Ausdruck »gewissermassen« nahelegt. Daß diese Metapher für Physiker etwas so Selbstverständliches ist, liegt zweifellos daran, daß die Physik so fundamental ist. Der Theologe Paul Tillich hat beobachtet, daß unter den Wissenschaftlern allein die Physiker in der Lage zu sein scheinen, das Wort »Gott« ohne Verlegenheit zu benutzen.[6] Es ist, gleichgültig, welche Religion man hat oder nicht hat, eine unwiderstehliche Metapher, im Zusammenhang mit den endgültigen Naturgesetzen vom Geist Gottes zu reden.

Ich bin einmal an einem merkwürdigen Ort auf diese Verbindung gestoßen, im Rayburn House Office Building in Washington. Der Ausschuß für Wissenschaft, Raumfahrt und Technologie des Repräsentantenhauses führte dort 1987 eine Anhörung zum Projekt

des »Superconducting Super Collider« (SSC) durch, in der ich zu
Gunsten des Projekts Stellung nahm. Ich schilderte, daß wir dabei
sind, bei unserem Studium der Elementarteilchen Gesetze zu entdecken, die immer kohärenter und universaler werden, und daß
wir glauben, daß es nicht bloß ein Zufall ist, daß in diesen Gesetzen
eine Schönheit liegt, die etwas widerspiegelt, das auf einer ganz
tiefen Ebene in die Struktur des Universums eingebaut ist. Nachdem ich diese Bemerkungen geäußert hatte, folgten noch Beiträge
anderer Zeugen und Fragen von Mitgliedern des Ausschusses. Daraufhin entspann sich ein Dialog zwischen zwei Ausschußmitglie-
dern, dem Abgeordneten Harris W. Fawell, einem Republikaner
aus Illinois, der dem »Super Collider«-Projekt im großen und ganzen wohlgesonnen war, und dem Abgeordneten Don Ritter, einem
Republikaner aus Pennsylvania und ehemaligen Hütteningenieur,
der im Kongreß zu den entschiedensten Gegnern des Projekts gehörte.[7]

Mr. Fawell: ... Ich danke Ihnen sehr. Ich weiß Ihrer aller Aussagen zu schätzen. Ich denke, es war hervorragend. Sollte ich jemals
dem einen oder anderen erläutern müssen, warum der SSC notwendig ist, bin ich sicher, auf Ihre Aussagen zurückgreifen zu können.
Es wird mir sehr helfen. Ich wünschte manchmal, das Ganze ließe
sich in einem Satz zusammenfassen, aber das ist irgendwie unmöglich. Ich glaube, Sie, Dr. Weinberg, haben es beinahe geschafft; ich
bin mir nicht sicher, aber ich habe es mir so notiert. Sie sagten, Sie
vermuteten, daß es kein Zufall sei, daß es Regeln gebe, denen die
Materie gehorche, und ich habe mir notiert: ›Wird uns das helfen,
Gott zu finden?‹ Ich bin sicher, daß Sie das nicht so gesagt haben,
aber es wird uns doch sicherlich helfen, sehr viel mehr über das
Universum zu erfahren?

Mr. Ritter: Würden Sie mir dazu eine Bemerkung erlauben? Falls
Sie mir eine kurze Bemerkung erlauben würden, so würde ich
sagen...

Mr. Fawell: Eigentlich nicht.

Mr. Ritter: Wenn die Maschine das wirklich leistet, überlege
ich's mir anders und bin dafür.

Ich war so vernünftig, mich aus diesem Meinungsaustausch her-
auszuhalten, weil die Abgeordneten vermutlich nicht wissen wollten, was ich von der Möglichkeit hielt, im SSC Gott zu finden, und

weil es mir auch nicht so vorkam, daß es dem Projekt helfen würde, wenn ich sie wissen ließ, was ich darüber dachte.

Manche Leute haben Ansichten über Gott, die so allgemein und so dehnbar sind, daß sie unweigerlich auf Gott stoßen müssen, gleichgültig, wo sie nach ihm suchen. Da bekommt man etwa zu hören: »Gott ist das Höchste« oder »Gott ist unser besseres We- sen« oder »Gott ist das Universum«. Natürlich können wir dem Wort »Gott« wie jedem anderen Wort jede beliebige Bedeutung unterlegen. Wenn Sie behaupten wollen »Gott ist Energie«, dann können Sie Gott in einem Stück Kohle finden. Wenn Wörter jedoch irgendeinen Wert für uns haben sollen, dann sollten wir respektie- ren, wie sie bisher benutzt worden sind, und wir sollten insbeson- dere Unterscheidungen beachten, die verhindern, daß die Bedeu- tung eines Wortes sich mit der Bedeutung anderer Wörter ver- mengt.

In diesem Sinne meine ich, daß wir unter dem Wort »Gott«, sofern es überhaupt einen Sinn haben soll, einen interessierten Gott verstehen sollten, einen Schöpfer und Gesetzgeber, der nicht nur die Naturgesetze und das Universum geschaffen hat, sondern auch Maßstäbe für Gut und Böse, eine Persönlichkeit, die an unserem Tun Anteil nimmt, kurz, etwas, das unsere Verehrung verdient.* Dies ist der Gott, auf den es den Menschen im Laufe der Geschichte immer angekommen ist. Wissenschaftler und andere verstehen un- ter dem Wort »Gott« manchmal etwas so Abstraktes und Unbetei- ligtes, daß ihr Gott kaum von den Naturgesetzen zu unterscheiden ist. Einstein hat einmal gesagt, er glaube an »den Gott Spinozas, der sich in der planmäßigen Harmonie dessen, was ist, offenbart, nicht an einen Gott, der sich um die Schicksale und Handlungen von Menschen kümmert«.[8] Doch was hat es für einen Sinn, statt »Ord- nung« oder »Harmonie« das Wort »Gott« zu benutzen, außer vielleicht, daß man dem Vorwurf entgehen möchte, keinen Gott zu haben? Natürlich steht es jedem frei, das Wort »Gott« in diesem Sinne zu verwenden, doch finde ich, daß der Gottesbegriff dadurch nicht so sehr verfälscht, sondern völlig nichtssagend wird.

---

* Es dürfte klarsein, daß ich, wenn von diesen Dingen die Rede ist, nur für mich selbst spreche und daß ich in diesem Kapitel keinerlei Spezialkenntnisse für mich in Anspruch nehme.

254

Werden wir in den letzten Naturgesetzen auf einen Anteil nehmenden Gott stoßen? Diese Frage zu stellen erscheint beinahe absurd, nicht nur, weil wir die endgültigen Gesetze noch nicht kennen, sondern vielmehr, weil man sich kaum vorzustellen vermag, im Besitz letzter Prinzipien zu sein, die keiner Erklärung durch tiefere Prinzipien bedürfen. Doch so verfrüht es auch sein mag, kommt man doch kaum umhin, sich zu fragen, ob wir in einer endgültigen Theorie eine Antwort auf unsere tiefsten Fragen, ein Anzeichen für das Wirken eines Anteil nehmenden Gottes, finden werden. Ich halte das für nicht wahrscheinlich.

Alles, was wir im Laufe der Wissenschaftsgeschichte erfahren haben, hat in die entgegengesetzte Richtung gedeutet, auf eine eiskalte Unpersönlichkeit der Naturgesetze. Der erste große Schritt auf diesem Weg war die Entmystifizierung des Himmels. Die einschlägigen Persönlichkeiten sind allgemein bekannt: Kopernikus, der behauptete, daß die Erde sich nicht im Mittelpunkt des Universums befinde; Galilei, der plausibel machte, daß Kopernikus recht hatte;[9] Bruno, der vermutete, daß die Sonne nur einer aus einer ungeheuren Anzahl von Sternen sei, und Newton, der zeigte, daß für das Sonnensystem und für Körper auf der Erde dieselben Bewegungs- und Schweregesetze gelten. Ich glaube, das entscheidende Moment war Newtons Beobachtung, daß die Bewegung des Mondes um die Erde und ein fallender Körper auf der Oberfläche der Erde von ein und demselben Gravitationsgesetz bestimmt werden.[10] In unserem Jahrhundert wurde die Entmystifizierung des Himmels von dem amerikanischen Astronomen Edwin Hubble noch einen Schritt weiter geführt. Durch Messung der Entfernung zum Andromedanebel zeigte Hubble, daß dieser und logischerweise Tausende von anderen ähnlichen Nebeln nicht bloß entlegene Teile unserer Galaxie darstellen, sondern eigene Galaxien, die ebenso eindrucksvoll sind wie die unsere. Moderne Kosmologen sprechen sogar von einem kopernikanischen Prinzip und meinen damit die Regel, daß eine kosmologische Theorie, die unserer Galaxie eine besondere Stellung im Universum einräumt, nicht ernstgenommen werden kann.

Auch das Leben wurde entmystifiziert. Zunächst zeigten Justus von Liebig und andere organische Chemiker in den Anfängen des neunzehnten Jahrhunderts, daß der künstlichen Synthese von Substanzen wie der Harnsäure, die mit Lebensvorgängen zusammenhängen, nichts im Wege steht. Am bedeutendsten waren Charles Darwin und Alfred Russell Wallace, die zeigten, daß sich die wunderbaren Fähigkeiten von Lebewesen ohne einen äußeren Plan oder ohne äußere Lenkung durch natürliche Selektion entwickeln konnten. Der Prozeß der Entmystifizierung hat sich in diesem Jahrhundert beschleunigt mit den anhaltenden Erfolgen der Biochemie und der Molekularbiologie, die das Funktionieren von Lebewesen zu erklären vermögen.

Die Entmystifizierung des Lebens hat die religiösen Empfindlichkeiten weit stärker getroffen als irgendeine andere Entdeckung der Naturwissenschaft. Es ist nicht erstaunlich, daß es weniger die Entdeckungen von Physik und Astronomie sind, sondern vielmehr der Reduktionismus in der Biologie und die Evolutionstheorie, die nach wie vor auf den entschiedensten Widerstand treffen.

Sogar bei Wissenschaftlern hört man gelegentlich Anklänge an den Vitalismus, an die Überzeugung, daß biologische Prozesse sich nicht im Sinne von Physik und Chemie erklären lassen. In unserem Jahrhundert haben Biologen (darunter Antireduktionisten wie Ernst Mayr) den Vitalismus im großen und ganzen gemieden, aber noch 1944 behauptete Erwin Schrödinger in seinem bekannten Buch *Was ist Leben?*, daß »wir heute genügend über die wirkliche materielle Struktur der Organismen und über deren Arbeitsweise [wissen], um festzustellen und auch genau sagen zu können, warum die heutige Physik und Chemie nicht zu erklären vermögen, was in Raum und Zeit im Innern eines lebenden Organismus vor sich geht«. Er begründete das damit, daß die Erbinformation, von der lebende Organismen gesteuert werden, viel zu stabil sei, um in die von der Quantenmechanik und der statistischen Mechanik beschriebene Welt der unablässigen Fluktuation hineinzupassen. Schrödingers Irrtum wurde von Max Perutz aufgedeckt, dem Molekularbiologen, der unter anderem die Struktur des Hämoglobins aufklärte: Schrödinger hatte die Stabilität übersehen, die durch den chemischen Prozeß der enzymatischen Katalyse hergestellt werden kann.[11]

Der angesehenste akademische Kritiker der Evolutionstheorie ist derzeit wohl Professor Phillip Johnson von der School of Law der Universität von Kalifornien.[12] Johnson räumt ein, daß eine Evolution stattgefunden hat und daß sie zum Teil auf natürlicher Selektion beruht, behauptet aber, daß es keinen »unanfechtbaren experimentellen Beweis« dafür gebe, daß die Evolution nicht von einem göttlichen Plan gesteuert worden sei. Es ist natürlich unmöglich, zu beweisen, daß keine übernatürliche Macht zugunsten bestimmter Mutationen und zu ungunsten anderer ins Geschehen eingreift. Dies gilt aber für jede wissenschaftliche Theorie. Die erfolgreiche Anwendung von Newtons oder Einsteins Bewegungsgesetzen auf das Sonnensystem hindert uns nicht an der Annahme, daß dann und wann ein Komet von einer göttlichen Macht einen kleinen Schubs bekommt. Es ist ziemlich klar, daß Johnson diese Frage nicht aus unparteiischer Unvoreingenommenheit anschneidet, sondern weil er sich aus religiösen Gründen ganz besonders für das Leben interessiert, aber nicht gleichermaßen für Kometen. Das einzig mögliche wissenschaftliche Verfahren besteht jedoch in der Annahme, daß eine göttliche Intervention nicht stattfindet, um dann zu sehen, wie weit man mit dieser Annahme kommt.

Johnson behauptet, daß eine naturalistische Evolution, »eine Evolution, in die keine Intervention oder Lenkung durch einen außerhalb der Welt der Natur stehenden Schöpfer eingreift«, keine sehr gute Erklärung für die Entstehung der Arten biete. Ich denke, daß er in diesem Punkt irrt, weil er kein Verständnis für die Probleme hat, auf die eine wissenschaftliche Theorie immer stößt, wenn sie zu erklären versucht, was wir beobachten. Wenn man einmal von groben Irrtümern absieht, beruhen unsere Berechnungen und Beobachtungen immer auf Annahmen, die über die Geltung der Theorie, die wir überprüfen wollen, hinausreichen. Die Berechnungen, die sich auf Newtons Gravitationstheorie oder irgendeine andere Theorie stützten, haben nie vollständig mit allen Beobachtungen übereingestimmt. In den Schriften heutiger Paläontologen und Evolutionsbiologen erkennen wir denselben Sachverhalt, der uns in der Physik so vertraut ist; die Biologen, die sich der naturalistischen Evolutionstheorie bedienen, arbeiten mit einer ungeheuer erfolgreichen Theorie, einer Theorie allerdings, die mit ihrer Erklärungsaufgabe noch nicht fertig ist. Es scheint mir eine ungemein bedeutsame Entdeckung zu sein, daß wir bei der Erklärung der Welt sehr weit kommen können, ohne uns auf göttliche

Intervention zu berufen – und zwar in der Biologie ebenso wie in den physikalischen Wissenschaften.

In einer anderen Beziehung dürfte Johnson recht haben. Die naturalistische Evolutionstheorie ist mit der Religion, so wie sie allgemein verstanden wird, nach seiner Ansicht unvereinbar, und er nimmt die Wissenschaftler und Erzieher, die das leugnen, ins Gebet. Er beklagt sich sodann, daß »die naturalistische Evolution mit der Existenz ›Gottes‹ nur zu vereinbaren ist, wenn wir unter diesem Ausdruck nicht mehr verstehen als eine erste Ursache, die sich von weiterer Aktivität zurückzieht, nachdem sie die Naturgesetze aufgestellt und den natürlichen Mechanismus in Gang gesetzt hat«.

Der zwischen der modernen Evolutionstheorie und dem Glauben an einen anteilnehmenden Gott bestehende Widerspruch ist meiner Meinung nach kein logischer – es ist vorstellbar, daß Gott die Naturgesetze schuf und die Mechanismen der Evolution in Gang setzte in der Absicht, daß eines Tages durch natürliche Selektion Sie und ich erscheinen würden –, aber es liegt eine echte Unvereinbarkeit des Temperaments vor. Die Religion entstand schließlich nicht in den Köpfen von Männern und Frauen, die über erste Ursachen mit einer unendlichen Voraussicht spekulierten, sondern in den Herzen von Menschen, die sich nach der fortgesetzten Intervention eines anteilnehmenden Gottes sehnten.

Die religiösen Konservativen wissen, anders als viele ihrer liberalen Gegner, um was es bei der Auseinandersetzung über die Evolution als Unterrichtsgegenstand an amerikanischen Schulen geht. Kurz nachdem ich 1983 nach Texas kam, wurde ich zu einer Anhörung vor einen Ausschuß des Senats von Texas geladen, wo es um eine Verfügung ging, welche die Darstellung der Evolutionstheorie in staatlich finanzierten Schulbüchern untersagte, solange nicht dem Kreationismus gleiches Gewicht eingeräumt würde. Ein Ausschußmitglied fragte mich, wie der Staat die Lehre einer wissenschaftlichen Theorie wie der Evolutionstheorie unterstützen könne, die so zersetzend auf den religiösen Glauben wirke. Ich entgegnete, daß es falsch wäre, wenn diejenigen, die aus emotionalen Gründen dem Atheismus anhängen, der Evolution mehr Gewicht verleihen würden, als es für den Biologieunterricht ansonsten angemessen sei, daß es aber ebensowenig mit der Verfassung zu vereinbaren sei, wenn man der Evolution weniger Raum gebe, nur um eine religiöse

Überzeugung zu schützen. Es sei einfach nicht die Sache der öffentlichen Schulen, sich mit den religiösen Implikationen wissenschaftlicher Theorien im einen oder anderen Sinne zu befassen. Der Senator war mit meiner Antwort nicht zufrieden, weil er ebensogut wie ich wußte, was herauskommen würde, wenn im Biologieunterricht der Evolutionstheorie angemessener Raum gegeben würde. Als ich das Sitzungszimmer verließ, murmelte er: »Trotzdem ist Gott immer noch im Himmel.« Das mag schon sein, doch die Schlacht haben wir gewonnen; die texanischen Schulbücher dürfen nicht nur, sondern müssen jetzt die moderne Evolutionstheorie darstellen, und zwar ohne den Nonsens des Kreatianismus. Vielerorts (heute besonders in islamischen Ländern) muß diese Schlacht aber noch gewonnen werden, und nirgendwo ist ein dauerhafter Sieg gesichert.

Oft hört man, es gebe keinen Konflikt zwischen Wissenschaft und Religion. Das mag für viele, die sich als religiös betrachten, zutreffen, aber das liegt nur daran, daß die Religion sich im Laufe vieler Jahrhunderte von einstigen Bastionen zurückgezogen hat. Einst erschien es unmöglich, die Natur ohne eine Nymphe in jedem Bach oder eine Dryade auf jedem Baum zu erklären. Noch im neunzehnten Jahrhundert galt der Bauplan von Pflanzen und Tieren als sichtbarer Beweis für die Existenz eines Schöpfers. Noch immer gibt es unzählige Dinge in der Natur, die wir nicht erklären können, aber wir glauben die Prinzipien zu kennen, die ihr Verhalten bestimmen. Echte Rätsel werden uns heute nur noch in der Kosmologie und in der Elementarteilchenphysik aufgegeben. Der Rückzug der Religion aus den von der Wissenschaft besetzten Bereichen ist nahezu abgeschlossen.

Von dieser historischen Erfahrung ausgehend vermute ich, daß wir in den endgültigen Naturgesetzen zwar der Schönheit begegnen werden, doch das Leben oder die Intelligenz werden keinen Sonderstatus genießen. Wertmaßstäbe oder Moralregeln werden wir wohl kaum entdecken. Und so werden wir auch keinen Anhaltspunkt für einen Gott finden, der sich für solche Dinge interessiert.

Ich kann den Eindruck nicht verhehlen, daß die Natur bisweilen schöner ist, als unbedingt notwendig. Wenn ich zu Hause aus dem Fenster meines Arbeitszimmers schaue, blicke ich auf einen Zürgelbaum, auf dem sich häufig eine Versammlung stattlicher Vögel einfindet: Blauhäher, gelbkehlige Vireos und gelegentlich der Schönste von allen, ein roter Kardinal. Mir ist zwar durchaus klar, daß das farbenprächtige Gefieder sich wegen der Konkurrenz um die Weibchen entwickelt hat, doch kann man sich fast nicht der Vorstellung entziehen, daß diese ganze Schönheit irgendwie zu unserem Wohlgefallen geschaffen wurde. Doch der Gott der Vögel und der Bäume wird zugleich auch der Gott der Geburtsfehler und der Krebskrankheit sein.

Seit Jahrtausenden schlagen religiöse Menschen sich mit der Theodizee herum, dem Problem, das durch die Existenz des Leidens in einer angeblich von einem gütigen Gott regierten Welt aufgeworfen wird. Sie haben sich ingeniöse Lösungen in Gestalt verschiedener vermeintlicher Pläne Gottes einfallen lassen. Ich werde mich nicht mit diesen Lösungen auseinandersetzen und erst recht keine zusätzlichen beisteuern. Wenn ich an den Holocaust denke, kann ich für Versuche, Gottes Umgang mit den Menschen zu rechtfertigen, kein Verständnis aufbringen. Falls es einen Gott gibt, der besondere Pläne mit den Menschen hat, dann hat dieser Gott sich wirklich große Mühe gegeben, sein Interesse an uns nicht sichtbar werden zu lassen. Es erschiene mir unhöflich, wenn nicht gar respektlos, einen solchen Gott mit unseren Gebeten zu behelligen.

Meiner düsteren Perspektive bezüglich der endgültigen Gesetze werden wohl nicht alle Wissenschaftler zustimmen. Ich kenne zwar niemanden, der klipp und klar behauptet, es gebe wissenschaftliche Beweise für ein göttliches Wesen, doch treten mehrere Wissenschaftler durchaus dafür ein, daß dem intelligenten Leben in der Natur eine Sonderstellung zukomme. Natürlich weiß jeder, daß Biologie und Psychologie eigenen Gesetzen unterliegen und nicht auf die Elementarteilchenphysik reduziert werden können, aber das ist noch kein Beweis für eine Sonderstellung des Lebens oder der Intelligenz – das gleiche gilt ja auch für Chemie und Hydrodynamik. Sollten wir jedoch in den endgültigen Gesetzen, bei denen die Pfeile der Erklärung konvergieren, auf eine Sonderrolle des intelligenten Lebens stoßen, so wäre durchaus der Schluß erlaubt, daß der Schöpfer, der diese Gesetze aufgestellt hat, in gewisser Weise besonders an uns interessiert war.

John Wheeler ist beeindruckt von der Tatsache, daß man nach der gängigen Kopenhagener Deutung der Quantenmechanik von einem physikalischen System nicht sagen kann, es habe für Größen wie Ort, Energie oder Impuls eindeutige Werte, solange diese Größen nicht vom Apparat eines Beobachters gemessen werden. Für Wheeler ist irgendeine Art von intelligentem Leben erforderlich, um der Quantenmechanik einen Sinn zu geben. Letzthin hat Wheeler die noch weitergehende Behauptung aufgestellt, daß es nicht nur notwendig sei, daß intelligentes Leben entsteht; vielmehr müsse es jeden Winkel des Universums durchdringen, um schließlich jede nur mögliche Information über den physikalischen Zustand des Universums zu gewinnen. Wheelers Schlußfolgerungen belegen für mich treffend, wie gefährlich es ist, wenn man die Lehre des Positivismus, die Wissenschaft solle sich nur um Dinge kümmern, die beobachtet werden können, zu ernst nimmt. Andere Physiker, darunter ich selbst, ziehen eine andere, realistische Deutung der Quantenmechanik im Sinne einer Wellenfunktion vor, die imstande ist, sowohl Laboratorien und Beobachter als auch Atome und Moleküle zu beschreiben, welche Gesetzen unterliegen, die inhaltlich nicht davon abhängen, ob es Beobachter gibt oder nicht.

Einige Wissenschaftler machen viel Aufhebens davon, daß die fundamentalen Konstanten Werte zeigen, die der Entstehung von intelligentem Leben im Universum bemerkenswert weit entgegenkommen. Es ist noch nicht klar, ob an dieser Beobachtung etwas dran ist, aber selbst wenn etwas dran sein sollte, bedeutet das nicht unbedingt, daß hier eine göttliche Absicht am Werk war. Es gibt mehrere moderne kosmologische Theorien, in denen die sogenannten Konstanten der Natur (wie etwa die Massen der Elementarteilchen) von Ort zu Ort, von Zeit zu Zeit oder sogar von einem Term in der Wellenfunktion des Universums zum anderen verschieden sind. Falls dies zutreffen sollte, müßten Wissenschaftler, die die Naturgesetze erforschen, natürlich in einem Teil des Universums leben, in dem die Naturkonstanten Werte annehmen, die für die Evolution von intelligentem Leben günstig sind.

Nehmen wir beispielshalber an, es gäbe einen Planeten namens »Erdblüte«, der in jeder Hinsicht mit unserem Planeten identisch ist, nur hat die Menschheit auf diesem Planeten die Wissenschaft der Physik entwickelt, ohne irgend etwas über Astronomie zu wissen. (Es ist zum Beispiel denkbar, daß der Himmel von »Erdblüte« ständig von Wolken bedeckt ist.) Wie auf der Erde, würden die

Studenten auf »Erdblüte« im hinteren Teil ihrer Physiklehrbücher Tabellen mit den Grundkonstanten finden. Diese Tabellen würden die Lichtgeschwindigkeit, die Masse des Elektrons usw. und darüber hinaus eine weitere »fundamentale« Konstante aufführen, die den Wert 1,99 Kalorien pro Minute pro Quadratzentimeter aufwiese und jene Energie bezeichnen würde, die von einer unbekannten äußeren Quelle auf die Oberfläche von »Erdblüte« gelangt. Auf der Erde ist dies die Solarkonstante, weil wir wissen, daß diese Energie von der Sonne kommt, doch auf »Erdblüte« würde man nicht wissen können, woher diese Energie stammt oder warum diese Konstante gerade diesen Wert annimmt. Vielleicht würde ein Physiker auf »Erdblüte« feststellen, daß der beobachtete Wert dieser Konstante bemerkenswert gut der Entstehung von Leben angepaßt ist. Würde »Erdblüte« wesentlich mehr oder wesentlich weniger als zwei Kalorien pro Minute pro Quadratzentimeter erhalten, so würden die Meere verdampfen oder gefrieren, und »Erdblüte« wäre ohne Wasser oder einen annehmbaren Ersatz, in dem das Leben sich hätte entwickeln können. Der Physiker könnte zu dem Schluß gelangen, daß diese Konstante von 1,99 Kalorien pro Minute pro Quadratzentimeter von Gott zum Wohle des Menschen exakt eingerichtet worden sei. Skeptischere Physiker auf »Erdblüte« könnten dagegen einwenden, daß die endgültigen Gesetze der Physik schließlich eine Erklärung für solche Konstanten liefern würden und daß es einfach ein glücklicher Zufall sei, daß sie Werte haben, die das Leben begünstigen. In Wahrheit hätten beide Seiten unrecht. Würden die Bewohner von »Erdblüte« schließlich astronomische Kenntnisse erwerben, so würden sie lernen, daß ihr Planet 1,99 Kalorien pro Minute pro Quadratzentimeter erhält, weil er – wie die Erde – rund einhundertfünfzig Millionen Kilometer von einer Sonne entfernt ist, die fünftausendsechshundert Millionen Millionen Millionen Millionen Kalorien pro Minute erzeugt, aber sie würden auch erkennen, daß es andere Planeten gibt, die ihrer Sonne näher und für das Leben zu heiß sind, und wieder andere Planeten, die weiter von ihrer Sonne entfernt und für das Leben zu kalt sind, sowie darüber hinaus zweifellos unzählige weitere Planeten, die um andere Sterne kreisen, von denen nur ein winziger Bruchteil für das Leben geeignet wäre. Mit wachsenden astronomischen Kenntnissen würden die streitenden

Physiker auf »Erdblüte« schließlich begreifen, daß sie deshalb auf einem Weltkörper leben, der ungefähr zwei Kalorien pro Minute pro Quadratzentimeter erhält, weil es keinen andersartigen Weltkörper gibt, auf dem sie leben *könnten*. Wir in unserem Teil des Universums gleichen möglicherweise den Bewohnern von »Erdblüte«, bevor diese etwas über Astronomie lernten, nur daß nicht andere Planeten, sondern andere Teile des Universums unseren Blicken entzogen sind.

Ich würde noch weiter gehen. Je fundamentaler die von uns entdeckten physikalischen Prinzipien wurden, desto weniger schienen sie mit uns zu tun zu haben. Um ein Beispiel anzuführen: Anfang der zwanziger Jahre unseres Jahrhunderts glaubte man, die einzigen Elementarteilchen seien das Elektron und das Proton, und man sah in ihnen die Bausteine, aus denen wir und unsere Welt aufgebaut sind. Als dann neue Teilchen wie das Neutron entdeckt wurden, galt es zunächst als selbstverständlich, daß sie aus Elektronen und Protonen zusammengesetzt sein müßten. Heute stellen sich die Dinge ganz anders dar. Wir sind uns nicht mehr so sicher, was es eigentlich bedeuten soll, wenn wir ein Teilchen als elementar bezeichnen, aber wir haben die wichtige Einsicht gewonnen, daß der fundamentale Charakter von Teilchen nichts mit der Tatsache zu tun hat, daß sie in gewöhnlicher Materie vorkommen. Fast alle Teilchen, deren Felder im modernen Standardmodell der Teilchen und Wechselwirkungen auftreten, zerfallen so schnell, daß sie in gewöhnlicher Materie nicht vorkommen und im Leben der Menschen keine Rolle spielen. Elektronen sind ein wesentlicher Bestandteil unserer Alltagswelt; die Teilchen dagegen, die wir Myonen und Tauonen nennen, haben mit unserem Leben praktisch nichts zu tun; dennoch scheinen Elektronen, was ihre Rolle in unseren Theorien betrifft, in keiner Weise fundamentaler zu sein als Myonen und Tauonen. Einfacher gesagt: Zwischen der Bedeutung, die *irgend etwas* für uns hat, und seiner Bedeutung in den Naturgesetzen hat noch niemand einen Zusammenhang feststellen können.

Natürlich werden die meisten Menschen ohnehin nicht von den Entdeckungen der Wissenschaft erwarten, etwas über Gott zu erfahren. John Polkinghorne hat sich sehr eloquent für eine Theologie eingesetzt, die »ihren Ort innerhalb eines Bereichs des menschlichen Diskurses hat, in dem auch die Wissenschaft eine Heimstatt findet«, eine Theologie, die sich in derselben Weise auf die religiöse Erfahrung, etwa eine Offenbarung, stützen würde, wie die Wissenschaft sich auf Experiment und Beobachtung stützt.[13] Wer eigene religiöse Erfahrungen gemacht zu haben glaubt, wird die Qualität dieser Erfahrung für sich zu beurteilen haben. Die meisten Anhänger der Weltreligionen stützen sich aber nicht auf eigene religiöse Erfahrungen, sondern auf Offenbarungen, die andere erfahren haben wollen. Man könnte meinen, ganz ähnlich sei es ja bei den theoretischen Physikern, die sich auf die Experimente anderer stützen, aber es gibt doch einen sehr gewichtigen Unterschied. Was Tausende von einzelnen Physikern erkannt haben, ist zusammengeflossen zu einem befriedigenden (wenn auch unabgeschlossenen) gemeinsamen Verständnis der physikalischen Realität. Was dagegen aus religiöser Offenbarung an Aussagen über Gott und andere Dinge abgeleitet worden ist, zielt in ganz unterschiedliche Richtungen. Jahrtausende theologischen Denkens haben uns einem gemeinsamen Verständnis der Lehren religiöser Offenbarung nicht nähergebracht.

Es gibt noch einen weiteren Unterschied zwischen der religiösen Erfahrung und dem wissenschaftlichen Experiment. Die Lehren aus religiöser Erfahrung können, im Gegensatz zu dem abstrakten und unpersönlichen Weltbild, das man aus der wissenschaftlichen Forschung gewinnt, tief befriedigend sein. Im Unterschied zur Wissenschaft kann die religiöse Erfahrung uns einen Sinn des Lebens vermitteln, eine Rolle, die wir in einem großen kosmischen Drama von Sünde und Erlösung spielen können, und sie stellt uns ein Weiterleben nach dem Tode in Aussicht. Aus genau diesen Gründen tragen die Lehren religiöser Erfahrung für mich unauslöschlich den Stempel des Wunschdenkens.

In meinem 1977 erschienenen Buch *Die ersten drei Minuten* habe ich mich zu der unbesonnenen Äußerung hinreißen lassen: »Je begreiflicher uns das Universum wird, um so sinnloser erscheint es auch.« Ich beeilte mich hinzuzufügen, daß es uns dennoch möglich ist, unserem Leben einen Sinn zu geben, zum Beispiel in dem Bestreben, das Universum zu verstehen. Aber der Schaden war da, und seither hat mich dieser Satz verfolgt. Alan Lightman und Roberta Brawer haben kürzlich Gespräche mit siebenundzwanzig Kosmologen und Physikern veröffentlicht, die am Schluß des Interviews in der Regel gefragt wurden, was sie von dieser Äußerung hielten.[14] Von den Befragten stimmten zehn mit verschiedenen Einschränkungen meiner Äußerung zu und dreizehn nicht, wobei drei von diesen dreizehn ihre Ablehnung damit begründeten, daß nicht einzusehen sei, warum man überhaupt *erwarten* sollte, daß das Universum einen Sinn habe. Die Astronomin Margaret Gellert von der Harvard-Universität fragte: »Warum sollte es einen Sinn haben? Was für einen Sinn? Es ist schlicht und einfach ein physikalisches System, wo soll da der Sinn liegen? Für mich war diese Aussage immer rätselhaft.« Der Astrophysiker Jim Peebles von der Princeton-Universität bemerkte: »Ich glaube gern, daß wir einfach Treibgut sind.« (Peebles vermutete außerdem, ich hätte einen schlechten Tag gehabt.) Edwin Turner, ein anderer Astrophysiker aus Princeton, stimmte mir zu, argwöhnte jedoch, daß ich mit dieser Bemerkung den Leser habe ärgern wollen. Am besten gefiel mir die Reaktion meines Kollegen an der Universität in Texas, des Astronomen Gerard de Vaucouleurs. Er fand meine Äußerung »nostalgisch«. Und das war sie – Ausdruck der Sehnsucht nach einer Welt, in der die Himmel die Herrlichkeit Gottes erzählten.

Vor etwa anderthalb Jahrhunderten fand Matthew Arnold in der zurückweichenden Flut des Meeres eine Metapher für den Rückzug des religiösen Glaubens, und er hörte aus dem Rauschen des Wassers »den Unterton von Traurigkeit« heraus. Es wäre herrlich, würde man in den Naturgesetzen einen von einem besorgten Schöpfer entworfenen Plan entdecken, einen Plan, in dem den Menschen eine Sonderrolle zukommt. Der Zweifel, daß wir einen solchen Plan nicht finden werden, stimmt traurig. Einige meiner wissenschaftlichen Kollegen sagen, die Naturbetrachtung schenke ihnen vollständig die geistige Befriedigung, die andere traditionell im Glauben an einen anteilnehmenden Gott gefunden hätten. Vielleicht sind einige darunter, die wirklich so denken. Meiner Haltung entspricht das nicht. Und ich glaube auch nicht, daß es hilfreich ist, die Naturgesetze, wie Einstein es getan hat, mit einem fernen und desinteressierten Gott gleichzusetzen. Je mehr wir an unserem Gottesbegriff herumtüfteln, um ihn plausibel zu machen, desto nichtssagender wird er.

Unter den heutigen Wissenschaftlern bin ich vermutlich ein wenig atypisch, wenn ich mich für solche Dinge interessiere. Wenn, selten genug, das Gespräch beim Essen oder beim Tee auf Fragen der Religion kommt, zeigen sich die meisten meiner Physikerkollegen allenfalls ein wenig erstaunt und amüsiert, daß jemand immer noch die Religion ernst nimmt. Viele Physiker bleiben nominell der Konfession ihrer Eltern verbunden, einerseits als eine Art der ethnischen Identifikation, andererseits, weil es bei Hochzeiten und Begräbnissen praktisch ist, aber die Theologie ihrer nominellen Religion scheint kaum einer dieser Physiker zu beachten. Allerdings kenne ich zwei Fachleute für allgemeine Relativitätstheorie, die fromme Katholiken sind, mehrere theoretische Physiker, die an den religiösen Gebräuchen des Judentums festhalten, einen Experimentalphysiker, der ein wiedergetaufter Christ ist, und einen mathematischen Physiker, der in der anglikanischen Kirche die Priesterweihe empfangen hat. Ohne Zweifel gibt es weitere tiefreligiöse Physiker, die ich nicht kenne oder die ihre Ansichten für sich behalten. Doch soweit ich aufgrund meiner eigenen Beobachtungen urteilen kann, sind die meisten Physiker heute nicht hinreichend an Religion interessiert, um auch nur als praktizierende Atheisten durchgehen zu können.

In einer Beziehung sind die religiösen Liberalen geistig sogar noch weiter von den Wissenschaftlern entfernt als die Fundamentalisten und andere religiöse Konservative. Genauso wie die Wissenschaftler werden Ihnen zumindest die Konservativen sagen, daß sie an das, woran sie glauben, deshalb glauben, weil es wahr sei, und nicht, weil es sie gut oder glücklich mache. Viele religiöse Liberale sind heute offenbar der Meinung, verschiedene Leute könnten an verschiedene, sich gegenseitig ausschließende Dinge glauben, und doch bräuchte keiner von ihnen unrecht zu haben – Hauptsache, ihr Glaube »bringt ihnen etwas«. Der eine glaubt an die Reinkarnation, der andere an Himmel und Hölle, ein dritter an das Erlöschen der Seele im Tode, und doch kann man von keinem sagen, daß er unrecht hätte, solange alle aus dem, woran sie glauben, geistige Befriedigung ziehen. Wir sind, um es mit den Worten von Susan Sontag zu sagen, von einer »inhaltlosen Frömmigkeit« umgeben.[15] Das Ganze erinnert mich an eine Anekdote, die man sich über Bertrand Russell erzählt. Er wurde 1918 wegen seiner Opposition gegen den Krieg zu einer Gefängnisstrafe verurteilt; bei der Einlieferung fragte ihn ein Gefängnisbeamter nach seiner Religion, und

Russell sagte, er sei Agnostiker. Einen Augenblick wirkte der Beamte verwirrt, dann erhellte sich sein Gesicht, und er sagte: »Ist schon in Ordnung. Wir beten doch alle zum gleichen Gott, nicht wahr?«

Wolfgang Pauli wurde einmal gefragt, ob eine ganz und gar verhunzte physikalische Abhandlung seiner Meinung nach falsch sei. Das wäre eine zu freundliche Bewertung, erwiderte er, die Arbeit sei nicht einmal falsch. Ich bin nun einmal der Ansicht, daß die religiösen Konservativen sich in ihren Glaubensinhalten irren, aber zumindest haben sie noch nicht vergessen, was es bedeutet, wirklich an etwas zu glauben. Von den religiösen Liberalen habe ich den Eindruck, daß sie sich noch nicht einmal irren.

Oft hört man, daß die Theologie nicht das Wesentliche an der Religion sei – das Wesentliche sei, daß sie uns hilft, mit dem Leben zurechtzukommen. Die Existenz und Natur Gottes, die Gnade, die Sünde, Himmel und Hölle, das alles soll nicht wichtig sein – wirklich merkwürdig! Ich vermute, daß die Leute die Theologie der Religion, der sie angeblich angehören, deshalb für unwesentlich erklären, weil sie sich nicht zu dem Eingeständnis durchringen können, daß sie überhaupt nicht daran glauben. Andererseits hat es im Laufe der Geschichte und in vielen Ländern der Welt immer Menschen gegeben, die an die eine oder andere Theologie geglaubt haben und weiterhin glauben, und für sie war und ist die Theologie ganz wesentlich.

Die intellektuelle Verschwommenheit des religiösen Liberalismus mag man abstoßend finden, doch wirklich gefährlich ist die konservative dogmatische Religion. Daß sie auch große moralische und künstlerische Leistungen hervorgebracht hat, ist unbestritten. Ich bin nicht so töricht, diese Leistungen der Religion mit der langen grausamen Geschichte der Kreuzzüge, des Dschihad, der Inquisition und der Pogrome aufrechnen zu wollen. Wenn man dies jedoch ins Auge faßt, darf man die religiöse Verfolgung und die heiligen Kriege nicht als Perversionen der wahren Religion identifizieren. In einer solchen Auffassung sehe ich einen Ausdruck einer verbreiteten Einstellung zur Religion, in der sich tiefer Respekt mit völligem Mangel an Interesse verbindet. Die großen Weltreligionen lehren überwiegend, daß Gott besondere Hingabe und eine spezielle Form der Verehrung fordert. Es ist nicht verwunderlich, wenn unter denen, die diese Lehren ernst nehmen, *einige* sind, die diese göttlichen Gebote ungleich wichtiger finden als andere rein weltliche Tugenden wie Toleranz, Mitleid oder Vernunft.

Überall in Afrika und Asien wächst der Einfluß der finsteren Kräfte des religiösen Schwärmertums, und selbst in den säkularen Staaten des Westens sind Vernunft und Toleranz nicht unangefochten. Der Historiker Hugh Trevor-Roper hat gesagt, die Ausbreitung des Geistes der Wissenschaft im siebzehnten und achtzehnten Jahrhundert habe in Europa schließlich zum Ende der Hexenverbrennungen geführt.[16] Wenn wir eine vernünftige Welt behalten wollen, werden wir uns vielleicht wieder auf den Einfluß der Wissenschaft verlassen müssen. Nicht die Gewißheit der wissenschaftlichen Erkenntnis macht sie für diese Rolle geeignet, sondern ihre *Ungewißheit*. Kann man, wenn man sieht, daß Wissenschaftler in Fragen, die sich im Laborexperiment direkt prüfen lassen, immer wieder ihre Meinung ändern, noch den Anspruch einer religiösen Tradition oder von heiligen Schriften ernst nehmen, ein gesichertes Wissen von Dingen zu besitzen, die sich der menschlichen Erfahrung entziehen?

Sicherlich hat die Wissenschaft das ihre zur Destruktivität des Krieges beigetragen, indem sie in der Regel die Mittel geliefert hat, sich gegenseitig umzubringen, nicht aber das Motiv. Wo man sich zur Rechtfertigung von Greueln auf die Autorität der Wissenschaft berufen hat, handelte es sich wirklich um Perversionen der Wissenschaft, etwa in der Rassenlehre der Nazis und in der »Eugenik«. Wie Karl Popper gesagt hat, »ist es nur zu klar, daß es der Irrationalismus ist und nicht der Rationalismus, der für die Feindschaft zwischen den Nationen und für Aggression verantwortlich gemacht werden muß. Es gab nur zu viele religiöse Angriffskriege, sowohl vor als auch nach den Kreuzzügen; ich weiß aber von keinem Krieg, der für ein ›wissenschaftliches‹ Ziel unternommen und von Wissenschaftlern inspiriert wurde«.[17]

Leider ist es nach meiner Überzeugung nicht möglich, wissenschaftliche Denkweisen mit rationalen Argumenten zu begründen. David Hume erkannte vor langer Zeit, daß die Berufung auf frühere Erfolge der Wissenschaft gerade die Geltung jener Denkweise unterstellt, die begründet werden soll.[18] Desgleichen können alle logischen Argumente durch die schlichte Weigerung, logisch zu denken, zu Fall gebracht werden. Die Frage, warum wir, falls wir die geistliche Stärkung, derer wir bedürfen, in den Naturgesetzen nicht finden, danach nicht anderswo – sei es in der einen oder anderen geistlichen Autorität, sei es in einer eigenständigen Glaubensentscheidung – suchen sollten, läßt sich daher nicht einfach für erledigt erklären.

Die Entscheidung, zu glauben oder nicht zu glauben, liegt nicht gänzlich in unseren Händen. Ich könnte vielleicht glücklicher sein und bessere Manieren haben, wenn ich glaubte, ein Nachfahre der Kaiser von China zu sein, doch keine Willensanstrengung meinerseits kann mich dahin bringen, das zu glauben, ebensowenig wie ich willentlich mein Herz dazu bringen kann, nicht mehr zu schlagen. Viele Menschen scheinen allerdings auf das, was sie glauben, einen gewissen Einfluß zu haben, und sich entscheiden zu können, das zu glauben, wovon sie meinen, es werde sie gut oder glücklich machen. Die interessanteste Darstellung der Funktionsweise dieser Form von Kontrolle gibt meines Erachtens George Orwell in seinem Roman *1984*. Der Held, Winston Smith, hat in sein Tagebuch geschrieben: »Freiheit ist die Freiheit zu sagen, daß zwei plus zwei vier ist.« O'Brien, der Funktionär der Gedankenpolizei, sieht darin eine Herausforderung und geht daran, Smith zu einem Sinneswandel zu zwingen. Unter der Folter ist Smith durchaus bereit, zu sagen, daß zwei plus zwei fünf ist, aber das ist es nicht, was O'Brien will. Schließlich wird der Schmerz so unerträglich, daß Smith, um ihm zu entrinnen, sich für einen Augenblick einzureden vermag, daß zwei plus zwei tatsächlich fünf ist. O'Brien ist einstweilen befriedigt, und die Folter wird beendet. Ganz ähnlich verhält es sich mit der schmerzlichen Aussicht, daß wir und diejenigen, die wir lieben, sterben müssen – sie treibt uns zur Übernahme der Glaubensvorstellungen, die diesen Schmerz lindern. Wenn wir imstande sind, unsere Glaubensüberzeugungen auf diese Weise zu ändern, warum sollten wir es dann nicht tun?

Ich sehe keinen wissenschaftlichen oder logischen Grund, der uns hindern könnte, durch Änderung unserer Glaubensüberzeugungen Trost zu suchen – nur einen moralischen Grund: die Ehre. Was halten wir von jemandem, der es geschafft hat, sich einzureden, er werde bestimmt in der Lotterie gewinnen, weil er das Geld unbedinge braucht? Manche werden ihm vielleicht seine kurzlebigen, großartigen Erwartungen neiden, aber viele werden wohl denken, daß er der ihm zukommenden Rolle, als ein erwachsenes und rationales menschliches Wesen die Dinge so zu sehen, wie sie sind, nicht gerecht wird. So wie jeder von uns beim Erwachsenwerden lernen mußte, der Versuchung des Wunschdenkens im Hinblick auf solche Alltagsdinge wie Lotterien zu widerstehen, so hat auch unsere Gattung beim Erwachsenwerden lernen müssen, daß wir keine Starrolle in einem großen kosmischen Drama spielen.

Für mich steht außer Zweifel, daß die Wissenschaft niemals die Tröstungen wird offerieren können, welche die Religion angesichts des Todes zu bieten hat. Die großartigste Formulierung dieser existentiellen Herausforderung, die ich kenne, findet man in der *Kirchengeschichte des englischen Volkes*, die Beda der Ehrwürdige um das Jahr 700 n. Chr. verfaßt hat.[19] Beda schildert, wie König Edwin von Northumbria im Jahr 627 mit seinen Weisen darüber beriet, welche Religion in seinem Königreich anerkannt werden sollte, und läßt einen der Edelleute des Königs die folgende Rede halten:

»Mir erscheint, König, das gegenwärtige Leben der Menschen auf der Erde im Vergleich zu der Zeit, die für uns ungewiß ist, wie wenn Du mit Deinen Ealdormen und Thanen im Winter beim Mahle sitzt, am lodernden Feuer in der Mitte, in der erwärmten Halle, während draußen die Winterstürme mit Regen und Schnee wüten, und einer der Sperlinge hereinkommt und die Halle sehr schnell durchfliegt; wenn er durch die eine Tür hereinkommt, fliegt er bald durch die andere hinaus. Zwar wird er während der Zeit, in der er drinnen ist, vom Wintersturm nicht berührt, aber er entkommt dennoch Deinen Augen, da er nach dem raschen Ende der sehr kurzen Zeit schönen Wetters sogleich vom Winter in den Winter zurückkehrt. So erscheint dieses Leben der Menschen als sehr kurze Zeit; was aber folgt und was vorausgeht, das wissen wir überhaupt nicht.«

Es ist eine fast unwiderstehliche Versuchung, mit Beda und Edwin zu glauben, daß es außerhalb der Halle etwas für uns geben muß. Die Ehre, dieser Versuchung zu widerstehen, ist zwar nur ein dürftiger Ersatz für die Tröstungen der Religion, aber eine gewisse Genugtuung bietet sie schon.

XII. Drunten in Ellis County

Mütter, seht zu, daß eure Jungs nicht zu Cowboys
werden. Seht zu, daß sie nicht die Gitarre nehmen und
alte Laster fahren. Sorgt dafür, daß sie Arzt und Anwalt
oder sowas werden.

Ed & Patsy Bruce: *Mommas, Don't Let Your
Babies Grow Up to Be Cowboys*

Ellis County, Texas, liegt mitten im vormals größten Baumwollan-
baugebiet der Welt. In Waxahachie, dem Sitz der Kreisverwaltung,
findet man unschwer Spuren des einstigen, auf Baumwolle gegrün-
deten Wohlstandes. In der Stadtmitte erhebt sich ein imposantes,
1895 aus rosa Granit errichtetes Kreisverwaltungsgebäude, das
von einem hohen Uhrturm überragt wird, und in einigen Seitenstra-
ßen, die von dem zentralen Platz abzweigen, reihen sich gepflegte
viktorianische Häuser aneinander, die den Eindruck erwecken, als
sei Neuengland in den Südwesten verlegt worden. Inzwischen ist
der Bezirk sehr viel ärmer geworden. Neben Weizen und Mais wird
zwar noch immer ein wenig Baumwolle angebaut, aber die Preise
sind nicht mehr das, was sie einmal waren. Dallas ist in nördlicher
Richtung auf der Interstate 35 in vierzig Minuten zu erreichen, und
einige gutbetuchte Leute sind von dort nach Waxahachie gezogen,
weil sie die ländliche Ruhe schätzen, doch die expandierenden
Luftfahrt- und Computerindustrien von Dallas und Fort Worth
siedelten sich nicht in Ellis County an. 1988 lag die Arbeitslosigkeit
in Waxahachie bei sieben Prozent. So gab es daher einiges Aufsehen, als am 10. November 1988 verkündet wurde, daß Ellis County
als Standort des größten und teuersten wissenschaftlichen Instru-
ments der Welt, des »Superconducting Super Collider«, ausgewählt
worden war.

Die Planung für den »Super Collider« hatte ungefähr sechs Jahre zuvor begonnen. Damals mußte sich das Energieministerium mit einem unangenehmen Projekt herumschlagen, das unter der Bezeichnung ISABELLE beim Brookhaven National Laboratory auf Long Island bereits im Bau war. ISABELLE sollte den bestehenden Fermilab-Beschleuniger bei Chicago als Amerikas führende experimentelle Forschungsstätte auf dem Gebiet der Elementarteilchenphysik ablösen. Nach dem Start im Jahre 1978 war ISABELLE durch Schwierigkeiten beim Bau der supraleitenden Magneten, die die Protonenstrahlen von ISABELLE bündeln und leiten sollten, um zwei Jahre zurückgeworfen worden. Es gab aber noch ein anderes, tiefer liegendes Problem mit ISABELLE: Es würde zwar nach Fertigstellung der stärkste Beschleuniger der Welt sein, aber vermutlich nicht stark genug, um die Frage zu beantworten, die die Teilchenphysiker unbedingt beantwortet haben wollten: die Frage, wie die Symmetrie, welche die schwache und elektromagnetische Wechselwirkung vereint, gebrochen wird.

Die Darstellung der schwachen und der elektromagnetischen Kraft im Standardmodell der Elementarteilchen beruht auf einer *exakten* Symmetrie der Art und Weise, in der diese Kraft in den Gleichungen der Theorie auftreten. Diese Symmetrie ist aber, wie wir gesehen haben, in den Lösungen der Gleichungen – den Eigenschaften der Teilchen und Kräfte selbst – nicht gegeben. Jede Version des Standardmodells, die eine derartige Symmetriebrechung zuläßt, müßte Eigenschaften enthalten, die noch nicht experimentell entdeckt worden sind: entweder neue, schwach wechselwirkende Teilchen, die man als Higgs-Teilchen bezeichnet, oder neue, extra starke Kräfte. Wir wissen aber nicht, welche dieser Eigenschaften in der Natur tatsächlich gegeben ist, und diese Ungewißheit blockiert einen über das Standardmodell hinausgehenden Fortschritt.

Die Frage kann eindeutig nur durch Experimente geklärt werden, bei denen eine Billion Volt eingesetzt wird, um entweder Higgs-Teilchen oder massereiche, durch extra starke Kräfte zusammengehaltene Teilchen zu erzeugen. Es erweist sich als notwendig, zu diesem Zweck einem Paar kollidierender Protonen eine Gesamtenergie von etwa vierzig Billionen Volt zuzuführen, weil die Protonenenergie sich auf die Quarks und Gluonen verteilt, aus denen sich die Protonen zusammensetzen, und nur etwa ein Vierzigstel der

Energie wäre für die Erzeugung neuer Teilchen beim Zusammenstoß eines Quarks oder Gluons in dem einen Proton mit einem Quark oder Gluon in dem anderen Proton verfügbar. Außerdem genügt es nicht, einen Protonenstrahl von vierzig Billionen Volt auf ein stationäres Ziel zu feuern, weil dabei fast die gesamte Energie der einfallenden Protonen auf den Rückstoß der getroffenen Protonen verschwendet werden würde. Um die Frage des Versagens der elektroschwachen Symmetrie zuverlässig klären zu können, benötigt man zwei Protonenstrahlen von je zwanzig Billionen Volt, die frontal aufeinanderprallen, so daß die Impulse der beiden Protonen sich gegenseitig aufheben und nichts von der Energie für den Rückstoß vergeudet werden muß. Zum Glück kann man zuverlässig davon ausgehen, daß ein Beschleuniger, der hochenergetische, kollidierende Protonenstrahlen von zwanzig Billionen Volt erzeugt, die Frage der elektroschwachen Symmetriebrechung tatsächlich zu klären vermag: Er würde entweder ein Higgs-Boson oder Beweise für neue starke Kräfte finden.[1]

1982 kam unter Experimentalphysikern und theoretischen Physikern die Idee auf, das ISABELLE-Projekt fallenzulassen, und statt dessen einen sehr viel leistungsfähigeren neuen Beschleuniger zu bauen, der imstande sein würde, die Frage der elektroschwachen Symmetriebrechung zu klären. Ein inoffizieller Workshop der American Physical Society erstellte im Sommer jenes Jahres die erste Detailstudie eines Beschleunigers, der kollidierende Protonenstrahlen mit Energien von zwanzig Billionen Volt erzeugen würde, Energien, die rund fünfzigmal höher sein würden, als bei ISABELLE geplant. Im Februar des folgenden Jahres begann ein Unterausschuß des Beirats für Hochenergiephysik beim Energieministerium unter Vorsitz von Stanley Wojcicki aus Stanford, sich auf einer Reihe von Konferenzen mit den Optionen für den Beschleuniger der nächsten Generation zu befassen. Der Unterausschuß traf sich in Washington mit dem Wissenschaftsberater des Präsidenten, Jay Keyworth, und bekam von ihm einen eindeutigen Wink, daß die Regierung einem neuen Großprojekt wohlwollend gegenüberstehe.

Das entscheidende Treffen des Wojcicki-Unterausschusses fand vom 29. Juni bis 1. Juli 1983 am Nevis Cyclotron Laboratory der Columbia-Universität in Westchester County statt. Die versammelten Physiker empfahlen einmütig den Bau eines Beschleunigers, der kollidierende Protonenstrahlen mit Energien von zehn bis zwanzig Billionen Volt erzeugen könnte. Das war an sich kein so aufsehenerregender Beschluß; wenn es darum geht, neue Forschungseinrichtungen in ihrer Disziplin zu schaffen, kann man ziemlich sicher davon ausgehen, daß Wissenschaftler dafür votieren. Wichtiger war die mit zehn Stimmen gegen sieben ausgesprochene Empfehlung, die Arbeiten an ISABELLE einzustellen. Es war eine ungeheuer schwierige Entscheidung, gegen die Nick Samios, der Direktor von Brookhaven, sich mit allen Kräften wehrte. (Hinterher bezeichnete Samios diese Abstimmung als »eine der dümmsten Entscheidungen, die jemals in der Hochenergiephysik getroffen wurden«.[2]) Diese Entscheidung machte nicht nur nachdrücklich klar, daß der Unterausschuß den neuen Großbeschleuniger unterstützte, sie machte es auch dem Energieministerium politisch sehr schwer, beim Kongreß weitere Gelder für ISABELLE anzufordern, und wenn man ISABELLE aufgab und durch nichts ersetzte, würde das Energieministerium ganz ohne Baupläne für Hochenergiebeschleuniger dastehen.

Zehn Tage später wurden die Empfehlungen des Wojcicki-Unterausschusses von dessen übergeordnetem Gremium, dem Beirat für Hochenergiephysik des Energieministeriums, einhellig gebilligt. Nun erhielt der vorgeschlagene neue Beschleuniger seinen gegenwärtigen Namen: »Superconducting Super Collider« oder kurz SSC. Am 11. August ermächtigte das Energieministerium den Beirat für Hochenergiephysik, einen Plan für die Durchführung der für das SSC-Projekt erforderlichen Forschungs- und Entwicklungsarbeiten zu erstellen, und am 16. November 1983 verkündete Donald Hodel, der Energieminister, die Entscheidung seines Ministeriums, die Arbeiten an ISABELLE einzustellen, und bat die Haushaltsausschüsse von Repräsentantenhaus und Senat um die Genehmigung, die für ISABELLE vorgesehenen Gelder für den SSC zu verwenden.[3]

Die Suche nach dem Mechanismus der elektroschwachen Symmetriebrechung war keineswegs das einzige Motiv für den »Super Collider«. Gewöhnlich baut man neue Beschleuniger wie die von CERN und Fermilab in der Erwartung, durch den Übergang zu höheren Energien Aufschluß über neue Phänomene zu erhalten. Diese Erwartung hat sich fast immer erfüllt. So wurde das alte

»Protonen-Synchroton« beim CERN gebaut, ohne daß man eine bestimmte Idee gehabt hätte, was man finden würde; bestimmt hat niemand gewußt, daß bei Experimenten mit Neutrinostrahlen aus diesem Beschleuniger die schwachen Neutralstromkräfte entdeckt werden würden – eine Entdeckung, die 1973 unsere derzeitige einheitliche Theorie der schwachen und der elektromagnetischen Kraft bestätigte. Die großen Beschleuniger von heute sind Nachfolger der Zyklotrone, die Ernest Lawrence Anfang der dreißiger Jahre in Berkeley baute, um Protonen auf eine so hohe Energie zu beschleunigen, daß sie die elektrische Abstoßung, die den Atomkern umgibt, durchbrechen konnten. Lawrence hatte keine Ahnung, was man finden würde, wenn die Protonen in den Kern gelangten. Gelegentlich läßt sich eine bestimmte Entdeckung im voraus festlegen; so wurde das »Bevatron« in Berkeley in den fünfziger Jahren ausdrücklich mit dem Ziel gebaut, genügend Energie (bloße sechs Milliarden Volt) verfügbar zu machen, um Antiprotonen erzeugen zu können, die Antiteilchen der Protonen, die in allen gewöhnlichen Atomkernen enthalten sind. Der große, jetzt beim CERN betriebene Elektron-Positron-Beschleuniger wurde vor allem mit dem Ziel errichtet, genügend Energie zu haben, um in sehr großer Zahl Z-Teilchen zu erzeugen und diese zu benutzen, um das Standardmodell strengen experimentellen Überprüfungen zu unterziehen. Doch unabhängig von dem Spezialproblem, mit dem der Bau eines neuen Beschleunigers begründet wird, zeigen sich die wichtigsten Entdeckungen, die dort gemacht werden, oft ganz unerwartet. Das war mit Sicherheit beim »Bevatron« der Fall; es erzeugte zwar Antiprotonen, doch seine bedeutsame Leistung war die Erzeugung einer großen Vielzahl von unerwarteten, stark wechselwirkenden Teilchen. Deshalb ging man von vornherein davon aus, durch Experimente am »Super Collider« eventuell Entdeckungen zu machen, die noch bedeutsamer sein würden als der Mechanismus der elektroschwachen Symmetriebrechung.

Experimente an Hochenergiebeschleunigern wie dem »Super Collider« könnten sogar das wichtigste Problem lösen, vor dem die moderne Kosmologie steht: das Problem der fehlenden dunklen Materie. Wir wissen, daß die überwiegende Masse von Galaxienhaufen dunkel ist und nicht in Gestalt leuchtender Sterne wie der Sonne existiert. Die gängigen kosmologischen Theorien verlangen zur Erklärung der Expansionsgeschwindigkeit des Universums sogar noch mehr dunkle Materie. Soviel dunkle Materie kann nicht in Gestalt gewöhnlicher Atome existieren; anderenfalls würde die große Zahl der Neutronen, Protonen und Elektronen Berechnungen der relativen Häufigkeit leichter Elemente, die in den ersten Minuten der Expansion des Universums erzeugt wurden, in dem Sinne verändern, daß diese Berechnungen nicht länger mit der Beobachtung übereinstimmen würden.

Worin also besteht die dunkle Materie? Die Physiker spekulieren seit Jahren über verschiedene exotische Teilchen, aus denen sie bestehen könnte, bislang aber ohne definitive Ergebnisse. Falls Beschleunigerexperimente ein neuartiges langlebiges Teilchen enthüllen würden, könnten wir durch Messung seiner Masse und seiner Wechselwirkungen berechnen, wie viele dieser Teilchen vom Urknall übriggeblieben sind, und entscheiden, ob die dunkle Materie des Universums aus ihnen besteht oder nicht.

Jetzt haben neue Beobachtungen mit dem »Cosmic Background Explorer«-Satelliten (COBE) die Bedeutung dieser Fragen nachdrücklich unterstrichen. Mit empfindlichen Mikrowellenempfängern an Bord dieses Satelliten wurden in der Temperatur der Strahlung, die auf eine Zeit zurückgeht, als das Universum etwa dreihunderttausend Jahre alt war, von einer Himmelsregion zur anderen winzige Differenzen entdeckt. Man nimmt an, daß diese Temperaturabweichungen auf Einflüsse des Gravitationsfeldes zurückgehen, das von einer geringfügig ungleichförmigen Verteilung der Materie zu diesem Zeitpunkt erzeugt wurde. Dieser Moment – dreihunderttausend Jahre nach dem Urknall – war von entscheidender Bedeutung für die Geschichte des Universums; das Universum wurde erstmals strahlungsdurchlässig, und man nimmt gewöhnlich an, daß die Ungleichförmigkeiten in der Verteilung der Materie genau zu jenem Zeitpunkt unter dem Einfluß ihrer eigenen Gravitation zu kollabieren begannen, um schließlich zu den Galaxien zu werden, die wir heute am Himmel beobachten. Die Ungleichförmigkeiten in der Verteilung der Materie, die man aus den COBE-Messungen erschlossen hat, sind aber *keine* jungen Galaxien; COBE untersuchte nur sehr weiträumige Unregelmäßigkeiten, die sich über einen sehr viel größeren Raum erstrecken, als ihn die Materie einer heutigen Galaxie zu dem Zeitpunkt, als das

Universum dreihunderttausend Jahre alt war, eingenommen haben würde. Wenn wir die COBE-Meßergebnisse extrapolieren und auf den Umfang entstehender Galaxien übertragen, um so das Ausmaß der Ungleichförmigkeit der Materie in diesen relativ kleinen Räumen zu berechnen, stoßen wir auf ein Problem: Als das Universum dreihunderttausend Jahre alt war, waren die Ungleichförmigkeiten im Galaxienmaßstab zu schwach ausgeprägt, um bis zur Gegenwart unter dem Einfluß ihrer eigenen Gravitation zu Galaxien anzuwachsen. Um dieser Schwierigkeit zu begegnen, könnte man annehmen, daß die gravitationsbedingte Verdichtung von Ungleichförmigkeiten im galaktischen Maßstab bereits während der ersten dreihunderttausend Jahre eingesetzt hatte, und dann wäre es nicht zulässig, aus den COBE-Messungen auf den sehr viel kleineren Maßstab von Galaxien zu extrapolieren. Diese Annahme können wir aber nicht aufrechterhalten, wenn die Materie des Universums überwiegend aus gewöhnlichen Elektronen, Protonen und Neutronen besteht, weil Inhomogenitäten bei dieser gewöhnlichen Materie nicht nennenswert haben zunehmen können, solange das Universum strahlungsundurchlässig war; hätten sich Zusammenballungen zu einem früheren Zeitpunkt gebildet, so wären sie unter dem Druck ihrer eigenen Strahlung gesprengt worden. Auf der anderen Seite wäre exotische dunkle Materie, die aus elektrisch neutralen Teilchen besteht, sehr viel früher strahlungsdurchlässig geworden, somit hätte ihre gravitationsbedingte Verdichtung sehr viel früher eingesetzt, und es wären Inhomogenitäten im galaktischen Maßstab entstanden, die weit stärker gewesen wären, als es sich aus einer Extrapolation der COBE-Meßergebnisse ergibt, und möglicherweise stark genug, um bis zur Gegenwart zu Galaxien anzuwachsen.[4] Die Entdeckung eines Dunkelmaterieteilchens im »Super Collider« würde diese Mutmaßung über die Entstehung von Galaxien erhärten und so die Frühgeschichte des Universums erhellen.

Es gibt noch vieles, was mit Beschleunigern wie dem »Super Collider« entdeckt werden könnte: Teilchen, aus denen sich die Quarks zusammensetzen, die in den Protonen stecken; verschiedene Superpartner der bekannten Teilchen, wie sie von Supersymmetrietheorien gefordert werden; neuartige, mit neuen inneren Symmetrien zusammenhängende Kräfte usw. Wir wissen nicht, was von diesen Dingen existiert und ob es, falls es existiert, im »Super Collider« entdeckt werden kann. Insofern war es beruhigend, daß wir von vornherein zumindest von einer äußerst wichtigen Entdeckung wußten, die der »Super Collider« ermöglichen würde: dem Mechanismus der elektroschwachen Symmetriebrechung.

Nach der Entscheidung des Energieministeriums, den SSC zu bauen, standen bis zum eigentlichen Baubeginn jahrelange Planungs- und Konstruktionsarbeiten bevor. Solche Arbeiten werden, wie die langjährige Erfahrung gezeigt hat, ungeachtet der Finanzierung durch die Bundesregierung am besten von privaten Stellen durchgeführt, und daher übertrug das Energieministerium das Management der Forschungs- und Entwicklungsphase des Projekts der Universities Research Association, einem gemeinnützigen Konsortium von neunundsechzig Universitäten, das schon die Errichtung des Fermilab geleitet hatte. Die Association berief wiederum Wissenschaftler aus Universität und Industrie in einen SSC-Aufsichtsrat, und wir übertrugen die Aufgabe, den Beschleuniger im einzelnen zu planen, an eine zentrale Planungsgruppe in Berkeley, an deren Spitze Maury Tigner von der Cornell-Universität stand. Im April 1986 war die zentrale Planungsgruppe mit ihrem Entwurf fertig: In einem drei Meter breiten unterirdischen Tunnel, der einen ovalen Ring von dreiundachtzig Kilometern Länge bildete, würden zwei schmale Strahlen von 20-Billionen-Volt-Protonen in entgegengesetzter Richtung umlaufen. Die Protonen würden von 3840 Magneten (von jeweils siebzehn Metern Länge) auf ihrer gekrümmten Bahn gehalten und von 888 weiteren Magneten fokussiert werden; die Magneten würden insgesamt 41 500 Tonnen Eisen und 19 400 Kilometer supraleitender Kabel enthalten und von zwei Millionen Litern flüssigen Heliums gekühlt werden.

Am 30. Januar 1987 wurde das Projekt vom Weißen Haus genehmigt. Im April leitete das Energieministerium mit der Bitte an interessierte Bundesstaaten, Standortvorschläge zu unterbreiten, den Prozeß der Standortauswahl ein. Bis zum Ablauf der Frist am 2. September 1987 gingen von Staaten, die den SSC auf ihrem Gebiet haben wollten, dreiundvierzig Vorschläge ein (die zusammen ungefähr drei Tonnen wogen). Ein von der National Academy of Science und der National Academy of Engineering berufener

Ausschuß engte die Auswahl auf die sieben »geeignetsten« Standorte ein, und am 10. November 1988 verkündete der Energieminister die Entscheidung seines Ministeriums: Der SSC sollte nach Ellis County in Texas kommen.

Einer der Gründe für diese Entscheidung liegt tief im texanischen Boden. Von Austin bis Dallas erstreckt sich eine achtzig Millionen Jahre alte geologische Formation, die Austin-Kreide, die sich als Sediment in einem Meer ablagerte, das in der Kreidezeit einen Großteil von Texas bedeckte. Kreide ist wasserundurchlässig, weich genug, um das Graben zu erleichtern, und doch fest genug, so daß man die Tunnelwände nicht zu verstärken braucht. Um den Tunnel des »Super Collider« auszuheben, hätte man sich kaum ein besseres Material wünschen können.

Unterdessen lief der Kampf um die Finanzierung des SSC gerade an. Ein entscheidender Schritt für ein Projekt dieser Art ist die erste Baugenehmigung. Bis zu diesem Moment ist das Projekt nur eine Sache der Forschung und Entwicklung, und es kann ebenso leicht gestoppt werden, wie es gestartet wird. Mit dem Beginn der Baumaßnahmen wird ein Stop politisch heikel, denn er läuft auf das stillschweigende Eingeständnis hinaus, daß die bis dahin verausgabten Gelder in den Sand gesetzt sind. Im Februar 1988 beantragte Präsident Reagan dreihundertdreiundsechzig Millionen Dollar für Baumaßnahmen, doch der Kongreß bewilligte nur einhundert Millionen Dollar, und zwar mit der ausdrücklichen Zweckbindung für Forschung und Entwicklung, nicht für Baumaßnahmen.

Das SSC-Projekt lief weiter, als wäre seine Zukunft gesichert. Im Januar 1989 wurde ein industrielles Managementteam ausgewählt und Roy Schwitters von der Harvard-Universität zum Direktor des »SSC Laboratory« berufen. Schwitters ist ein relativ junger Experimentalphysiker, damals vierundvierzig Jahre alt, der seine Managerfähigkeiten bei der Zusammenarbeit an der führenden amerikanischen Hochenergie-Einrichtung, dem »Tevatron Collider« bei Fermilab, unter Beweis gestellt hatte. Am 7. Februar 1989 erhielten wir eine gute Nachricht: Ein Vermittlungsausschuß von Repräsentantenhaus und Senat hatte sich darauf geeinigt, für den SSC im Haushaltsjahr 1990 zweihundertfünfundzwanzig Millionen Dollar zu bewilligen, darunter einhundertfünfunddreißig

Millionen für Baumaßnahmen. Endlich war das SSC-Projekt aus dem Stadium von Forschung und Entwicklung heraus.

Der Kampf war damit noch nicht beendet. Jahr für Jahr wurde wegen der Finanzierung im Kongreß über den SSC diskutiert, und Jahr für Jahr wurden die gleichen Argumente für und wider vorgetragen.[5] Daß diese Debatte kaum etwas mit der elektroschwachen Symmetriebrechung oder den endgültigen Naturgesetzen zu tun hatte, würde nur einen sehr naiven Physiker überraschen. Allerdings würde nur ein sehr zynischer Physiker darüber nicht ein wenig traurig sein.

Der stärkste Faktor, der Politiker zur Unterstützung oder Ablehnung des SSC bewogen hat, waren die wirtschaftlichen Interessen ihres Wahlkreises. Der eingeschworene Feind des Projekts im Kongreß, der Abgeordnete Don Ritter, hatte den SSC unter Anspielung auf sogenannte »pork-barrel«-Projekte, die nur betrieben werden, um einflußreichen Abgeordneten und Senatoren politische Vorteile zu verschaffen, als ein »quark-barrel«-Projekt bezeichnet.[6] Vor der Entscheidung über den SSC-Standort gab es eine breite Unterstützung für das Projekt seitens derer, die sich eine Chance für ihren Heimatstaat ausrechneten. Als ich 1987 vor einem Senatsausschuß als Sachverständiger gehört wurde und mich für den SSC aussprach, bemerkte mir gegenüber einer der Senatoren, jetzt seien beinahe hundert Senatoren dafür, nach der Standortentscheidung würden es aber nur noch zwei sein. Diese Einschätzung war, wie sich gezeigt hat, doch zu pessimistisch, aber sicherlich ist die Unterstützung zurückgegangen. Das lag vielleicht daran, daß Aufträge für Komponenten des SSC über das ganze Land gestreut wurden, aber möglicherweise auch an einem gewissen Verständnis für die wahre Bedeutung des Projekts.

In der Auseinandersetzung um den SSC tauchte immer wieder ein Thema auf, der Streit um die sogenannte Großwissenschaft (»big science«) im Gegensatz zur Kleinwissenschaft (»small science«). Der SSC zog sich die Gegnerschaft einiger Wissenschaftler zu, die einen älteren, bescheideneren Forschungsstil bevorzugen: Experimente, die ein Professor zusammen mit einem Studenten im Keller eines Universitätsgebäudes durchführt. Die meisten Mitarbeiter in den riesigen Beschleunigerlabors von heute würden ebenfalls einer Physik dieses Stils den Vorzug geben, doch stehen wir aufgrund unserer früheren Erfolge heute vor Problemen, die mit den Mitteln Rutherfords, der noch mit Bindfaden und Siegelwachs auskam, einfach nicht mehr zu lösen sind. Ich kann mir vorstellen, daß viele Piloten sich nach den Zeiten der offenen Cockpits zurücksehnen, aber damit kommt man nicht über den Atlantik.

Widerstand gegen »big science«-Projekte wie den SSC kommt auch von Wissenschaftlern, die das Geld lieber für andere Forschungen (zum Beispiel ihre eigenen) verwendet sehen möchten. Ich glaube aber, sie machen sich damit etwas vor. Als der Kongreß die von der Regierung beantragten Mittel für den SSC kürzte, wurde das dadurch eingesparte Geld nicht für die Wissenschaft verwendet, sondern ging in Wasserbauprojekte.[7] Viele dieser Wasserbauprojekte sind reine politische Gefälligkeiten, und sie kosten Summen, neben denen die Aufwendungen für den SSC verblassen.

Der SSC zog sich auch die Gegnerschaft derjenigen zu, die Präsident Reagan unterstellten, seine Entscheidung, den SSC zu bauen, entspränge demselben Motiv wie die Unterstützung für das »Star Wars«-Raketenabwehrsystem und die Weltraumstation – einer gedankenlosen Begeisterung für jedes neue technische Großprojekt. Ich hatte allerdings auch den Eindruck, daß ein Großteil des Widerstandes gegen den SSC einer nicht minder gedankenlosen Abneigung gegen jedes neue technische Großprojekt entsprang. Journalisten warfen den SSC regelmäßig mit der Weltraumstation in dieselbe Schublade, als abschreckende Beispiele der »big science«, obwohl die Weltraumstation überhaupt kein wissenschaftliches Projekt ist. Aber wenn man sich über »big science« oder »small science« streitet, kann man sich das Nachdenken über den Wert einzelner Projekte ersparen.

Politisch bedeutsame Unterstützung erhielt der SSC von einigen, die in ihm so etwas wie ein Treibhaus sahen, das die Entwicklung in zukunftswichtigen Technologien beschleunigt, etwa der Tieftemperaturtechnik, dem Magnetbau, der Online-Computernutzung usw. Einen Pluspunkt stellt der SSC vermutlich auch in intellektueller Hinsicht dar, denn er hilft dem Land, einen Kernbestand an außerordentlich talentierten Wissenschaftlern aufrechtzuerhalten. Ohne den SSC wird Amerika eine Generation von Hochenergiephysikern verlieren, die dann genötigt sein werden, ihre Forschungen in Europa oder Japan zu betreiben. Auch wer an den Entdek-

kungen dieser Physiker kein Interesse hat, sollte vielleicht darüber
nachdenken, daß die Gemeinschaft der Hochenergiephysiker ein
Reservoir an wissenschaftlichen Talenten darstellt, das Amerika
gute Dienste geleistet hat, vom Manhattan-Projekt der Vergangenheit bis zur heutigen Arbeit an der parallelen Programmierung von
Supercomputern.

Dies sind gute und gewichtige Gründe für den Kongreß, den SSC
zu unterstützen, aber sie rühren nicht das Herz des Physikers. Die
Dringlichkeit unseres Wunsches, den SSC vollendet zu sehen, entsprang einem Gefühl, das wir ohne ihn möglicherweise nicht imstande sein würden, weiterhin an dem großartigen geistigen Abenteuer teilzunehmen: der Entdeckung der endgültigen Naturgesetze.

*   *   *

Ich fuhr im Spätherbst 1991 nach Ellis County, um mir den SSC-
Standort anzusehen. Die Landschaft ist – wie ein Großteil dieses
Gebietes von Texas – leicht gewellt und reich an Wasser dank
zahlloser kleiner Bäche, die von Pappeln gesäumt sind. Um diese
Jahreszeit erschien die Gegend nicht besonders anziehend; die meisten Felder waren abgeerntet, und dort, wo Winterweizen eingesät
war, sah man nur Schlamm. Hier und da hatte allerdings der Regen
die Ernte verzögert, und einige Felder standen in der weißen Pracht
der Baumwolle. Am Himmel zogen Bussarde ihre Runde, um vielleicht eine Maus zu erwischen, die unten Nachlese hielt. Dies ist
nicht das Land der Cowboys. Ich sah eine zusammengedrängte
Herde von Black-Angus-Kühen und ein einsames weißes Pferd auf
einem Feld, doch das Vieh für die Schlachthöfe von Fort Worth
kommt überwiegend von Ranches, die in Richtung Nordwesten
weit von Ellis County entfernt liegen. Auf dem Weg zum künftigen
SSC-Gelände schrumpfen die guten Staatsstraßen zu nichtasphal-
tierten Kreisstraßen, die sich kaum von den unbefestigten Wegen
unterscheiden, die vor einem Jahrhundert von den Baumwollfar-
mern dieser Gegend benutzt wurden.

Ich wußte, daß ich das Gelände erreicht hatte, das der Staat
Texas für den SSC gekauft hatte, als ich an vernagelten Bauernhäu-
sern vorbeikam, die für eine Umsetzung oder für den Abriß bestimmt waren. Ungefähr zwei Kilometer Richtung Norden sah ich

einen riesigen Neubau, das Magnet Development Building. Nachdem ich ein kleines Wäldchen von immergrünen Virginia-Eichen passiert hatte, erblickte ich einen hohen Bohrturm, den man von den Ölfeldern der Golfküste herangeschafft hatte, um für den SSC achtzig Meter tief bis auf den Grund der Austin-Kreide eine Probebohrung von fünf Metern Durchmesser durchzuführen. Ich hob ein Stück Kreide auf, das der Bohrer heraufbefördert hatte, und dachte an Thomas Huxley.

Mir war trotz der Bau- und Bohrtätigkeit bewußt, daß die Finanzierung des Projekts noch nicht gesichert war. Ich konnte mir vorstellen, daß man die Probebohrungen auffüllen würde und das Magnet Building leer bleiben würde, und nur die verblassenden Erinnerungen einiger Farmer würden bezeugen, daß für Ellis County jemals ein großes wissenschaftliches Laboratorium geplant worden war.

Am 17. Juni 1992 beschloß das Repräsentantenhaus mit 232 Ja-Stimmen gegen 181 Nein-Stimmen, die Finanzierung des »Super Collider« sofort einzustellen. Während ich diese Zeilen schreibe, kann das Projekt vielleicht noch gerettet werden, aber nach dieser Abstimmung ist klar, daß wir Physiker es nicht geschafft haben, dem Kongreß und der Öffentlichkeit die Bedeutung der wissenschaftlichen Ziele des »Super Collider« zu vermitteln. Sollte das »Super Collider«-Projekt wirklich gestorben sein, so können wir nur hoffen, daß die Suche nach einer endgültigen Theorie an neuen Beschleunigern in Europa oder Japan weitergehen wird.[8]

Ob uns überhaupt ein Beschleuniger den letzten Schritt zu einer endgültigen Theorie ermöglichen wird, vermag niemand zu sagen. Ich weiß aber mit Bestimmtheit, daß Einrichtungen dieser Art die notwendigen Nachfolger bedeutender historischer wissenschaftlicher Instrumente sind, die über die heutigen Beschleuniger von Brookhaven und CERN, DESY und Fermilab, KEK und SLAC zurückreichen zum Zyklotron von Lawrence und zur Kathodenstrahlröhre von Thomson und darüber hinaus zu Fraunhofers Spektroskop und Galileis Teleskop. Unabhängig davon, ob die endgültigen Naturgesetze noch zu unseren Lebzeiten entdeckt werden oder nicht, ist es für uns eine phantastische Sache, die Tradition der Naturerforschung weiterzuführen und unermüdlich zu fragen, warum es so ist, wie es ist.

Anmerkungen

Prolog

1 Ich hatte immer gedacht, Aristoteles habe gelehrt, daß ein Projektil geradlinig weiterfliegen werde, bis sein anfänglicher Impuls erschöpft sei, und dann senkrecht niederfallen, aber ich konnte diese Aussage nirgendwo in seinen Werken finden. Ein Aristoteles-Experte, Robert Hankinson von der Universität Texas, versicherte mir, daß Aristoteles tatsächlich nie etwas gesagt habe, das so sehr der Beobachtung widerspreche, und daß dies eine mittelalterliche Entstellung der Ansichten des Aristoteles sei.

2 E. Zilsel: The Genesis of the Concept of Physical Law. In: Philosophical Review. Bd. 51. 1942. S. 245.

3 Peter S. Green: Alexander to Actium. The Historical Evolution of the Hellenistic Age. Berkeley/Los Angeles 1990. S. 456, 475–478.

4 Isaac Newton: Mathematische Prinzipien der Naturlehre. Darmstadt 1963. S. VIII.

5 Ich danke Bengt Nagel vom Königlichen Institut für Technologie in Stockholm für die Anregung, dieses Zitat zu verwenden. (Zitiert nach der deutschen Übersetzung: Isaac Newton: Optik. Braunschweig 1984. S. 261 f.)

6 The Autobiography of Robert A. Millikan. New York 1950. S. 23. Siehe auch eine Notiz von K. K. Darrow in: Isis. Bd. 41. 1950. S. 201.

7 Der Physiker Abdus Salam.

8 Anhaltspunkte für ein in der Wissenschaft des ausgehenden neunzehnten Jahrhunderts verbreitetes Gefühl der Selbstzufriedenheit wurden gesammelt von dem Historiker Lawrence Badash: The Completeness of Nineteenth-Century Science. In: Isis. Bd. 63. 1972. S. 48–58.

9 A. A. Michelson: Lichtwellen und ihre Anwendungen. Leipzig 1911. S. 171.

10 P. A. M. Dirac: Quantum Mechanics of Many Electron Systems. In: Proceedings of the Royal Society. A 123. 1929. S. 713.

11 Zitiert von S. Boxer in: New York Times Book Review. 26. Januar 1992. S. 3.

II. Über ein Stück Kreide

1 Thomas Henry Huxley: On a Piece of Chalk. Hrsg. v. Loren Eisley. New York 1967.

2 Die Farbe ist je nach Kupferverbindung verschieden, weil die Energieniveaus von den umgebenden Atomen beinflußt werden.

3 D. J. Gross: The Status and Future Prospects of String Theory. In: Nuclear Physics B (Proceedings Supplement). Bd. 15. 1990. S. 43.

4 E. Nagel: The Structure of Science. Problems in the Logic of Scientific Explanation. New York 1961.

5 Nach Keplers Gesetzen sind die Planetenbahnen Ellipsen, in deren einzigem Brennpunkt die Sonne steht; alle Planeten umkreisen die Sonne mit einer solchen Geschwindigkeit, daß die Verbindungslinie zwischen den Planeten und der Sonne in gleichen Zeiten gleiche Flächen überstreicht; und die Quadrate der Umlaufzeiten sind proportional zu den Kuben der großen Halbachsen der elliptischen Bahnen. Newtons Gesetze besagen, daß jedes Teilchen im Universum jedes andere Teilchen mit einer Kraft anzieht, deren Größe umgekehrt proportional zum Quadrat der Entfernung ist, und sie legen fest, wie ein Körper sich unter dem Einfluß einer gegebenen Kraft bewegt.

6 H. F. Schaefer III in: Science. Bd. 231. 1986. S. 1100.

7 Einige Theoretiker verfolgen die Möglichkeit, die starke Kraft dadurch zu berechnen, daß sie die Raumzeit als ein Gitter von Punkten darstellen und mit Hilfe von parallel arbeitenden Computern den Wert der Felder an den einzelnen Punkten verfolgen. Man hofft, ist aber nicht sicher, die Eigenschaften von Kernen mit solchen Methoden aus den Prinzipien der Quantenchromodynamik ableiten zu können. Bislang hat man es noch nicht einmal geschafft, die Massen des Protons und des Neutrons, aus denen die Kerne sich zusammensetzen, zu berechnen.

8 L. Wittgenstein: Tractatus Logico-Philosophicus. Satz 6.371. Im gleichen Sinne äußerte sich mir gegenüber ein Freund mit philosophischen Neigungen, Professor Philip Bobbitt von der University of Texas School of Law: »Wenn ich zu einem Kind sage, das mich fragt, warum ein Apfel zur Erde fällt: ›Wegen der Schwerkraft, mein Schatz‹, dann erkläre ich überhaupt nichts. Die mathematischen Beschreibungen der physikalischen Welt, welche die Physik liefert, sind keine Erklärungen ...« Ich stimme dem zu, wenn unter Schwerkraft nichts anderes

verstanden wird als eine Tendenz schwerer Objekte, zur Erde zu fallen. Verstehen wir unter Schwerkraft dagegen den ganzen Komplex von Erscheinungen, die von Newtons oder Einsteins Theorien beschrieben werden, Phänomenen, zu denen die Bewegungen der Gezeiten, der Planeten und der Galaxien gehören, dann finde ich, daß die Antwort, der Apfel falle wegen der Schwerkraft zu Boden, durchaus eine Erklärung ist. Jedenfalls benutzen die Wissenschaftler das Wort »Erklärung« in diesem Sinne.

9 Am stabilsten sind Elemente, deren Elektronen sich vollständig auf abgeschlossenen Schalen unterbringen lassen; es sind dies die Edelgase Helium (zwei Elektronen), Neon (zehn Elektronen), Argon (achtzehn Elektronen) usw. (Man bezeichnet diese Gase als Edelgase, weil sie wegen der Stabilität ihrer Atome kaum an chemischen Reaktionen teilnehmen.) Kalzium hat zwanzig Elektronen, also zwei außerhalb der vollständigen Schalen des Argons, und die verliert es leicht. Sauerstoff hat acht Elektronen, und so fehlen ihm zwei für die abgeschlossenen Schalen des Neons, die er gern aufnimmt, um die Lücken in seinen Schalen zu füllen. Kohlenstoff hat sechs Elektronen, kann also entweder als Helium mit vier überschüssigen Elektronen oder als Neon mit vier fehlenden betrachtet werden, und er kann daher vier Elektronen entweder verlieren oder gewinnen. (Aufgrund dieser Ambivalenz können Kohlenstoffatome sich sehr stark aneinander binden wie etwa in einem Diamanten.)

10 Trägt das Atom eine positive beziehungsweise negative elektrische Ladung, so ist es bestrebt, lose Elektronen aufzunehmen beziehungsweise zu verlieren, bis es elektrisch neutral wird.

11 S. J. Gould: Zufall Mensch. Das Wunder des Lebens als Spiel der Natur. München 1991.

12 P. Anderson in: Science. Bd. 177. 1972. S. 393.

13 Man beachte aber, daß die Entropie in einem System, das Energie mit seiner Umgebung austauschen kann, abnehmen kann. Die Entstehung von Leben auf der Erde stellt eine Entropieabnahme dar, die nach den Gesetzen der Thermodynamik zulässig ist, weil die Erde Energie von der Sonne empfängt und Energie in das Weltall abgibt. Um die Entropie zu definieren, stellen Sie sich bitte vor, daß die Temperatur eines Systems ganz allmählich vom absoluten Nullpunkt aus gesteigert wird. Die Entropiezunahme des Systems, das immer wieder kleine Mengen von Wärmeenergie erhält, ist gleich dieser Energie, geteilt durch die absolute Temperatur, bei der die Wärme zugeführt wird.

14 E. Nagel: The Structure of Science. S. 338–345.

15 Die Geschichte dieser Auseinandersetzung schildert der Historiker Stephen Brush: The Kind of Motion we Call Heat. Amsterdam 1976, besonders in Abschnitt 1.9 von Buch 1.

16 Die Thermodynamik ist auf Schwarze Löcher anwendbar, und zwar nicht, weil diese eine große Zahl von Atomen, sondern weil sie eine

große Zahl der grundlegenden Masseneinheiten der Quantentheorie der Gravitation enthalten, die man als Planck-Masse bezeichnet und etwa ein Hunderttausendstel Gramm betragen. Auf ein Schwarzes Loch, das weniger als ein Hunderttausendstel Gramm wöge, wäre die Thermodynamik nicht anwendbar.

17 R. Hoffman: Under the Surface of the Chemical Article. In: Angewandte Chemie. Bd. 27. 1988. S. 1597–1602.

18 H. Primas: Chemistry, Quantum Mechanics, and Reductionism. 2. Aufl. Berlin 1983.

19 L. Pauling: Quantum Theory and Chemistry. In: Festschrift für Max Planck. Hrsg. v. B. Kockel, W. Mocke und A. Papapetrou. Berlin 1959. S. 385–388.

20 A. B. Pippard: The Invincible Ignorance of Science, Eddington-Gedenkvorlesung vom 28. Januar 1988 in Cambridge. In: Contemporary Physics. Bd. 29. 1988. S. 393.

21 Manchmal wird behauptet, der entscheidende Unterschied zwischen dem Menschen und anderen Tieren sei die Sprache, und erst als sie begonnen hätten zu sprechen, hätten die Menschen Bewußtsein erlangt. Computer benutzen auch eine Sprache und scheinen dennoch kein Bewußtsein zu haben, während unsere alte Siamkatze Tai Tai niemals sprach (und über ein begrenztes Spektrum von Mimik verfügte), aber dennoch in jeder anderen Hinsicht die gleichen Anzeichen von Bewußtsein zeigte wie Menschen.

22 G. Ryle: Der Begriff des Geistes. Stuttgart 1969.

23 G. Gissing: The Place of Realism in Fiction.

24 B. Moyers: A World of Ideas. Hrsg. v. B. S. Flowers. New York 1989. S. 249–262.

25 P. Anderson: On the Nature of Physical Law. In: Physics Today. Dezember 1990. S. 9.

26 R. G. Jahn, Leserbrief in: Physics Today. Oktober 1991. S. 13.

27 Die allgemeine Relativitätstheorie stützt sich weitgehend auf das Prinzip, daß Gravitationsfelder sich auf einen sehr kleinen, frei fallenden Körper nicht auswirken, außer daß sie seine Fallbewegung bestimmen. Die Erde ist innerhalb des Sonnensystems im freien Fall, und daher empfinden wir auf der Erde weder das Gravitationsfeld des Mondes noch der Sonne noch irgendein anderes, außer bei Effekten wie den Gezeiten, die deshalb entstehen, weil die Erde nicht sehr klein ist.

III. Lob des Reduktionismus

1 Science. 9. August 1991. S. 611.

2 In einem Artikel habe ich diese Auffassung einmal als »objektiven Reduktionismus« bezeichnet; siehe S. Weinberg: Newtonianism, Reductionism, and the Art of Congressional Testimony. In: Nature. Bd. 330. 1987. S. 433–437. Bei Wissenschaftsphilosophen wird dieser

Begriff wohl kaum Anklang finden, doch ist er zumindest von einem Biochemiker aufgegriffen worden, Joseph Robinson, der einem Angriff auf den Reduktionismus durch den Philosophen H. Kincaid entgegengetreten ist. Siehe J. D. Robinson: Aims and Achievements of the Reductionist Approach in Biochemistry/Molecular Biology/Cell Biology. A Responce to Kincaid. In: Philosophy of Science; in Vorbereitung.

3 F. M. Dostojewski: Aufzeichnungen aus dem Untergrund. In: Der Spieler. Späte Romane und Novellen. München 1959. S. 443.

4 E. Mayr: How Biology Differs from the Physical Sciences. In: Evolution at a Crossroads. Hrsg. v. D. Depew und B. Weber. Cambridge, Mass. 1985. S. 44.

5 S. Weinberg: Unified Theories of Elementary Particle Interactions. In: Scientific American. Bd. 231. Juli 1974. S. 50.

6 S. Weinberg: Newtonianism. A. a. O.

7 Einen gewissen Eindruck von dieser Debatte erhält man durch E. Mayr: The limits of reductionism, und meine Erwiderung in: Nature. Bd. 331. 1987. S. 475.

8 R. L. Park: Kurzfassung eines Vortrags anläßlich des Symposiums »Big Science/Little Science« auf dem Jahreskongreß der American Physical Society am 20. Mai 1987, in: The Scientist, 15. Juni 1987.

9 P. W. Anderson: Brief an die New York Times vom 8. Juni 1986.

10 H. Rubin: Molecular Biology Running into a Cul-de-sac?, Brief an Nature. Bd. 335. 1988. S. 121.

11 E. Mayr: Die Entwicklung der biologischen Gedankenwelt. Vielfalt, Evolution und Vererbung. Berlin/Heidelberg 1984. S. 52.

12 Ich verwende hier das Wort »direkt«, weil verschiedene Zweige der Physik einander in der Tat eine ganze Menge indirekter Hilfe gewähren. Dazu gehört auch die gegenseitige geistige Befruchtung: Festkörperphysiker entlehnten eine ihrer wichtigsten mathematischen Methoden (die sogenannte Renormierungsgruppen-Methode) aus der Teilchenphysik, während die Teilchenphysiker von der Festkörperphysik vom Phänomen der spontanen Symmetriebrechung erfuhren. Robert Schrieffer (der mit John Bardeen und Leon Cooper einer der Begründer unserer modernen Theorie der Supraleitung war) sprach sich 1987 bei den Anhörungen des Kongreßausschusses für das »Super Collider«-Projekt aus und betonte, er sei unter anderem aufgrund seiner Erfahrung mit den Mesonentheorien der Elementarteilchenphysik zu seiner eigenen Arbeit über die Supraleitung gelangt. (In einem unlängst erschienenen Artikel – John Bardeen and the Theory of Superconductivity, in: Physics Today, April 1992, S. 46 – erwähnt Schrieffer, er sei 1957 zu seiner Hypothese über die quantenmechanische Wellenfunktion für einen Supraleiter durch die Erinnerung an eine zwanzig Jahre zurückliegende Arbeit über Feldtheorie von Sin-Itiros Tomonaga angeregt worden.) Die einzelnen Zweige der Physik helfen einander natür-

lich noch in anderer Weise; so würde beispielsweise der »Super Colli-der« wegen seines Energiebedarfs viel zu teuer werden, wenn es nicht möglich wäre, Magnete mit supraleitenden Kabeln zu bauen; und die Synchrotronstrahlung, die als Nebenprodukt in manchen Hochener-gie-Teilchenbeschleunigern emittiert wird, hat sich in der Medizin und der Materialforschung als sehr wertvoll erwiesen.

13 A. M. Weinberg: Criteria for Scientific Choice. In: Physics Today. März 1964. S. 42–48. Siehe auch A. M. Weinberg: Criteria for Scienti-fic Choice. In: Minerva. Nr. 1. Winter 1963. S. 159–171; und: Criteria for Scientific Choice II: The Two Cultures. In: Minerva. Nr. 3. Herbst 1964. S. 3–14.

14 S. Weinberg: Newtonianism. A. a. O.

15 J. Gleick: Chaos – Die Ordnung des Universums. München 1988.

16 Schlußansprache von J. Gleick auf der Nobelkonferenz im Gustavus Adolphus College, Oktober 1990.

IV. Das Unbehagen an der Quantenmechanik

1 Natürlich gibt es in jedem beliebigen Raumvolumen eine unendliche Zahl von Punkten, und es ist nicht wirklich möglich, die eine Welle repräsentierenden Zahlen anzuführen. Zur Veranschaulichung (und oft in quantitativen Berechnungen) kann man sich aber vorstellen, daß der Raum aus einer sehr großen, aber endlichen Anzahl von Punkten besteht, die sich über ein großes, aber endliches Volumen erstrecken.

2 Hier geht es genaugenommen um komplexe Zahlen in dem Sinne, daß sie im allgemeinen die durch den Buchstaben i symbolisierte Größe enthalten, die der Quadratwurzel aus -1 entspricht, und zugleich normale, sowohl positive als auch negative Zahlen. Jener Teil einer komplexen Zahl, der i proportional ist, wird als ihr Imaginärteil be-zeichnet, der Rest als ihr Realteil. Diese Komplikation übergehe ich hier, weil sie, auch wenn sie wichtig ist, im Grunde nicht berührt, was ich über die Quantenmechanik sagen möchte.

3 Das Wellenpaket des Elektrons beginnt sogar schon vor dem Auftref-fen auf das Atom zu zerfallen. Man erkannte schließlich, daß dies auf der Tatsache beruht, daß das Wellenpaket gemäß der probabilistischen Deutung der Quantenmechanik nicht ein Elektron mit einer bestimm-ten Geschwindigkeit repräsentiert, sondern eines mit einer Verteilung verschiedener möglicher Geschwindigkeiten.

4 Diese Beschreibung könnte fälschlich den Eindruck erwecken, in einem Zustand mit einem bestimmten Impuls gebe es einerseits Punkte, wo das Elektron sich wahrscheinlich nicht aufhält und die entsprechenden Werte der Wellenfunktion am kleinsten sind, und andererseits Punkte, wo das Elektron sich höchstwahrscheinlich aufhält und die Werte der Wellenfunktion am größten sind. Dies trifft nicht zu, weil, wie in Anmerkung 2 zu diesem Kapitel erwähnt, die Wellenfunktion komplex

ist. Jeder Wert der Wellenfunktion zerfällt wirklich in zwei Teile, ihren *Realteil* und ihren *Imaginärteil*, die sich nicht phasengleich verhalten: Wenn der eine klein ist, ist der andere groß. Die Wahrscheinlichkeit, daß ein Elektron sich in einer bestimmten kleinen Region aufhält, ist proportional zu der Summe der Quadrate der beiden Teile des Wertes der Wellenfunktion für diesen Ort, und diese Summe ist in einem Zustand bei bestimmtem Impuls streng konstant.

5 N. Bohr: Atti del Congresso Internazionale dei Fisici, Como, Settembre 1927, abgedruckt in: Nature. Bd. 121. 1928. S. 580.

6 Die Wahrscheinlichkeiten verschiedener Konfigurationen sind, genaugenommen, gegeben durch die Summe der Quadrate des Realteils und des Imaginärteils der Werte der Wellenfunktion.

7 In der realen Welt sind Teilchen natürlich nicht auf nur zwei Orte beschränkt, aber es gibt physikalische Systeme, die man praktisch so auffassen kann, als hätten sie nur zwei Konfigurationen. Der Spin eines Elektrons ist ein reales Beispiel für ein solches System von zwei Zuständen. (Der Spin oder Drehimpuls eines Systems ist ein Maß dafür, wie schnell es sich dreht, wie massereich es ist und wie weit die Masse von der Rotationsachse entfernt ist.) In der klassischen Mechanik kann der Drehimpuls eines Kreisels oder eines Planeten jede beliebige Größe und Richtung haben. In der Quantenmechanik dagegen können wir, wenn wir die Größe des Spins eines Elektrons in einer bestimmten Richtung messen, zum Beispiel nach Norden (normalerweise wird die Energie seiner Wechselwirkung mit einem magnetischen Feld in dieser Richtung gemessen), nur eines von zwei Resultaten erhalten: Das Elektron kreist entweder im Uhrzeigersinn oder entgegen dem Uhrzeigersinn um diese Richtung, doch die Größe des Spins ist stes dieselbe. Die Größe des Drehimpulses des Elektrons um irgendeine Richtung ist gleich der Planckschen Konstante, dividiert durch 4π oder etwa einhundert Millionen-Millionen-Millionen-Millionen-Millionen-Millionen-Millionen-Millionen-Millionen-Millionstel des Drehimpulses der Erde um ihre Achse.

8 Die Summe dieser beiden Wahrscheinlichkeiten muß gleich 1 (das heißt einhundert Prozent) sein, also muß auch die Summe der Quadrate des *hier-* und *dort-*Wertes 1 betragen. Dies legt uns ein sehr hilfreiches geometrisches Bild nahe. Zeichnen wir ein rechtwinkliges Dreieck mit einer waagrechten Seite, deren Länge dem *hier-*Wert der Wellenfunktion entspricht, und einer senkrechten Seite, deren Länge dem *dort-*Wert entspricht. (Statt waagrecht und senkrecht könnte man natürlich auch jede andere Richtung wählen; die Seiten müssen nur senkrecht aufeinanderstehen.) Auch wenn Sie kein Universalgenie sind, wissen Sie sicherlich eines: Das Quadrat der Hypotenuse dieses Dreiecks ist gleich der Summe der Quadrate der senkrechten und der waagrechten Seite. Diese Summe hat aber, wie wir gesehen haben, den Wert 1, und so hat die Hypotenuse die Länge 1. (Damit meine ich nicht

einen Meter oder ein Fuß, denn Wahrscheinlichkeiten werden nicht in Quadratmetern oder Quadratfuß gemessen; ich meine die reine Zahl 1.) Oder anders: Falls uns ein Pfeil von Einheitslänge mit einer bestimmten Richtung in zwei Dimensionen gegeben ist (also ein zweidimensionaler Einheitsvektor), so ergibt seine Projektion auf die waagrechte und die senkrechte Richtung beziehungsweise auf jedes andere Paar von senkrecht aufeinanderstehenden Richtungen ein Paar von Zahlen, deren Quadrate sich notwendigerweise zu 1 addieren. Statt also einen *hier*-Wert und einen *dort*-Wert anzugeben, kann der Zustand auch dargestellt werden durch einen Pfeil (die Hypotenuse unseres Dreiecks) der Länge 1, dessen Projektion auf eine beliebige Richtung den zu dieser Richtung gehörenden Wert der Wellenfunktion für die Konfiguration des Systems angibt. Diesen Pfeil bezeichnet man als *Zustandsvektor*. Dirac entwickelte eine ziemlich abstrakte Formulierung der Quantenmechanik im Sinne von Zustandsvektoren, die gegenüber der Formulierung im Sinne von Wellenfunktionen Vorteile hat, weil wir von einem Zustandsvektor sprechen können, ohne auf irgendwelche besonderen Konfigurationen des Systems Bezug zu nehmen.

9 Wenn ich sage, diese Zustände hätten nur einen bestimmten Impuls, dann ist das ungenau. Bei nur zwei möglichen Orten kommt der *go*-Zustand einer schwungvollen Welle mit einem Berg *hier* und einem Tal *dort* so nahe wie möglich, die einem Teilchen mit einem von null verschiedenen Impuls entspricht, während der *stop*-Zustand einer flachen Welle gleichkommt, bei welcher die Wellenlänge sehr viel größer ist als der Abstand von *hier* nach *dort*, was einem Teilchen im Ruhezustand entspricht. Dies ist ein primitives Beispiel für das, was die Mathematiker eine Fourieranalyse nennen. (Um der in der vorigen Anmerkung genannten Bedingung zu genügen, daß die Summe der Quadrate der beiden Werte gleich 1 sein müsse, müssen wir, strenggenommen, die *stop*- und *go*-Werte der Wellenfunktion als die Summe beziehungsweise Differenz der *hier*- und *dort*-Werte nehmen, geteilt durch die Quadratwurzel aus 2.)

10 F. Capra: Das Tao der Physik. München 1984.

11 Im Hinblick auf die Eigenschaften von Quantensystemen, die in der klassischen Physik chaotisch *wären*, sprechen die Physiker gelegentlich von »Quantenchaos«, doch die Quantensysteme selbst sind keinesfalls chaotisch.

12 Vor allem Alan Aspect.

13 Das Phänomen, aufgrund dessen die beiden Geschichten der Welt nicht länger miteinander interferieren, bezeichnet man als »Dekohärenz«. Die Frage, wie es dazu kommt, hat bei Theoretikern letzthin große Aufmerksamkeit gefunden, darunter Murray Gell-Mann und James Hartle sowie unabhängig von ihnen Bryce De Witt.

14 Um nur einige zu nennen: J. B. Hartle: Quantum Mechanics of Indivi-

dual Systems. In: American Journal of Physics. Bd. 36. 1968. S. 704; B. S. De Witt und N. Graham in: The Many-Worlds Interpretation of Quantum Mechanics. Princeton 1973. S. 183–186; D. Deutsch: Probability in Physics, Oxford University Mathematical Institute preprint 1989; Y. Aharonov, Papier in Vorbereitung.

15 Polchinski fand anschließend eine geringfügig modifizierte Interpretation dieser Theorie, in der eine solche überlichtschnelle Kommunikation verboten war, in der aber die »verschiedenen Welten«, die verschiedenen Meßergebnissen entsprechen, weiterhin miteinander kommunizieren können.

V. Von Theorien und Experimenten

1 Das heißt, die Bahnen bilden keine völlig geschlossenen Ellipsen; ein Planet durchläuft, wenn er vom sonnennächsten Punkt, dem Perihel, zum sonnenfernsten und wieder zurück zum sonnennächsten wandert, einen Kreis von etwas mehr als dreihundertsechzig Grad um die Sonne. Bei der daraus resultierenden geringfügigen Orientierungsänderung der Bahn spricht man daher gewöhnlich von der Präzession des Perihels.

2 Die hier angeführten Informationen über die in den Jahren 1916 bis 1919 erfolgten Nobelpreis-Nominierungen stammen aus der großartigen wissenschaftlichen Biographie Einsteins von A. Pais: Raffiniert ist der Herrgott. Albert Einstein. Eine wissenschaftliche Biographie. Braunschweig 1986. Kapitel 30.

3 Für eine Diskussion und Quellenhinweise siehe D. G. Mayo: Novel Evidence and Severe Tests. In: Philosophy of Science. Bd. 58. 1991. S. 523.

4 Ich traf diese Aussage 1984 in meinen Bampton-Vorlesungen an der Columbia-Universität. Ich bin sehr froh, daß ein ausgewiesener Wissenschaftshistoriker zu dem gleichen Schluß gelangt ist; siehe S. Brush: Prediction and Theory Evaluation: The Case of Light Bending. In: Science. Bd. 246. 1989. S. 1124.

5 Ich sollte erwähnen, daß Einstein einen dritten Test für die allgemeine Relativitätstheorie vorgeschlagen hatte, der auf der von ihm vorhergesagten gravitationsbedingten Rotverschiebung des Lichts beruhte. Ein von der Erdoberfläche abgeschossenes Projektil verliert in dem Maße, wie es sich gegen die Schwerkraft der Erde emporarbeitet, an Geschwindigkeit – und auch ein Lichtstrahl, der von der Oberfläche eines Sterns oder Planeten ausgesandt wird, verliert in dem Maße, wie er sich ins Weltall entfernt, an Energie. Beim Licht äußert sich dieser Energieverlust in einer Vergrößerung der Wellenlänge und einer dadurch (beim sichtbaren Licht) bedingten Verschiebung zum roten Ende des Spektrums hin. Die allgemeine Relativitätstheorie sagt für Licht von der Oberfläche der Sonne eine solche geringfügige Zunahme der Wel-

lenlänge um 2,12 parts per Million voraus. Es wurde vorgeschlagen, das Spektrum des Sonnenlichts daraufhin zu untersuchen, ob die Spektrallinien von ihrer normalen Wellenlänge um diesen Betrag zum Rot hin verschoben waren. Astronomen, die nach diesem Effekt suchten, konnten ihn zunächst nicht finden, was einigen Physikern offenbar Kopfzerbrechen bereitete. Der Bericht des Nobelkomitees für das Jahr 1917 hält fest, daß Messungen von C. E. St. John am Mount Wilson keine Rotverschiebung ergeben hätten, und kommt zu dem Schluß: »Es scheint, daß Einsteins Relativitätstheorie, welche Vorzüge sie auch sonst haben möge, einen Nobelpreis nicht verdient.« Der Bericht des Nobelkomitees von 1919 nannte nochmals das ungeklärte Problem der Rotverschiebung als Grund, sich eines Urteils über die allgemeine Relativitätstheorie zu enthalten. Allerdings scheinen die meisten Physiker (auch Einstein selbst) sich damals nicht sonderlich um das Problem der Rotverschiebung gekümmert zu haben. Aus heutiger Sicht ist klar, daß mit den um 1920 verwendeten Verfahren eine genaue Messung der gravitationsbedingten Rotverschiebung des Sonnenlichts nicht möglich war. Diese konnte beispielsweise verdeckt sein durch eine Verschiebung, die auf der Konvektion der lichtemittierenden Gase an der Oberfläche der Sonne (den bekannten Doppler-Effekt) beruhte und mit der allgemeinen Relativitätstheorie nichts zu tun hatte. Falls diese Gase mit einer Geschwindigkeit von sechshundert Metern pro Sekunde (auf der Sonne keine unmögliche Geschwindigkeit) in Richtung auf den Beobachter aufstiegen, mußte das die gravitationsbedingte Rotverschiebung vollkommen aufheben. Eine gravitationsbedingte Rotverschiebung, die ungefähr die erwartete Stärke hat, ist erst in den letzten Jahren durch genaue Messungen von Licht vom Rand der Sonnenscheibe, wo die Konvektion überwiegend im rechten Winkel zur Blickrichtung erfolgt, festgestellt worden. Zur ersten exakten Messung der gravitationsbedingten Rotverschiebung wurden denn auch statt des Sonnenlichts Gammastrahlen (Licht sehr kurzer Wellenlänge) verwendet, die man im Turm des Jefferson Physical Laboratory in Harvard bloße 22,6 Meter steigen oder fallen ließ. R. V. Pound und G. A. Rebka entdeckten 1960 bei einer Messung mit Gammastrahlen eine Veränderung der Wellenlänge, die bis auf eine Meßungenauigkeit von zehn Prozent mit der allgemeinen Relativitätstheorie übereinstimmte, eine Genauigkeit, die man einige Jahre später auf etwa ein Prozent verbesserte.

6 Besonders in der Arbeit von Irwin Shapiro, damals am MIT.

7 Es handelt sich um die sogenannte Brownsche Bewegung. Sie wird dadurch hervorgerufen, daß Moleküle der Flüssigkeit mit den Teilchen zusammenprallen. Mit Hilfe von Einsteins Theorie der Brownschen Bewegung konnte man anhand von Beobachtungen einige der Eigenschaften von Molekülen berechnen und außerdem Chemiker und Physiker von der Realität der Moleküle überzeugen.

8 Für die Fachleute: Ich spreche hier von der massefreien Skalartheorie.

9 Nehmen wir zum Beispiel ein Bezugssystem an, das im gesamten Raum eine Beschleunigung von 9,81 Metern pro Sekunde pro Sekunde in der Richtung von Texas zum Erdmittelpunkt erfährt. In diesem Bezugssystem würden wir in Texas kein Gravitationsfeld empfinden, weil dies das Bezugssystem ist, das in Texas frei fällt, aber unsere Freunde in Australien würden das normale Gravitationsfeld doppelt empfinden, weil dieses Bezugssystem in Australien vom Erdmittelpunkt fort und nicht zu ihm hin beschleunigt würde.

10 Dies gilt für Newtons Formulierung seiner Theorie im Sinne einer fernwirkenden Kraft, nicht aber über für die spätere Umformulierung von Newtons Theorie (durch Laplace und andere) zu einer Feldtheorie. Aber auch in der feldtheoretischen Version von Newtons Theorie ließe sich leicht ein neuer Term in die Feldgleichungen einfügen, der andere Veränderungen in der Abhängigkeit der Kraft von der Entfernung hervorrufen würde. Statt der mit dem Quadrat der Entfernung abnehmenden Kraft ergäbe sich eine Formel, nach der die Gravitationskraft sich bis zu einer bestimmten Entfernung annähernd wie der Kehrwert des Quadrats der Entfernung verhält, um danach exponentiell abzufallen. Eine solche Modifikation ist in der allgemeinen Relativitätstheorie nicht möglich.

11 Tatsächlich befaßten Born, Heisenberg und Jordan sich mit einer vereinfachten Version eines elektromagnetischen Feldes, in der Komplikationen, die aus der Polarisierung des Lichts resultieren, übergangen werden. Mit diesen Komplikationen beschäftigte sich kurz darauf Dirac, und schließlich gab Enrico Fermi eine vollständige Darstellung der Quantenfeldtheorie des Elektromagnetismus.

12 Die erlaubten Photonenenergien bilden ein Kontinuum, und daher ist diese »Summe« tatsächlich ein Integral.

13 Die Geschichte dieser Entwicklungen schildern T. Y. Cao und S. S. Schweber: The Conceptual Foundations and Philosophical Aspects of Renormalization Theory, zur Veröffentlichung vorgesehen in Synthèse (1992).

14 Tatsächlich maß Lamb die unterschiedliche Energieverschiebung zweier Zustände des Wasserstoffatoms, die nach der alten Theorie von Dirac in Abwesenheit von Photonenemissionen und -reabsorptionen genau die gleiche Energie haben sollten. Lamb konnte zwar nicht die Energie dieser beiden Atomzustände exakt messen, aber er konnte feststellen, daß ihre Energien sich um einen winzigen Betrag unterschieden, woraus deutlich wurde, daß etwas die Energien der beiden Zustände um unterschiedliche Beträge verändert hatte.

15 Diese Berechnungen wurden von Lamb selbst zusammen mit Norman Kroll und von Weißkopf zusammen mit J. B. French durchgeführt.

16 »Aus dem Nachlaß der Achtzigerjahre«, veröffentlicht in Bd. 3 der von Karl Schlechta herausgegebenen Werke, München 1958, S. 603. Diese

Bemerkung ist Gegenstand eines Romans meines an der Universität von Texas tätigen Kollegen Lars Gustafsson: Der Tod eines Bienenzüchters, München 1978.

17 Eine Besprechung dieser theoretischen und experimentellen Ergebnisse gibt T. Kinoshita in: Quantum Electrodynamics, herausgegeben von T. Kinoshita. Singapur 1990.

18 Es existiert ein noch ernsteres Problem mit der Quantenelektrodynamik. Murray Gell-Mann und Francis Low zeigten 1954, daß die effektive Ladung des Elektrons mit der Energie des Prozesses, in der diese gemessen wird, ganz allmählich zunimmt, und sie erwogen die (schon zuvor von dem sowjetischen Physiker Lew Landau vermutete) Möglichkeit, daß die effektive Ladung bei einer sehr hohen Energie tatsächlich unendlich wird. Neuere Berechnungen haben gezeigt, daß diese Katastrophe in der reinen Quantenelektrodynamik, der Theorie, in der nur Photonen und Elektronen vorkommen und sonst nichts, tatsächlich eintritt. Die Energie, bei der diese Unendlichkeit eintritt, ist jedoch so hoch (sehr viel größer als die gesamte, im beobachtbaren Universum enthaltene Masse), daß es lange vor Erreichen solcher Energien unmöglich wird, all die anderen neben den Photonen und Elektronen in der Natur vorkommenden Teilchenarten zu ignorieren. Die Frage der mathematischen Konsistenz der Quantenelektrodynamik ist – soweit sie noch offen ist – identisch geworden mit der Frage nach der Konsistenz unserer Quantentheorien sämtlicher Teilchen und Kräfte.

19 Von Feynman und Gell-Mann sowie unabhängig von Robert Marshak und George Sudarshan.

20 Ich beziehe mich auf die Verallgemeinerung der Quantenelektrodynamik durch C. N. Yang und R. L. Mills.

21 Das stimmt nicht ganz genau, denn ich erwähnte dieses Papier in einem Vortrag, den ich 1967 auf der Solvay-Konferenz in Brüssel hielt. Das ISI berücksichtigt aber nur veröffentlichte Zeitschriftenartikel, und meine Äußerung wurde in einem Konferenzbericht veröffentlicht.

22 Eugene Garfield: The Most-Cited Papers of All Time, SCI 1945–1988. In: Current Contents, 12. Februar 1990, S. 3. Es war, um genauer zu sein, der einzige Artikel zur Elementarteilchenphysik (oder irgendeinem anderen Bereich der Physik, außer der Biophysik, der chemischen Physik und der Kristallographie) unter den hundert Artikeln aus allen Wissenschaften, die im ISI-Berichtszeitraum von 1945 bis 1988 am häufigsten zitiert wurden. (Wegen des Krieges gab es vermutlich von 1938 bis 1945 keine häufig zitierten Artikel zur Elementarteilchenphysik.)

23 Ich war zufällig vor einigen Jahren in Oxford und fragte bei der Gelegenheit Pat Sanders, der das Oxford-Experiment mit Wismut geleitet hatte, ob seine Gruppe herausgefunden habe, was beim ersten Experiment schiefgegangen war. Er sagte mir, sie hätten es nicht herausgefunden und würden es leider auch nie herausbekommen, weil die

Experimentatoren den Apparat ausgeschlachtet hätten und nun als Teil eines neuen Apparates verwendeten, mit dem sie die richtige Antwort bekamen. So etwas kommt vor.

24 Dies geschah auf der Grundlage eines von Roberto Peccei und Helen Quinn vorgeschlagenen Symmetrieprinzips.

25 Derartige Modifikationen sind von W. Fischler, M. Dine und M. Srednicki sowie von Y. Kim vorgeschlagen worden.

26 Durch Arno Penzias und Robert Wilson. Ich habe über die Entdeckung dieser universalen Hintergrundstrahlung geschrieben in: Die ersten drei Minuten. Der Ursprung des Universums. München 1977.

27 Ich muß zugeben, daß dort, wo in den (englischen) Übersetzungen der klassischen Werke von Sun Tzu, Jomini und Clausewitz die Wendung »Kriegskunst« (art of war) vorkommt, das Wort »Kunst« als Gegensatz zu »Wissenschaft« verstanden wird, so wie »Technik« der Gegensatz zu »Wissen« ist, nicht aber im Sinne von »subjektiv« im Gegensatz zu »objektiv« oder »Inspiration« im Gegensatz zu »System«. Durch die Art, wie sie den Ausdruck »Kunst« verwenden, haben diese Autoren unterstrichen, daß sie über die Kriegskunst schrieben, weil sie denjenigen Nutzen bringen wollten, die tatsächlich Kriege gewinnen wollten, aber dabei wissenschaftlich und systematisch vorzugehen gedachten. Bei späteren Autoren wie Charles Oman und Cyril Falls, die über eine »Kriegskunst« schreiben, wird jedoch deutlich, daß es kein System des Krieges gibt. Der Leser, der mir bis hierher gefolgt ist, wird verstanden haben, daß auch von einem System der Wissenschaft kaum die Rede sein kann.

VI. Schöne Theorien

1 Der Astrophysiker Subrahmanyan Chandrasekhar hat mitreißend über die Rolle der Schönheit in der Wissenschaft geschrieben in: Truth and Beauty, Aesthetics and Motivations in Science. Chicago 1987; und in: Bulletin of the American Academy of Arts and Sciences. Bd. 43, Nr. 3 (Dezember 1989). S. 14.

2 Gemeint sind die zehn Feldgleichungen plus die vier Bewegungsgleichungen.

3 A. Einstein: Mein Weltbild. Frankfurt/Berlin/Wien. 1981. S. 131.

4 Experimentell sind Gravitonen noch nicht entdeckt worden, aber das ist nicht erstaunlich; Berechnungen zeigen, daß sie so schwach wechselwirken, daß einzelne Gravitationen bei keinem bislang durchgeführten Experiment entdeckt werden konnten. An der Existenz von Gravitonen besteht dennoch kein ernsthafter Zweifel.

5 Zu diesen Familien gehören strenggenommen nur die linkshändigen Zustände des Elektrons und des Neutrinos sowie die up- und down-Quarks. (Unter linkshändig versteht man, daß das Teilchen sich in eine Richtung dreht, in die sich die Finger krümmen, wenn man den

Daumen der linken Hand auf der Rotationsachse des Teilchens in die Bewegungsrichtung des Teilchens zeigen läßt.) Diese Unterscheidung zwischen den von links- und rechtshändigen Zuständen gebildeten Familien liegt der Tatsache zugrunde, daß die schwachen Kernkräfte nicht die Symmetrie zwischen rechts und links respektieren. (Die Asymmetrie zwischen rechts und links bei den schwachen Kräften wurde 1956 von den Theoretikern T. D. Lee und C. N. Yang vorgeschlagen. Experimentell bestätigt wurde sie durch C. S. Wu in Zusammenarbeit mit einer Gruppe am National Bureau of Standards in Washington beim radioaktiven Beta-Zerfall sowie durch R. L. Garwin, L. Lederman und M. Weinrich sowie durch J. Friedman und V. Telegdi beim Zerfall des pi-Mesons.) Warum nur die linkshändigen Elektronen, Neutrinos und Quarks diese Familien bilden, wissen wir noch nicht; dies ist eine Herausforderung für Theorien, die über unser Standardmodell der Elementarteilchen hinausgehen wollen.

6 1918 schlug der Mathematiker Hermann Weyl vor, die Symmetrie der allgemeinen Relativitätstheorie unter Raumzeit-abhängigen Änderungen des Ortes oder der Orientierung zu ergänzen durch eine Symmetrie unter Raumzeit-abhängigen Änderungen in der Art und Weise, wie man Entfernungen und Zeiten mißt (oder »eicht«). Dieses Symmetrieprinzip wurde von den Physikern bald aufgegeben (es taucht aber in spekulativen Theorien immer wieder in verschiedenen Versionen auf), doch hat es mathematisch eine große Ähnlichkeit mit einer inneren Symmetrie der Elektrodynamik, die man darum als Eichinvarianz bezeichnet hat. Als dann 1954 von C. N. Yang und R. L. Mills eine kompliziertere Art von lokaler Symmetrie eingeführt wurde (um die starke Kraft zu erklären), bezeichnete man auch sie als Eichsymmetrie.

7 Unterschiedliche Versionen des Attributs der Quarks, das man als Farbe bezeichnet, wurden vorgeschlagen von O. W. Greenberg, von M. Y. Han und Y. Nambu sowie von W. A. Bardeen, H. Fritzsch und M. Gell-Mann.

8 Siehe aber die Bemerkungen in Kapitel XI, die diese Forderung einschränken.

9 In Diracs Theorie sind Elektronen unvergänglich; ein Vorgang wie die Erzeugung eines Elektrons und eines Positrons wird gedeutet als Anheben eines Elektrons von negativer Energie in einen Zustand positiver Energie, wobei im Meer der Elektronen von negativer Energie ein Loch zurückbleibt, das als ein Positron beobachtet wird, und die Vernichtung eines Elektrons und eines Positrons wird gedeutet als das Fallen eines Elektrons in ein solches Loch. Beim radioaktiven Beta-Zerfall werden aus der Energie und der elektrischen Ladung im Elektronenfeld Elektronen *ohne Positronen* erzeugt.

10 Als ich Anfang der siebziger Jahre auf einer Konferenz in Florida mit

Dirac zusammentraf, fragte ich ihn, wie er die Tatsache erklären könne, daß es Teilchen gibt (wie das pi-Meson oder das W-Teilchen), die einen Spin besitzen, der sich von dem des Elektrons unterscheidet, und keine stabilen Zustände negativer Energie haben können, aber dennoch eindeutige Antiteilchen aufweisen. Dirac sagte, er habe nie gedacht, daß diese Teilchen wichtig seien.

11 Dies ist eine Erinnerung Heisenbergs, zitiert von Valentine Telegdi und Victor Weißkopf in einer Besprechung von Heisenbergs gesammelten Werken in: Physics Today, Juli 1991, S. 58. Die gleiche Idee, daß die Anzahl der möglichen mathematischen Formen begrenzt sei, hat auch der Mathematiker Andrew Gleason geäußert.

12 Hardy hielt sich sein Leben lang etwas darauf zugute, daß seine Forschungen zur reinen Mathematik keinerlei praktische Anwendung haben könnten. Als Kerson Huang und ich am MIT über das Verhalten von Materie bei extrem hoher Temperatur arbeiteten, fanden wir jedoch die mathematischen Formeln, die wir benötigten, ausgerechnet in den von Hardy zusammen mit Littlewood verfaßten Arbeiten zur Zahlentheorie.

13 Zu den Schöpfern dieses gekrümmten Raums gehörten außerdem Janos Bolyai und Nikolai Iwanowitsch Lobatschewski. Die Arbeit von Gauß, Bolyai und Lobatschewski war für die Zukunft der Mathematik deshalb wichtig, weil sie diesen Raum nicht nur in dem Sinne als gekrümmt beschrieben, wie die Oberfläche der Erde gekrümmt und in einen ungekrümmten Raum höherer Dimension eingebettet ist, sondern vielmehr seine inhärente Krümmung beschrieben, ohne auf seine Einbettung in höhere Dimensionen Bezug zu nehmen.

14 Euklids fünftes Postulat besagt in einer Version, daß durch einen gegebenen Punkt außerhalb einer gegebenen Geraden absolut nur eine Gerade gezogen werden kann, die zu der gegebenen Geraden parallel ist. In der neuen nichteuklidischen Geometrie von Gauß, Bolyai und Lobatschewski können viele solcher parallelen Geraden gezogen werden.

15 Diese Experimente wurden von Merle Tuve zusammen mit N. Heydenberg und L. R. Hafstad durchgeführt; sie benutzten einen Millionen-Volt-Van-de-Graaff-Beschleuniger, um einen Protonenstrahl auf ein protonenreiches Ziel wie Paraffin zu feuern.

16 Aus diesem Grund bezeichnet man diese Symmetrie als *Isospin-Symmetrie*. (Sie wurde 1936 von G. Breit und E. Feenberg sowie davon unabhängig von B. Cassen und E. U. Condon auf der Grundlage der Experimente von Tuve et al. vorgeschlagen.) Die Isospin-Symmetrie hat ebenfalls mathematische Ähnlichkeit mit der inneren Symmetrie, die der schwachen und der elektromagnetischen Kraft in der elektroschwachen Theorie zugrunde liegt, sie ist aber physikalisch etwas ganz anderes. Ein Unterschied besteht darin, daß verschiedene Teilchen zu Familien zusammengefaßt werden: das Proton und das Neutron zu der

Familie mit Isospin-Symmetrie und das linkshändige Elektron und Neutrino sowie die linkshändigen *up*- und *down*-Quarks zu der Familie mit elektroschwacher Symmetrie. Die elektroschwache Symmetrie behauptet ferner die Invarianz der Naturgesetze unter Transformationen, die vom Ort in Raum und Zeit abhängen können; demgegenüber bewahren die Gleichungen der Kernphysik ihre Form nur dann, wenn wir Protonen und Neutronen überall und jederzeit in der gleichen Weise ineinander transformieren können. Schließlich ist die Isospin-Symmetrie nur angenähert und wird heute als eine etwas zufällige Konsequenz der kleinen Massen der Quarks in unserer modernen Theorie der starken Kraft aufgefaßt; die elektroschwache Symmetrie ist dagegen exakt und wird als ein fundamentales Prinzip in der elektroschwachen Theorie betrachtet.

17 Wenn zwei Transformationen etwas unverändert lassen, dann tut dies auch ihr »Produkt«, definiert als Durchführung der einen Transformation nach der anderen. Wenn eine Transformation etwas unverändert läßt, dann tut dies auch ihr Inverses, die Transformation, die die erste rückgängig macht. Außerdem gibt es immer eine Transformation, die alles unverändert läßt. Die Transformation, die überhaupt nichts bewirkt, bezeichnet man als Einheitstransformation, weil sie so wirkt wie die Multiplikation mit der Zahl 1. Es sind diese drei Eigenschaften, die eine Anzahl von Operationen zu einer Gruppe formen.

18 Es gibt, kurz gesagt, drei unendliche Kategorien einfacher Lie-Gruppen: die vertrauten Rotationsgruppen in zwei, drei oder mehr Dimensionen und zwei weitere Kategorien von Transformationen, die mit Rotationen eine gewisse Ähnlichkeit haben, die sogenannten unitären und symplektischen Transformationen. Darüber hinaus existieren genau fünf »außergewöhnliche« Lie-Gruppen, die zu keiner dieser Kategorien gehören.

19 Die Gruppe, um die es in Galois' Werk ging, war die Menge der Permutationen der Lösungen der Gleichung.

20 E. P. Wigner: The Unreasonable Effectiveness of Mathematics. In: Communications in Pure and Applied Mathematics. Bd. 13. 1960. S. 1–14.

21 J. L. Richards: Rigor and Clarity, Foundations of Mathematics in France and England, 1800–1840. In: Science in Context. Bd. 4. 1991. S. 297.

22 F. Crick: Ein irres Unternehmen. Die Doppelhelix und das Abenteuer Molekularbiologie. München 1990.

23 Genaugenommen enthalten die ansonsten sinnlosen Triplets die Botschaft »Ende der Kette«.

24 In einem Brief, den Kepler im Mai 1605 an Fabricius schrieb, zitiert von E. Zilsel: The Genesis of the Concept of Physical Law. In: Philosophical Review. Bd. 51. 1942. S. 245.

VII. Wider die Philosophie

1 Zwei mit mir befreundete Philosophen haben mir erklärt, die Überschrift dieses Kapitels, »Wider die Philosophie«, sei eine Übertreibung, da ich mich ja nicht gegen die Philosophie überhaupt wende, sondern nur gegen die negativen Auswirkungen philosophischer Doktrinen wie des Positivismus und Relativismus auf die Wissenschaft. Sie vermuteten hinter der Überschrift eine Erwiderung auf Feyerabends Buch *Wider den Methodenzwang*. In Wirklichkeit wurde mir die Überschrift dieses Kapitels (im Original »Against Philosophy«) durch die Titel zweier sehr bekannter justizkritischer Artikel nahegelegt: Owen Fiss' »Against Settlement« und Louise Weinbergs »Against Comity«. Auf jeden Fall fand ich, daß »Wider den Positivismus und den Relativismus« keine besonders eingängige Überschrift wäre.

2 G. Gale: Science and the Philosophers. In: Nature. Bd. 312. 6. Dezember 1984. S. 491.

3 L. Wittgenstein: Vermischte Bemerkungen. Frankfurt 1977. S. 118.

4 Als Beispiele siehe einige Artikel in W. Balzer, D. A. Pearce und H.-J. Schmidt (Hg.): Reduction in Science. Structure, Examples, Philosophical Problems. Dordrecht 1984.

5 Darüber hinaus gibt es viele Wissenschaftler, die auf die Schriften von Philosophen in der gleichen Weise reagieren. So schreibt der Biochemiker J. D. Robinson in seiner Entgegnung auf den Philosophen H. Kincaid, den ich in Kapitel III zitierte: »Ohne Zweifel begehen Biologen gräßliche philosophische Sünden. Und sie sollten die sachkundige Zuwendung von Philosophen begeistert begrüßen. Diese Zuwendung wird aber am ehesten helfen, wenn die Philosophen erkennen, was die Biologen wollen und was sie tun.«

6 P. K. Feyerabend: Explanation, Reduction, and Empiricism. In: Minnesota Studies in the Philosophy of Science. Bd. 3. 1962. S. 46–48. Die Philosophen, auf die sich Feyerabend bezieht, sind die Positivisten des Wiener Kreises, über sie später mehr.

7 A. Rupert Hall: Making Sense of the Universe. In: Nature. Bd. 327. 25. Juni 1987. S. 669.

8 R. McCormmach: Night Thoughts of a Classical Physicist. Cambridge, Mass. 1982.

9 Diese Arbeit baut auf der sogenannten inflationären Kosmologie von Alan Guth auf.

10 J. Bernstein: Ernst Mach and the Quarks. In: American Scholar. Bd. 53. Winter 1983/84. S. 12.

11 Zeitschrift für Physik. Bd. 33. 1925. S. 879.

12 G. Gale: Science and the Philosophers. A. a. O.

13 E. Mach in: Physikalische Zeitschrift. Bd. 11. 1910. S. 603. Im British Journal of the Philosophy of Science (Bd. 40. 1989. S. 524) kommentiert J. Blackmore eine Debatte unter Wissenschaftshistorikern über die Frage, ob Mach sich mit Einsteins spezieller Relativitätstheorie, die

von Machs eigenen Auffassungen geprägt war, philosophisch versöhnt habe.

14 Mein Freund Sambursky (den ich in Kapitel V zitierte) hat als sehr junger Mann Kaufmann gekannt. Er bestätigte meinen Eindruck, daß Kaufmann ein starrer, von seiner eigenen Philosophie gefesselter Mensch war.

15 Dies wurde überzeugend dargelegt von dem Philosophen Dudley Shapere: The Concept of Observation in Science and Philosophy. In: Philosophy of Science. Bd. 49. 1982. S. 485–525.

16 W. Heisenberg: Begegnungen und Gespräche mit Albert Einstein. In: Tradition in der Wissenschaft. München 1977. S. 117.

17 J. Bernstein: Ernst Mach ... A. a. O.

18 Dennoch haben wir der S-Matrix-Theorie wohl einige wertvolle Lehren zu verdanken. Die Quantenfeldtheorie ist so, wie sie ist, weil nur dadurch garantiert ist, daß die Observablen der Theorie und insbesondere die S-Matrix vernünftige physikalische Eigenschaften haben. 1981 hielt ich einen Vortrag am Strahlungslabor in Berkeley, und weil ich wußte, daß Geoffrey Chew unter den Zuhörern war, gab ich mir Mühe und sagte ein paar höfliche Dinge über den positiven Einfluß der S-Matrix-Theorie. Nach dem Vortrag kam Geoff zu mir und sagte, er wisse meine Bemerkungen zu schätzen, arbeite aber nunmehr an der Quantenfeldtheorie.

19 Ich beziehe mich hier auf die sogenannten nicht-Abelschen oder Yang-Mills'schen Eichtheorien.

20 Die Berechnung stützte sich auf mathematische Methoden, die Gell-Mann und Low 1954 in den Kontext der Quantenelektrodynamik eingeführt hatten. In der Quantenelektrodynamik und in den meisten anderen Theorien nimmt die Kraft jedoch mit wachsendem Abstand zu.

21 Insbesondere Experimente über die Zertrümmerung von Neutronen und Protonen durch hochenergetische Elektronen, die Jerome Friedman, Henry Kendall und Richard Taylor am Stanford Linear Accelerator Center durchführten.

22 Von Gross, Wilczek und mir. Vor der Entdeckung, daß in der Quantenchromodynamik die Kraft mit wachsendem Abstand zunimmt, war eine ähnliche Idee auch von H. Fritzsch, M. Gell-Mann und H. Leutwyler angeregt worden.

23 T. Kuhn: Die Struktur wissenschaftlicher Revolutionen. Frankfurt am Main 1967. S. 223.

24 S. Traweek: Beamtimes and Lifetimes. The World of High Energy Physicists. Cambridge, Mass. 1988.

25 D. E. Chubin und E. J. Hackett: Peerless Science. Peer Review and U. S. Science Policy. Albany, N. Y. 1990; zitiert in einer Buchbesprechung von Sam Treiman in: Physics Today. Oktober 1991, S. 115.

26 Bruno Latour und Steve Woolgar: Laboratory Life. The Social Construction of Scientific Facts. Beverley Hills/London 1979. S. 237.

27 A. Pickering: Constructing Quarks. A Sociological History of Particle Physics. Chicago 1984.

28 Ähnliche Ansichten wurden in früheren, mehr als zwanzig Jahre zurückliegenden Schriften von Feyerabend vertreten, aber er hat inzwischen seine Meinung geändert. Diesem Problem weicht Traweek geflissentlich aus; sie äußert Sympathie für die Ansicht der Physiker, daß Elektronen existieren, und räumt ein, daß sie es in ihrer eigenen Arbeit für eine zweckmäßige Annahme hält, daß Physiker existieren.

29 Für eine Zusammenstellung von Artikeln über die Kritiker der Wissenschaft siehe G. Holton und W. Blanpied (Hg.): Science and its Public. The Changing Relationship. Boston 1976.

30 P. Feyerabend. Explanation, Reduction, and Empiricism. A. a. O.

31 S. Harding: Feministische Wissenschaftstheorie. Hamburg 1990. S. 7.

32 T. Roszak: Where the Wasteland Ends. Garden City 1973. S. 375.

33 Dies wird zugegeben von Evelyn Fox Keller: Reflections on Gender and Science. New Haven 1985. (Als Beispiel der Einstellung von Wissenschaftlern zitiert Keller eine alte Bemerkung von mir: »Die Naturgesetze sind so unpersönlich und frei von menschlichen Werten wie die Regeln der Arithmetik. Wir haben dieses Ergebnis nicht gewünscht, aber so hat es sich ergeben.«) Der an der Universität London tätige Genetiker J. S. Jones hat kürzlich im Hinblick auf die plumpe soziologische Umdeutung des wissenschaftlichen Fortschritts geäußert: »Die Wissenschaftssoziologie verhält sich zur Forschung wie die Pornographie zum Sex: Sie ist billiger, einfacher und kann, da sie nur durch die Phantasie begrenzt ist, viel mehr Spaß machen« (in einer Rezension von »The Mendelian Revolution. The Emergence of Hereditarian Concepts in Modern Science and Society« von Peter J. Bowler, in: Nature. Bd. 342. 1989. S. 352).

34 Editorial in: Nature. Bd. 356. 1992. S. 729. Der erwähnte Minister ist George Walden, MP.

35 B. Appleyard: Understanding the Present. London 1992.

36 G. Holton: How to Think About the End of Science. In: The End of Science, hrsg. v. R. Q. Elvee. Lanham, Minn. 1992.

VIII. *Die Melancholie des zwanzigsten Jahrhunderts*

1 Es ist möglich, daß Neutrinos und sogar Photonen so kleine Massen haben, daß sie bislang unentdeckt geblieben sind, doch würden diese Massen sich sehr von den Massen der Elektronen sowie von W- und Z-Teilchen unterscheiden, was man aber nicht erwarten würde, wenn die Symmetrie zwischen diesen Teilchen in der Natur offenkundig wäre.

2 Ein Beispiel: Eine Gleichung, die besagt, daß das Verhältnis der *up*- zu den *down*-Quarkmassen plus das Verhältnis der *down*- zu den *up*-Quarkmassen gleich 2,5 ist, ist offenkundig symmetrisch zwischen den beiden Quarks. Sie hat zwei Lösungen: In einer Lösung ist die *up*-

Quarkmasse doppelt so groß wie die *down*-Quarkmasse, und in der anderen ist die *down*-Quarkmasse doppelt so groß wie die *up*-Quarkmasse. Sie hat *keine* Lösung, in der die Massen gleich sind, weil dann beide Verhältnisse gleich 1 wären und ihre Summe gleich 2 wäre, nicht 2,5.

3 Die Richtung dieses magnetischen Feldes wird durch ein zufällig vorhandenes äußeres magnetisches Feld festgelegt, beispielsweise das Feld der Erde. Wichtig ist, daß die Stärke des Magnetismus, der sich im Eisen entwickelt, in keiner Weise von der Stärke des äußeren Feldes abhängt. Ist kein starkes äußeres magnetisches Feld vorhanden, so bilden sich innerhalb des Eisens »Bereiche« mit unterschiedlicher Magnetisierungsrichtung, und die in den einzelnen Bereichen spontan entstehenden magnetischen Felder heben sich für den Magneten insgesamt auf. Setzt man das kalte Eisen einem starken äußeren magnetischen Feld aus, so richten die Bereiche sich in eine Richtung aus, und die Magnetisierung wird auch nach Entfernen des äußeren magnetischen Feldes weiterbestehen.

4 Diese Symmetrie wird nicht vollständig gebrochen; es bleibt noch eine ungebrochene Symmetrie (die elektromagnetische Eichinvarianz) bestehen, die vorschreibt, daß das Photon die Masse null haben muß. Diese verbleibende Symmetrie wird dann in einem Supraleiter gebrochen. Ein Supraleiter ist ja im Grunde nichts anderes als ein Stück Materie, in dem die elektromagnetische Eichinvarianz gebrochen ist.

5 Von C. L. Cowan und F. Reines.

6 Darunter F. Englert und R. Brout sowie G. S. Guralnik, C. R. Hagen und T. W. B. Kibble.

7 Diese neue Kraft könnte bewirken, daß *Produkte* der Felder von Teilchen, die der Kraft unterliegen, Vakuumwerte entwickeln, welche die elektroschwache Symmetrie brechen könnten, obwohl die Vakuumwerte der einzelnen Felder allesamt null sind. (Es ist eine bekannte Eigenschaft von Wahrscheinlichkeiten, daß ein Produkt von Größen auch dann, wenn die Mittelwerte der einzelnen Größen verschwinden, einen von null verschiedenen Mittelwert haben kann. So ist zum Beispiel die mittlere Höhe von Ozeanwellen über dem Meeresspiegel per Definition gleich null, doch das *Quadrat* der Höhe der Ozeanwellen, also das Produkt der Höhe mit sich selbst, hat einen von null verschiedenen Mittelwert.) Diese neue Kraft könnte der Entdeckung entgangen sein, falls sie nur auf hypothetische Teilchen einwirkt, die zu schwer sind, um bislang entdeckt worden zu sein.

8 Diese Theorien wurden – unabhängig voneinander – von Lenny Susskind von der Stanford-Universität und von mir entwickelt. Um die in solchen Theorien geforderte neue extra starke Kraft von den bekannten starken »farbigen« Kräften zu unterscheiden, welche die Quarks innerhalb des Protons zusammenhalten, wurde die neue Kraft als *Technicolor* bezeichnet, ein Name, der auf Susskind zurückgeht.

Der Haken an der Technicolor-Idee ist, daß theoretisch verschiedene indirekte Effekte der Technicolor-Kräfte zu erwarten wären, aber nicht experimentell beobachtet werden. Man kann dem Widerspruch zum Experiment durch verschiedene Erweiterungen der Theorie ausweichen, doch wird die Theorie dann so verschnörkelt und gekünstelt, daß man sie kaum ernst nehmen kann.

9 Theorien, welche die starke Wechselwirkung mit der elektroschwachen vereinen, werden oft als Große Vereinheitlichte Theorien (GVT) bezeichnet. Spezifische Theorien dieser Art wurden von Jogesh Pati und Abdus Salam, von Howard Georgi und Sheldon Glashow sowie von H. Georgi und seither von vielen anderen vorgeschlagen.

10 Dies haben Howard Georgi, Helen Quinn und ich selbst herausgefunden.

11 Vorhergesagt wird, um genau zu sein, nur ein Verhältnis dieser Stärken. Als diese Vorhersage 1974 gemacht wurde, drohte sie zunächst ein Fehlschlag zu werden; das vorhergesagte Verhältnis betrug 0,22, doch ergaben Experimente mit der Neutrinostreuung, daß es statt dessen einen Wert von etwa 0,35 hatte. Mit der Zeit ist der experimentell beobachtete Wert für dieses Verhältnis zurückgegangen und liegt jetzt ziemlich nahe an dem Erwartungswert 0,22. Allerdings sind sowohl Messungen als auch theoretische Berechnungen inzwischen so genau, daß wir erkennen können, daß zwischen ihnen eine Diskrepanz von mehreren Prozent besteht. Es gibt, wie wir sehen werden, Theorien (sie verkörpern die Symmetrie, die wir als Supersymmetrie bezeichnen), die diese verbleibende Diskrepanz ganz zwanglos auflösen.

12 Die Supersymmetrie wurde 1974 als eine faszinierende Möglichkeit von Julius Wess und Bruno Zumino eingeführt, doch wenn man sich seither stark für die Supersymmetrie interessiert, so vor allem deshalb, weil man ihr zutraut, das Hierarchieproblem zu lösen. (Versionen der Supersymmetrie waren schon in früheren Papieren von J. A. Gol'fand und E. P. Lichtman sowie von D. W. Wolkow und W. P. Akulow aufgetaucht, doch ihre physikalische Bedeutung war in diesen Papieren nicht untersucht worden, und sie fand wenig Aufmerksamkeit. Wess und Zumino ließen sich zumindest teilweise inspirieren von Arbeiten zur Stringtheorie, die 1971 von P. Ramond, A. Neveu und J. H. Schwarz sowie von J.-L. Gervais und B. Sakita erschienen.)

13 Bis zur Entwicklung der Supersymmetrie hielt man es nicht für möglich, daß eine Symmetrie solche Massen verbietet. Daß Teilchen wie Quarks, Elektronen, Photonen, W- und Z-Teilchen sowie Gluonen in den Gleichungen der Originalversion des Standardmodells keine Massen besitzen, hängt untrennbar mit der Tatsache zusammen, daß diese Teilchen Spin haben. (Das vertraute Phänomen des polarisierten Lichts ist eine direkte Folge des Spins des Photons.) Damit ein Feld aber einen von null verschiedenen Vakuumwert haben kann, der die elektroschwache Symmetrie bricht, darf das Feld keinen Spin besitzen; sein

Vakuumwert würde sonst auch die Symmetrie des Vakuums im Hinblick auf Richtungsänderungen brechen, was in krassem Widerspruch zur Erfahrung steht. Die Supersymmetrie löst dieses Problem, indem sie zwischen einem spinlosen Feld, dessen Vakuumwert die elektroschwache Symmetrie bricht, und den verschiedenen Feldern, die Spin haben und aufgrund der elektroschwachen Symmetrie keine Massen in den Feldgleichungen haben dürfen, eine Verbindung herstellt. Supersymmetrie-Theorien haben ihre eigenen Probleme: Die Superpartner der bekannten Teilchen sind nicht entdeckt worden, sie müssen also viel schwerer sein, und folglich muß die Supersymmetrie selbst eine gebrochene Symmetrie sein. Hinsichtlich des Mechanismus, der die Supersymmetrie bricht, gibt es verschiedene interessante Anregungen, von denen einige auch die Schwerkraft beinhalten, doch ist die Frage bislang ungeklärt.

14 Eine Version des Standardmodells, die auf der Einführung neuer, extra starker (Technicolor-) Kräfte basiert, würde das Hierarchieproblem umgehen, weil in den Gleichungen, welche die Physik bei Energien weit unterhalb der X-Teilchenmassen beschreiben, überhaupt keine Massen vorkommen würden. Die Größe der Massen der W- und Z-Teilchen sowie der übrigen Elementarteilchen des Standardmodells würde statt dessen davon abhängen, wie sich die Stärke der Technicolor-Kraft mit der Energie ändert. Bei einer Energie, die den X-Teilchenmassen vergleichbar ist, würde die Technicolor-Kraft erwartungsgemäß die gleiche Stärke wie alle anderen Kräfte haben, und mit abnehmender Energie würde ihre Stärke ganz allmählich ansteigen, so daß die Technicolor-Kraft nicht stark genug werden würde, um irgendwelche Symmetrien zu brechen, bis die Energie auf einen Wert weit unterhalb der X-Teilchenmassen absinkt. Es ist durchaus plausibel, daß ohne irgendeine Feineinstellung der Konstanten der Theorie die Technicolor-Kraft mit abnehmender Energie ein wenig schneller an Stärke zunehmen würde als die gewöhnliche Farb-Kraft, so daß sie für die W- und Z-Teilchen des Standardmodells in etwa die beobachteten Massen ergeben können, während allein die gewöhnliche Farb-Kraft ihnen tausendmal kleinere Massen geben würde.

15 Die Supersymmetrie fordert, daß all die bekannten Quarks und Photonen usw. »Superpartner« mit unterschiedlichem Spin haben. Obwohl davon noch keiner beobachtet wurde, haben die Theoretiker all diesen Teilchen prompt Namen gegeben: Die Superpartner (mit Spin null) von Teilchen wie Quarks, Elektronen und Neutrinos heißen Squarks, Selektronen, Sneutrinos usw., die Superpartner (mit halbem Spin) des Photons, des W, Z und der Gluonen heißen demgegenüber Photino, Wino, Zino und Gluino. Ich habe einmal vorgeschlagen, dieses Kauderwelsch eine »languino« zu nennen, doch Murray Gell-Mann hat einen besseren Ausdruck vorgeschlagen: Es ist eine »slanguage«. Erst kürzlich hat die Idee der Supersymmetrie durch Experimente am Zer-

fall des Z-Teilchens am CERN-Forschungszentrum in Genf gewaltigen Auftrieb erhalten. Diese Experimente sind, wie schon erwähnt, inzwischen so genau, daß man sagen kann, daß zwischen dem 1974 mit 0,22 vorhergesagten Stärkeverhältnis der Wechselwirkungen und dem tatsächlichen Wert eine geringere Diskrepanz (etwa fünf Prozent) besteht. Interessanterweise ergeben Berechnungen, daß das Vorhandensein von Squarks und Photinos und all der übrigen neuen Teilchen, die von der Supersymmetrie gefordert werden, die Änderung der Wechselwirkungsstätte mit der Energie gerade so stark verändern würde, daß Theorie und Experiment wieder übereinstimmen.

16 Dies wurde 1985 von S. P. Michajew und A. J. Smirnow auf der Grundlage einer früheren Arbeit von Lincoln Wolfenstein vorgeschlagen.

IX. Die Gestalt einer endgültigen Theorie

1 Unabhängig voneinander von Yoichiro Nambu, Holger Nielsen und Leonard Susskind.

2 Diese Bemerkung geht auf Edward Witten zurück.

3 Einige dieser Schwierigkeiten konnten nur dadurch vermieden werden, daß man jene Symmetrie vorschrieb, die später Supersymmetrie genannt wurde, so daß diese vielfach als *Superstringtheorien* bezeichnet werden.

4 Dieses unerwünschte Teilchen trat in Stringtheorien als ein Schwingungsmode eines *geschlossenen* Strings auf, doch hätte man das Auftreten dieses Teilchens nicht dadurch vermeiden können, daß man nur offene Strings berücksichtigte, weil kollidierende offene Strings sich unausweichlich zu geschlossenen Strings zusammenschließen.

5 Zu dieser Schlußfolgerung gelangten Richard Feynman und ich unabhängig voneinander.

6 Dies war erstmals schon 1974 von J. Scherk und J. Schwarz sowie davon unabhängig von T. Yoneya angedeutet worden.

7 Zitiert von John Horgan in: Scientific American, November 1991. S. 48.

8 Man kann eine Stringtheorie zwar so auffassen, als sei sie eine Theorie von Teilchen, die den verschiedenen Schwingungsmoden des Strings entsprechen, aber wegen der unendlichen Anzahl von Teilchenarten in einer Stringtheorie funktionieren Stringtheorien anders als gewöhnliche Quantenfeldtheorien. So erzeugt zum Beispiel die Emission und Reabsorption einer einzigen Teilchenart (etwa eines Photons) in einer Quantenfeldtheorie eine unendliche Energieänderung; in einer richtig formulierten Stringtheorie wird diese Unendlichkeit ausgeglichen durch die Effekte der Emission und Absorption von Teilchen, die zu der unendlichen Anzahl anderer, in der Theorie vorhandener Arten gehören.

9 Diese Inkonsistenz einiger Stringtheorien war kurz zuvor von Witten und Luis Alvarez-Gaumé entdeckt worden.

10 Philip Candelas, Gary Horowitz, Andrew Strominger und Edward Witten.

11 David Gross, Jeffrey Harvey, Emil Martinec und Ryan Rohm.

12 Die konforme Symmetrie beruht auf der Tatsache, daß eine Menge von Strings, die sich durch den Raum bewegt, eine zweidimensionale Fläche in der Raumzeit überstreicht: Jeder Punkt auf der Fläche hat einen Koordinatenwert, der die Zeit, und einen anderen, der die Lage auf einem der Strings angibt. Die Geometrie dieser zweidimensionalen, von den Strings überstrichenen Fläche wird wie bei jeder anderen Fläche dadurch beschrieben, daß man die Abstände zwischen einem Paar sehr eng benachbarter Punkte in Gestalt ihrer Koordinatenwerte angibt. Das Prinzip der konformen Invarianz besagt, daß die Gleichungen für den String ihre Form bewahren, wenn wir die Art und Weise, in der wir Abstände messen, in der Weise verändern, daß wir alle Abstände zwischen einem Punkt und einem benachbarten Punkt mit einem Betrag multiplizieren, der in beliebiger Weise von der Lage des ersten Punktes abhängen kann. Konforme Symmetrie ist deshalb gefordert, weil die Schwingungen der Strings in der Zeitrichtung sonst (gemäß einer Formulierung der Theorie) entweder zu negativen Wahrscheinlichkeiten oder zur Vakuuminstabilität führen würden. Bei konformer Symmetrie können diese zeitähnlichen Schwingungen durch eine Symmetrietransformation aus der Theorie entfernt werden, und sie sind damit unschädlich.

13 Der Ausdruck »anthropisches Prinzip« geht zurück auf Brandon Carter; siehe M. S. Longair (Hg.): Confrontation of Cosmological Theories with Observation. Dordrecht 1974. Siehe auch B. Carter: The Anthropic Principle and its Implications for Biological Evolution, in: The Constants of Physics, hrsg. v. W. McCrea und M. J. Rees. London 1983. S. 137; wiederabgedruckt in: Philosophical Transactions of the Royal Society of London. A 310. 1983. S. 347. Für eine eingehende Diskussion verschiedener Versionen des anthropischen Prinzips siehe J. D. Barrow und F. J. Tipler: The Anthropic Cosmological Principle. Oxford 1986; J. Gribbin und M. Rees: Cosmic Coincidences. Dark Matter, Mankind, and Anthropic Cosmology. New York 1989. Kap. 10; J. Leslie: Universes. London 1989.

14 Salpeter schreibt 1952, daß E. Öpik 1951 die gleiche Idee hatte.

15 D. N. F. Dunbar, W. A. Wensel und W. Whaling.

16 Tatsächlich müssen die Energieniveaus von Sauerstoff bestimmte spezielle Eigenschaften haben, damit nicht der gesamte Kohlenstoff zu Sauerstoff verkocht.

17 M. Livio, D. Hollowell, A. Weiss und J. W. Truran.

18 Genauer gesagt um etwa 60 000 Volt. Dies ist zugegebenermaßen eine sehr kleine Energie, verglichen mit der Differenz von 7 644 000 Volt zwischen der Energie dieses instabilen Zustands und derjenigen des stabilen niedrigsten Energiezustands von Kohlenstoff. Man kann aber

ohne knifflige Prozeduren die Energie dieses instabilen Zustands des Kohlenstoffkerns der Energie eines Kerns von Beryllium 8 und eines Heliumkerns gleichsetzen, denn die relevanten Zustände der Kohlenstoff- und Berylliumkerne sind in guter Näherung nichts als locker verbundene nukleare Moleküle, die aus drei oder zwei Heliumkernen bestehen. (Ich danke meinem Kollegen Vadim Kaplunovsky von der Universität Texas für diesen Hinweis.)

19 In dieser Version wird das anthropische Prinzip bisweilen als schwaches anthropisches Prinzip bezeichnet.

20 F. Hoyle: Galaxies, Nuclei, and Quasars. London 1965.

21 Genauer gesagt treten diese »Wurmlöcher« mathematisch in einem Ansatz zur Quantengravitation auf, der euklidischen Wegintegration. Was sie mit wirklichen physikalischen Prozessen zu tun haben, ist nicht klar.

22 Coleman behauptete ferner (wie Hawking es zuvor getan hatte), daß die Wahrscheinlichkeiten für diese Konstanten bei bestimmten speziellen Werten unendlich scharfe Spitzen haben, so daß es überaus wahrscheinlich ist, daß die Konstanten diesen speziellen Wert annehmen. Diese Schlußfolgerung beruht jedoch auf einer mathematischen Formulierung (der euklidischen Wegintegration) der Quantenkosmologie, deren Konsistenz angezweifelt worden ist. Es ist schwer, in solchen Dingen Gewißheit zu erlangen, weil wir uns mit der Gravitation im Zusammenhang mit Quanten befassen, wo unsere bisherigen Theorien nicht länger angemessen sind.

23 Um noch einmal zu zeigen, wie kompliziert die Geschichte der Wissenschaft sein kann, will ich erwähnen, daß unmittelbar im Anschluß an Einsteins 1917 vorgelegter Arbeit zur Kosmologie sein Freund Wilhelm de Sitter darauf aufmerksam machte, daß Einsteins Gravitationsfeldgleichungen, modifiziert durch die Aufnahme einer kosmologischen Konstante, eine andere Klasse von Lösungen haben, die ebenfalls scheinbar statisch sind, aber keine Materie (oder vernachlässigbar wenig Materie) enthalten. Dies war für Einstein insofern enttäuschend, als die kosmologische Konstante in seiner Lösung mit der mittleren kosmischen Materiedichte verknüpft ist, in Übereinstimmung mit dem, was Mach nach Einsteins Auffassung gelehrt hatte. Außerdem ist Einsteins Lösung (mit Materie) tatsächlich instabil; jede geringfügige Störung würde dafür sorgen, daß sie schließlich in die de-Sitter-Lösung übergeht. Um die Dinge noch mehr zu komplizieren, will ich darauf hinweisen, daß das de-Sitter-Modell nur scheinbar statisch ist; die Raumzeit-Geometrie in dem von de Sitter benutzten Koordinatensystem ändert sich zwar nicht mit der Zeit, doch wenn man in sein Universum kleine Testpartikel hineingibt, streben sie voneinander fort. Als Sliphers Messungen Anfang der zwanziger Jahre in England bekannt wurden, wurden sie denn auch von Arthur Eddington zunächst im Sinne der de-Sitter-Lösung der Einsteinschen Gleichungen *mit* einer

kosmologischen Konstante gedeutet, die ebenfalls eine statische Lösung hat, und nicht im Sinne der ursprünglichen Einsteinschen Theorie, bei der das nicht der Fall ist!

24 Eine nichtmathematische Darstellung gibt L. Abbott in: Scientific American. Bd. 258. Nr. 5. 1985. S. 106.

25 Wir dürfen nicht einmal hoffen, daß irgendein Mechanismus gefunden werden wird, durch den der Vakuumzustand seine Energie verlieren kann, indem er in seinen Zustand zerfällt, der von geringerer Energie ist und somit eine geringere totale kosmologische Konstante besitzt, und schließlich in einem Zustand mit einer totalen kosmologischen Konstante null endet, denn einige dieser möglichen Vakuumzustände in Stringtheorien besitzen bereits eine große negative totale kosmologische Konstante.

26 Die Entdeckung einer geringeren oder höheren Dichte würde die Frage aufwerfen, warum die Expansion Milliarden von Jahren angedauert hat und sich noch immer verlangsamt.

X. Vor der Endgültigkeit

1 K. R. Popper: Objektive Erkenntnis. Ein evolutionärer Entwurf. Hamburg 1973. S. 218.

2 M. Redhead: Explanation. Veröffentlichung in Vorbereitung.

3 Eine interessante Diskussion dieser Möglichkeit gibt Paul Davies: What are the Laws of Nature. In: The Reality Club 2, hrsg. v. John Brockman, New York. 1989.

4 Siehe zum Beispiel J. A. Wheeler: On Recognizing »Law Without Law«. Oersted-Vorlesung, gehalten am 25. Januar 1983 anläßlich der gemeinsamen feierlichen Sitzung der American Association of Physics Teachers und der American Physical Society, in: American Journal of Physics. Bd. 51. 1983. S. 389; J. A. Wheeler: Beyond the Black Hole. In: Some Strangeness in the Proportion. A Centennial Symposium to Celebrate the Achievements of Albert Einstein, hrsg. von H. Woolf, Reading, Mass. 1980. S. 341.

5 H. B. Nielsen: Field Theories without Fundamental Gauge symmetries. In: The Constants of Physics, hrsg. v. W. McCrea und M. J. Rees. London 1983. S. 51; wiederabgedruckt in: Philosophical Transactions of the Royal Society of London. A 310. 1983. S. 261.

6 E. P. Wigner: The Limits of Science. In: Proceedings of the American Philosophical Society. Bd. 94. 1950. S. 422.

7 M. Redhead: Explanation. In Vorbereitung.

8 R. Nozick: Philosophical Explanation: Cambridge, Mass. 1981. Kap. 2.

XI. Die Frage nach Gott

1 Psalmen 19.1.

2 S. Hawking: Eine kurze Geschichte der Zeit. Reinbek 1988; J. Trefil: Reading the Mind of God. New York 1989; P. Davies: The Mind of God. The Scientific Basis for a Rational World. New York 1992.

3 C. W. Misner in: Cosmology, History, and Theology, hrsg. v. W. Yourgrau und A. D. Breck. New York. 1977. S. 97.

4 A. Einstein, zitiert von Gerald Holton in: The Advancement of Science, and its Burdens. Cambridge 1986. S. 91.

5 A. Einstein, Beitrag zur Festschrift für Aurel Stodola, hrsg. v. E. Honegger, Zürich/Leipzig. 1929. S. 126–127.

6 P. Tillich in einem Vortrag an der University of North Carolina, ungefähr 1960, zitiert von B. De Witt: Decoherence without Complexity and without an Arrow of Time, University of Texas Center of Relativity Preprint 1992.

7 Dies ist der unredigierten Abschrift der Anhörungen entnommen. Kongreßabgeordnete haben im Unterschied zu Zeugen das Recht, ihre Äußerungen für das Kongreßprotokoll zu redigieren.

8 Interview in der New York Times am 25. April 1929. Ich danke A. Pais für dieses Zitat.

9 Galileis Arbeit über die Bewegung zeigte, daß wir auf der Erde die Bewegung der Erde um die Sonne nicht bemerken würden. Außerdem lieferte seine Entdeckung von Monden, die den Jupiter umkreisen, ein Beispiel für eine Art Sonnensystem en miniature. Der krönende Beweis kam mit der Entdeckung der Phasen der Venus, die nicht mit dem übereinstimmten, was zu erwarten wäre, wenn Venus und Sonne die Erde umkreisten.

10 Indem er, statt in gerader Linie in den Weltraum davonzufliegen, die Erde umkreist, erfährt der Mond tatsächlich in jeder Sekunde eine Geschwindigkeitskomponente von einem Zehntel Zoll pro Sekunde. Newtons Theorie erklärte, daß dies dreitausendsechshundertmal kleiner ist als die Beschleunigung eines fallenden Apfels in Cambridge, weil der Mond sechzigmal weiter als Cambridge vom Erdmittelpunkt entfernt ist und die auf der Gravitation beruhende Beschleunigung mit dem umgekehrten Quadrat der Entfernung abnimmt.

11 M. F. Perutz: Erwin Schrödinger's »What is Life?« and molecular biology. In: Schrödinger, Centenary Celebration of a Polymath, hrsg. v. C. W. Kilmeister. Cambridge 1987. S. 234.

12 Von Professor Johnson hörte ich erstmals, als ich von einem Freund Johnsons Artikel bekam: Evolution as Dogma. In: First Things. A Monthly Journal of Religion and Public Life. Oktober 1990. S. 15–22. Kürzlich hat Johnson auch ein Buch veröffentlicht: Darwin on Trial (Regnery Gateway 1991), und nach einem Bericht in Science (Bd. 253. Juli 1991. S. 379) hält er eifrig Vorträge, in denen er für seine Ansichten und Schriften wirbt.

13 J. Polkinghorne: Reason and Reality. The Relation between Science and Theology. Philadelphia 1991.

14 A. Lightman und R. Brawer: Origins. The Lives and Worlds of Modern Cosmologists. Cambridge, Mass. 1990.

15 S. Sontag: Piety Without Content. In: Against Interpretation and Other Essays. New York 1961.

16 H. R. Trevor-Roper: The European Witch-Craze of the Sixteenth and Seventeenth Centuries, and Other Essays. New York 1969.

17 K. R. Popper: Die offene Gesellschaft und ihre Feinde. Bern 1957. Bd. 2 S. 301.

18 Siehe seine »Abhandlung über die menschliche Natur«.

19 Beda des Ehrwürdigen Kirchengeschichte des Volkes der Angeln. Darmstadt 1982. S. 183.

XII. Drunten in Ellis County

1 Das CERN-Forschungszentrum in Genf erwägt den Bau eines Beschleunigers, des »Large Hadron Collider« (LHC), der kollidierende Protonenstrahlen von acht Billionen Volt erzeugen würde. Die Energie des Beschleunigers wird dadurch begrenzt, daß er einen bestehenden Tunnel benutzt, der kleiner ist als der für den »Super Collider« geplante. Falls es ein hinreichend leichtes Higgs-Teilchen gibt, könnte es am LHC gefunden werden, doch anderenfalls würde der LHC das Problem der elektroschwachen Symmetriebrechung wohl nicht klären können.

2 Zitiert in: Science. Bd. 221. 9. September 1983. S. 1040.

3 Der ISABELLE-Tunnel soll jetzt verwendet werden für einen »Relativistic Heavy Ion Collider«, einen Beschleuniger, mit dem man Kollisionen von schweren Atomkernen erforschen will mit dem Ziel, nicht so sehr die fundamentalen Prinzipien der Elementarteilchenphysik, sondern die nukleare Materie zu verstehen. Dieser Beschleuniger soll 1997 fertig sein.

4 Diese Bemerkung bezieht sich auf Ungleichförmigkeiten von galaktischem Ausmaß, nicht aber auf die sehr viel größeren Ungleichförmigkeiten, die man aus den COBE-Messungen erschließt. Diese sind so groß, daß nicht einmal eine Lichtwelle sie während der ersten dreihunderttausend Jahre seit Beginn der gegenwärtigen Expansion des Universums hätte durchqueren können, und daher können sie – ob sie nun aus dunkler Materie bestehen oder nicht – in dieser Zeit kein nennenswertes Wachstum erfahren haben.

5 Nachdem Ellis County als Standort festgelegt war, kam ein neues Element in die Debatte: der Vorwurf von seiten enttäuschter Politiker aus Staaten wie Arizona, Colorado und Illinois, daß Texas den Standortwettbewerb mit unsauberen politischen Pressionen gewonnen habe. Es erregte Aufsehen, daß das Energieministerium seine Entscheidung

für einen texanischen Standort des SSC nur zwei Tage nach der Wahl von George Bush aus Texas zum Präsidenten bekanntgab. Energieminister Herrington sagte nach der Bekanntgabe der SSC-Standortentscheidung, die Arbeitsgruppe im Ministerium, die die sieben »geeignetsten« Standorte zu bewerten hatte, sei gegen politische Einflußversuche abgeschirmt gewesen; er selbst habe bis zum Wahltag keine Informationen von dort erhalten; die Arbeitsgruppe habe den Standort Texas eindeutig als den geeignetsten bewertet; erst danach habe er die endgültige Entscheidung mit Präsident Reagan und dem designierten Präsidenten Bush abgestimmt. Ich kann mir durchaus vorstellen, daß man den Entscheidungsprozeß hätte beschleunigen und die Entscheidung vor der Wahl bekanntgeben können, aber dann hätte man ohne Zweifel den Vorwurf erhoben, die Mitteilung habe die Wähler in Texas beeinflussen sollen. Aber selbst wenn die Standortentscheidung nicht durch die Wahl von George Bush beeinflußt worden ist, wird das Energieministerium sicher seit langem von der Stärke der texanischen Kongreßdelegation und ihrer Begeisterung für den SSC gewußt haben, und vielleicht hat es darauf gesetzt, daß eine Entscheidung für einen texanischen Standort die Aussichten des SSC, Gelder vom Kongreß bewilligt zu bekommen, verbessern würde. Sollte das zutreffen, so wäre es kaum ein Skandal, und es wäre weder das erste noch das letzte Mal, daß eine staatliche Behörde derartige Überlegungen anstellt. Ich kann jedenfalls bestätigen, daß derartige Überlegungen bei der Auswahl der sieben geeignetsten Standorte durch den gemeinsamen Ausschuß der nationalen Akademien, dem ich angehörte, keine Rolle gespielt haben. Unser Ausschuß betrachtete den texanischen Standort von Anfang an als einen der führenden Wettbewerber. Dafür waren zum Teil die hervorragenden geologischen Bedingungen maßgebend. Ein wichtiger Faktor war auch, daß sich bei den übrigen geeignetsten Standorten, einschließlich desjenigen bei Fermilab in Illinois, ein lautstarker örtlicher Widerstand gegen den SSC formierte. In Ellis County waren fast alle froh, daß der SSC zu ihnen kommen sollte.

6 D. Ritter in: Perspectives. Sommer 1988. S. 33.

7 Siehe zum Beispiel R. Darman, zitiert von P. Aldhous: Space Station Back on Track. In: Nature. Bd. 351. 1991. S. 507.

8 Das SSC-Programm wurde Ende Oktober 1993 durch den Kongreß eingestellt. Schon im Juni 1993 votierte das Repräsentantenhaus dafür, die Gelder für den SSC anderen Projekten im Bereich Energie und Wasser zuzuschlagen. Zwar traten in Washington wieder Physiker aus allen Teilen der USA für das Projekt ein, und am 30. September 1993 stimmte der Senat dafür, die 640 Millionen Dollar für den SSC zur Verfügung zu stellen, aber das Repräsentantenhaus stimmte dann schließlich doch dagegen.

Register